卫星信号电离层探测及应用技术

Ionospheric Measurement and Application Technology
Based on Satellite Beacon Signals

甄卫民 欧明 於晓 冯健 吴健 著

国防工业出版社
·北京·

内 容 简 介

本书系统总结了电离层探测中的各种技术方法，并结合典型的无线电信息系统，介绍了电离层对信息系统的影响效应评估及应用。全书共分10章，包括电离层概述、基于卫星信号的电离层特征参量测量理论与方法、基于GNSS的电离层延迟修正算法研究、基于GNSS的电离层闪烁特性研究、电离层层析成像技术、基于数据吸收技术的电离层TEC地图重构、基于数据吸收技术的电离层电子密度重构、电离层数据同化技术研究、卫星信号电离层探测技术在磁暴期间的应用、电离层对信息系统的影响效应及应用研究。

本书主要面向从事电离层探测和应用工作的科研、工程技术人员，也可作为高等院校电波传播相关专业本科生、研究生和教师的参考书。

图书在版编目（CIP）数据

卫星信号电离层探测及应用技术／甄卫民等著. —北京：国防工业出版社，2022.3
ISBN 978-7-118-12379-1

Ⅰ. ①卫… Ⅱ. ①甄… Ⅲ. ①电离层探测-应用-卫星通信-研究 Ⅳ. ①TN927

中国版本图书馆 CIP 数据核字（2022）第 025485 号

＊

国防工业出版社出版发行
（北京市海淀区紫竹院南路23号 邮政编码100048）
北京龙世杰印刷有限公司印刷
新华书店经售

＊

开本 710×1000 1/16 插页6 印张 19¼ 字数 345 千字
2022年3月第1版第1次印刷 印数 1—1500 册 定价 119.00 元

（本书如有印装错误，我社负责调换）

国防书店：（010）88540777　　书店传真：（010）88540776
发行业务：（010）88540717　　发行传真：（010）88540762

前言

作为日地空间环境的重要组成部分,电离层会对穿越其中的无线电波产生折射、反射、散射和吸收等效应,从而影响通信、导航、雷达等诸多无线电信息系统的性能。为了满足人类生产生活的需要,人们使用各种电离层探测手段对电离层的结构、变化规律进行观察和研究。

人类电离层研究的发展史,是一部从实验到理论总结,理论反过来又指导新的实验,新的实验结果又促进新理论的提出与发展的历史。对电离层研究的发展历史可以认为是探测手段的发展史。自从1924年英国物理学家阿普尔顿利用无线电探测手段首次发现并证实电离层的存在以来,电离层的探测技术不断创新,对电离层的研究也取得了长足的进步。

20世纪50年代中期以前,关于电离层结构及物理特性的探测主要使用地面电离层测高仪。从20世纪50年代后,随着人造地球卫星的发射成功,电离层探测进入了一个从地面到空间的立体观测时代。利用卫星信号探测电离层,具有空间覆盖广、观测连续、测量精度高等优点,当前已成为观测研究电离层空间天气变化的一种广泛应用手段。通过卫星信号探测手段获取电离层的特征参量,研究电离层中的各种现象,从而揭示其背后的物理机制,具有重要的科学乃至政治、军事和经济意义。

目前,电离层研究领域的书籍主要专注于电离层变化机理及理论建模等方面,探测技术作为电离层研究与工业应用领域的重要环节,国内尚缺少全面、系统性的专著。为此,作者在长期从事电离层电波传播理论研究和探测设备开发的基础上,系统介绍了国内外卫星信号电离层探测技术的研究成果,并结合通信、导航、雷达等系统,介绍了电离层探测在工程中的应用,以期提高广大电离层探测设备研发和应用人员对电离层探测技术的认识,更好地利用电离层探测优化通信、导航、雷达系统设计,提升系统的电离层环境适用性和可靠性。

全书共10章,分为四大部分:第一部分简述电离层探测理论及应用概况,包括第1章;第二部分是电离层探测及其应用的理论和方法基础,包括第2章;第三部分涉及电离层总电子含量、闪烁和不均匀体参数反演、电离层层析成像、数据吸收、数据同化等内容,包括第3章~第8章;第四部分介绍电离层探测在磁暴期间的应用、电离层对信息系统的影响效应评估等,包括第9章和第10章。

本书是作者总结"十二五""十三五"期间承担多项国家863、国防技术基础预研、科技部国际科技合作、科技部国家重点研发计划等项目的基础上提炼而成的学术研究成果。感谢中国电波传播研究所杨志强、李智玉研究员的长期指导、关心和帮助。感谢国家科学技术学术著作出版基金的资助。本文参考或引用了国内外专家的有关文献。吴家燕协助对全文进行了校对。在此，致以衷心感谢。

由于作者水平有限，本书难免存在疏漏或错误之处，恳请广大读者批评指正。

编著者
2020 年 9 月

目录

第1章 电离层概述 ... 1
1.1 引言 ... 1
1.2 电离层的特征参量 ... 1
1.2.1 电子密度 ... 1
1.2.2 总电子含量 ... 2
1.2.3 临界频率 ... 2
1.2.4 电离层闪烁指数 ... 3
1.3 电离层的变化特性 ... 3
1.3.1 电离层的空间变化特性 ... 3
1.3.2 电离层的时间变化特性 ... 5
1.4 电离层中的物理化学过程 ... 8
1.4.1 光化学过程 ... 8
1.4.2 输运过程 ... 10
1.5 电离层变化的主要影响源 ... 10
1.5.1 太阳活动 ... 10
1.5.2 地磁活动 ... 11
1.6 电离层探测手段 ... 12
1.6.1 电离层垂测 ... 13
1.6.2 无线电波遥测 ... 13
1.6.3 散射雷达探测 ... 14
1.6.4 卫星实地探测 ... 14
本章小结 ... 14

第2章 基于卫星信号的电离层特征参量测量理论与方法 ... 16
2.1 引言 ... 16
2.2 电离层 TEC 测量 ... 16
2.2.1 法拉第旋转法 ... 16
2.2.2 差分多普勒法 ... 17
2.2.3 差分群时延法/差分载波相位 ... 18
2.3 电离层闪烁指数与不均匀体参数测量 ... 20
2.4 电离层电子密度反演 ... 22

2.4.1 电离层层析成像技术 ……………………………………… 22
2.4.2 电离层数据吸收技术 ……………………………………… 26
2.4.3 电离层数据同化技术 ……………………………………… 27
本章小结 ……………………………………………………………………… 33

第3章 基于 GNSS 的电离层延迟修正算法研究 ……………………… 35

3.1 引言 ……………………………………………………………………… 35
3.2 电离层延迟修正算法简介 …………………………………………… 36
    3.2.1 GPS 电离层延迟修正算法 ……………………………… 36
    3.2.2 Galileo 系统电离层延迟修正算法 ……………………… 36
    3.2.3 类 Galileo 系统电离层延迟修正算法 …………………… 39
3.3 两类电离层延迟修正算法精度比较 ………………………………… 45
    3.3.1 方法与数据 ……………………………………………… 45
    3.3.2 计算结果分析 …………………………………………… 46
    3.3.3 小结 ……………………………………………………… 53
3.4 类 Galileo 系统电离层延迟修正算法精度影响分析 ………………… 53
    3.4.1 数据源和预报时间提前量的影响分析 ………………… 53
    3.4.2 时空和太阳活动的影响分析 …………………………… 57
3.5 对我国 BDS 电离层修正的初步考虑 ………………………………… 63
本章小结 ……………………………………………………………………… 65

第4章 基于 GNSS 的电离层闪烁特性研究 ……………………………… 67

4.1 引言 ……………………………………………………………………… 67
4.2 振幅闪烁与 TEC 扰动的关联性分析 ………………………………… 67
    4.2.1 方法与观测数据 ………………………………………… 68
    4.2.2 观测实例 ………………………………………………… 70
    4.2.3 出现率的统计分析 ……………………………………… 74
    4.2.4 扰动的关联分析 ………………………………………… 79
4.3 天地基 GNSS 测量电离层闪烁特征对比分析 ……………………… 82
    4.3.1 观测数据 ………………………………………………… 83
    4.3.2 观测结果 ………………………………………………… 90
    4.3.3 讨论 ……………………………………………………… 96
4.4 电离层不规则体参数特性分析 ……………………………………… 100
    4.4.1 相位屏理论与闪烁功率谱分析 ………………………… 101
    4.4.2 数据分析结果 …………………………………………… 105

  4.4.3　讨论 …… 112
 本章小结 …… 114

第5章　电离层层析成像技术 …… 116
 5.1　引言 …… 116
 5.2　基于卫星信标的电离层二维层析成像技术研究 …… 119
  5.2.1　卫星信标电离层层析成像原理 …… 119
  5.2.2　电离层层析成像新算法 …… 119
  5.2.3　卫星信标数据处理 …… 121
  5.2.4　计算结果与分析 …… 123
  5.2.5　小结 …… 132
 5.3　基于GNSS和掩星数据联合的电离层三维层析成像 …… 133
  5.3.1　掩星辅助地基GNSS电离层三维层析成像 …… 133
  5.3.2　电离层三维层析成像投影矩阵的构建 …… 137
  5.3.3　电离层层析成像及精度验证数据来源 …… 142
  5.3.4　电离层层析成像结果与讨论 …… 145
 本章小结 …… 155

第6章　基于数据吸收技术的电离层TEC地图重构 …… 157
 6.1　引言 …… 157
 6.2　基于数据吸收的全球TEC地图重构 …… 159
  6.2.1　NeQuick模型 …… 159
  6.2.2　NTCM-BC模型 …… 160
  6.2.3　数据吸收方法 …… 161
 6.3　模拟仿真验证 …… 163
  6.3.1　模拟仿真验证流程 …… 163
  6.3.2　模拟仿真验证结果 …… 165
 6.4　实测数据验证 …… 169
  6.4.1　实测数据来源 …… 169
  6.4.2　精度验证结果 …… 170
 6.5　TEC重构误差分析与讨论 …… 172
  6.5.1　TEC重构误差的UT变化分析 …… 172
  6.5.2　TEC重构误差的季节变化分析 …… 173
  6.5.3　TEC重构误差的年变化分析 …… 174
  6.5.4　TEC重构误差的纬度变化分析 …… 175

6.5.5　TEC重构误差随地磁条件的变化分析 …………… 175
本章小结 …………… 177

第7章　基于数据吸收技术的电离层电子密度重构 …………… 178
7.1　引言 …………… 178
7.2　数据吸收重构三维电子密度 …………… 180
7.3　数据来源 …………… 183
7.4　电离层三维电子密度重构结果 …………… 184
7.5　电子密度重构精度评估与分析 …………… 187
　　7.5.1　与地基垂测数据的比较验证 …………… 187
　　7.5.2　不同UT/季节/太阳活动年份电子密度重构精度分析 …………… 192
　　7.5.3　低纬和高纬区域重构精度的区域变化 …………… 194
本章小结 …………… 195

第8章　电离层数据同化技术研究 …………… 197
8.1　引言 …………… 197
8.2　基于经验背景模型的数据同化方法 …………… 198
　　8.2.1　数据同化的基本原理 …………… 198
　　8.2.2　卡尔曼滤波数据同化算法 …………… 199
　　8.2.3　误差协方差模型 …………… 200
8.3　同化数据来源 …………… 202
8.4　同化数据预处理 …………… 204
8.5　电离层TEC和电子密度重构精度评估 …………… 205
　　8.5.1　电离层TEC精度评估 …………… 205
　　8.5.2　电离层电子密度精度评估 …………… 209
8.6　分析与讨论 …………… 218
本章小结 …………… 221

第9章　卫星信号电离层探测技术在磁暴期间的应用 …………… 224
9.1　引言 …………… 224
9.2　数据来源与数据处理 …………… 225
9.3　磁暴期间电离层特征参量变化特征分析 …………… 227
　　9.3.1　磁暴期间太阳及行星际空间地磁环境 …………… 227
　　9.3.2　磁暴期间电离层变化分析 …………… 228
9.4　讨论 …………… 247
本章小结 …………… 249

第10章 电离层对信息系统的影响及应用研究 …………………… 251

10.1 引言 ……………………………………………………………… 251
10.2 电离层对卫星通信系统的影响 ………………………………… 252
10.2.1 卫星通信基本原理 ……………………………………… 252
10.2.2 电离层对卫星通信系统的影响分析 …………………… 253
10.3 电离层对卫星导航系统的影响 ………………………………… 256
10.3.1 卫星导航系统的组成与定位原理 ……………………… 256
10.3.2 电离层对卫星导航系统的影响分析 …………………… 258
10.4 电离层对雷达系统的影响 ……………………………………… 267
10.4.1 路径偏移 ………………………………………………… 267
10.4.2 波束展宽 ………………………………………………… 268
10.4.3 脉冲展宽 ………………………………………………… 269
10.4.4 法拉第旋转效应 ………………………………………… 269
10.4.5 电离层闪烁效应 ………………………………………… 271
10.5 电离层对星载合成孔径雷达的影响 …………………………… 271
10.5.1 星载合成孔径雷达简介 ………………………………… 271
10.5.2 电离层对星载合成孔径雷达的影响分析 ……………… 272
10.5.3 电离层对星载合成孔径雷达干涉测量的影响 ………… 274
本章小结 …………………………………………………………………… 285

参考文献 …………………………………………………………………… 287

第 1 章 电离层概述

1.1 引 言

电离层作为日地空间环境的重要组成部分，会对穿越其中的无线电波产生折射、反射、散射和吸收等效应，从而影响卫星通信、导航、雷达等诸多无线电信息系统的性能。基于卫星信号探测手段获取电离层的特征参量，研究电离层中的各种现象，从而揭示其背后的物理机制，具有重要的科学乃至政治、军事和经济意义。因此，电离层特征参量的准确获取，已经逐渐成为世界各国电离层研究领域的重点关注的方向之一。

本章对电离层进行简单介绍，包括电离层的特征参量、其随时间和空间的变化特性、电离层中的各种物理化学过程，以及变化的主要影响源与探测手段。

1.2 电离层的特征参量

电离层的特征参量是指能够基本表征电离层状态及变化的参量，通常包括电子和离子的密度、温度、速度等。在本书研究中，我们关注的重点主要集中在与无线电波传播相关的特征参量上，这些基本的特征参量包括电离层电子密度、总电子含量（Total Electron Content，TEC）、临界频率等，它们与电波传播过程中出现的信号延迟、折射、反射、法拉第旋转、信号吸收等效应存在密切的关联。

1.2.1 电子密度

在电离层特征参量中，电离层 TEC 和临界频率均可以通过电子密度剖面计算得到。因此，电子密度的获取是电离层探测非常重要的目的之一。电子密度剖面是指电子密度随高度的分布。

在电离层研究过程中，表征电子密度的特征变化通常需要用到分层高度上

的电离层峰值密度 N_mE、N_mF_1、N_mF_2，峰值高度 h_mE、h_mF_1、h_mF_2，以及半厚度 B_mE、B_mF_1、B_mF_2 等信息。利用这些参数，结合相应的函数表达式即可描述电子密度剖面。例如，NeQuick 模型采用 Semi-Epstein 函数描述电子密度剖面，即

$$N_{\text{eEpstein}}(h) = \frac{4N_m}{\left(1 + \exp\left(\frac{h - h_m}{B_m}\right)\right)^2} \exp\left(\frac{h - h_m}{B_m}\right) \tag{1-1}$$

由于 F_2 层电子密度在整个电子密度剖面中所占的比例最大，因此，N_mF_2 和 h_mF_2 这两个参量常常用作验证分析各类探测手段获取的电离层电子密度的精度。

1.2.2 总电子含量

TEC 是指任意两个高度之间单位底面积柱体内所含的电子数，可表达为电子密度沿信号传播路径的积分，即

$$N_T = \int_{h_L}^{h_T} N_e \mathrm{d}h \tag{1-2}$$

式中：N_T 为总电子含量；h_L 为积分起始点的高度；h_T 为积分结束点的高度；N_e 为积分路径上的电子密度。

应该注意的是，N_e 并非为固定值，而是随时间和空间变化的。

除直接利用 TEC 外，还有以 TEC 为基础衍生出的其他特征参量。例如，Afraimovich 等利用全球 TEC 地图数据，将同一世界时（Universal Time，UT）时刻下的 TEC 按所在的网格面积加权积分，构造了一个新的特征参量——电离层全球总电子含量（Global Electron Content，GEC）。GEC 可表征全球电离层的一些整体变化特性，适于研究全球电离层的形态变化和过程等[1]，具体计算公式为

$$\text{GEC} = \sum N_T(\theta, \varphi) \cdot S(\theta, \varphi) \tag{1-3}$$

式中：$S(\theta, \varphi)$ 为以该网格点 TEC 为中心的 Delaunay 三角网格单元的面积；(θ, φ) 为网格点对应的经纬度。

1.2.3 临界频率

临界频率是针对无线电波传播而引申出来的一个电离层特征参量，其内涵为垂直入射的无线电信号在电离层各层对应高度中的最大反射频率。

根据电离层中自由电子的简谐振动方程，等离子体频率 f_n 可以表示为

$$f_n^2 = \frac{e^2}{4\pi^2\varepsilon_0 m}N_e = 80.6N_e \qquad (1\text{-}4)$$

因此，电离层 E 层、F_1 层和 F_2 层对应的临界频率可由其对应高度的峰值电子密度决定，即

$$f_oE = \sqrt{80.6N_mE} \qquad (1\text{-}5)$$

$$f_oF_1 = \sqrt{80.6N_mF_1} \qquad (1\text{-}6)$$

$$f_oF_2 = \sqrt{80.6N_mF_2} \qquad (1\text{-}7)$$

式中：f_oE、f_oF_1、f_oF_2 分别对应 E 层、F_1 层和 F_2 层的临界频率。

在通常情况下，临界频率是由式（1-5）~式（1-7）计算得来的。

1.2.4 电离层闪烁指数

衡量电离层闪烁强度的重要指数包括振幅闪烁指数 S_4 和相位闪烁指数 σ_ϕ。前者定义为信号强度平均值的归一化标准差，后者定义为接收载波相位的标准差。通常，每分钟计算得到一个闪烁指数值，其计算公式为

$$S_4 = \sqrt{\frac{<I^2> - <I>^2}{<I>^2}} \qquad (1\text{-}8)$$

$$\sigma_\phi = \sqrt{<\phi^2> - <\phi>^2} \qquad (1\text{-}9)$$

式中：$<\cdot>$ 为对时间取平均值；I 为接收到的信号功率；ϕ 为载波相位。

1.3 电离层的变化特性

电离层的变化特性主要包括电离层参数随时间和空间的变化。

1.3.1 电离层的空间变化特性

1. 随高度的变化

电离层电子密度随高度变化的一个重要特征就是电离层的分层结构。根据电子密度随高度的变化特征不同，电离层可划分为 D 层、E 层和 F 层，其中 F 层是 F_1 层和 F_2 层的统称。通常状态下，电离层各层的主要状态参数，如表 1-1 所列。

表 1-1　电离层各层的主要状态参数

区　　域	高度范围/km	层	最大电离高度/km	电子密度/（el/m³）①	附　　注
D 层	60~90	D	75~80	$10^9 \sim 10^{10}$	夜间消失
E 层	90~140	E E_s	100~120	2×10^{11}	密度和出现时间 均不稳定
F 层	>140	F_1 F_2	160~200 250~450	3×10^{11} $10^{12} \sim 2 \times 10^{12}$	夏季白天多出现

① el/m³ 即表示电子密度，每立方米内的电子数，其中 el 表示电子数。

电离层分层结构只是电离层状态的一种近似描述，实际电离层具有昼夜、季节、年、太阳黑子周等不同的时间周期性变化。同时，在纬度和经度方向上呈现复杂的空间变化。由于各层的化学成分、热结构不同，其特征参量随时间和空间的变化也不尽相同。

2. 随纬度的变化

1）低纬区域

磁赤道附近的电子密度比磁赤道南北两侧要低一些，而磁赤道两侧±16°~±18°区域在白天会出现两个明显的极大值，这种现象称为赤道异常（Equtorial Ionospheric Anomaly, EIA），这属于低纬电离层的正常结构。基于长期的研究成果，可将低纬区域电离层赤道异常特征归纳如下[2]。

（1）磁赤道的峰值电子密度存在局部极小值，而在磁赤道两侧±16°~±18°区域内存在极大值，形成通常描述的"双驼峰"结构，且 F_2 层峰值高度在磁赤道上空被极大地抬升而出现最大值。低纬区域电离层 TEC 分布也存在类似的特征。

（2）随着高度的减小，等离子体与中性粒子的碰撞增加。受此影响，磁赤道两侧双峰的分布按一定的磁力线排列，这种对磁力线的依赖性随着高度的减小而减小。

（3）赤道异常现象一般只出现于白天，夜间会逐渐消失而变成单峰结构。

（4）赤道异常存在季节变化，"两至"日前后，夏季半球的峰较宽且峰值高度偏低，而冬季半球峰较窄但峰值高度要高些。

（5）超过 1000km 高度，赤道电离层上述特性几乎消失。

（6）赤道异常现象存在明显的经度不对称性。

2）中纬区域

中纬区域的电离层变化最为典型。其中，日间 F_2 层电子密度最高，夜间则下降 1/10 左右。夜间 F 区等离子体密度主要靠风场及 1000km 高度上的 H⁺

离子占主体的等离子体的沉降作用来维持；日间 F 层峰值高度通常要低于夜间。如果把中纬区域电离层 E 层、F_1 层和 F_2 层的峰值电子密度换算成为临界频率，可看到它们与基于太阳黑子数度量的太阳活动呈显著线性关系。

3）高纬区域

高纬区域电离层的变化主要受到高能粒子沉降、太阳风以及外部空间粒子到达地球并与地磁场相互作用产生的强电场的控制。高纬区域又可分为以下 3 个亚区域。

（1）极冠区。该区域为地磁纬度高于 64°的极盖区域。该区域冬季处于极夜状态，电离层的电子密度主要靠太阳风驱动等离子体对流来维持。地磁活跃时，太阳风使得太阳产生的等离子体转移；而地磁平静期间，太阳风使得较小的粒子沉降而产生等离子体。

（2）极光椭圆。该区域为可见极光经常环绕的带状区域，是粒子沉降和电涌流的活跃区。该区域典型的电离层特征是极光 E 层，即沿极光椭圆的 E 区电离带。

（3）亚极光区或中纬 F 槽区。在夜间，极光椭圆朝赤道方向 5°~10°内的区域为亚极光区。该区 F 层呈现电子密度显著下降而电子温度显著增加的现象，且存在尖锐边界和明显的水平梯度。这种窄纬度现象又称为"中纬槽"，槽的位置存在一定的南北半球不对称性和经度变化，这也属于一种正常的电离层结构。

1.3.2 电离层的时间变化特性

1. 规则变化

1）太阳活动周变化

电离层的长周期变化存在明显的太阳活动依赖性。太阳活动水平通常用太阳黑子数来表征，太阳黑子主要出现于太阳纬度 5°~30°附近的区域。黑子在太阳活动的监测中一直占据着十分重要的角色。日面上的黑子数的多少不仅表征了太阳活动水平的高低，以黑子群为中心的太阳活动区域还是绝大多数太阳爆发活动的发生源区。黑子数目的高峰年称为太阳活动峰年，黑子数最少年称为太阳活动低年，两次低年之间定义为一次太阳活动周[3]。最早的太阳黑子观测记录可追溯到公元 325 年，目前已经累积了好几个世纪的观测资料。对太阳黑子数时序观测数据的谱分析结果表明，太阳黑子数呈现出约 11.1 年的稳定周期变化。当然，这个周期变化并不是完全对称的，从太阳活动低年到峰年平均需要 4.3 年时间，而从峰年到低年则需要 6.6 年。

除太阳黑子数外，人们通常还用另一种参量来代表太阳活动周的变化——

太阳 10.7cm 射电流量 $F_{10.7}$。长期的监测研究发现，$F_{10.7}$ 与太阳黑子数之间存在非常强的相关性，$F_{10.7}$ 值的大小也能很好地代表太阳活动水平。由于 $F_{10.7}$ 在地面就可以监测获取，因此，长期以来在许多重要的电离层和中高层大气模型中，通常都以 $F_{10.7}$ 作为输入参量来表征太阳活动的水平。

2) 季节变化

一般而言，夏季夜间的 F 层峰值电子密度与 TEC 要比冬季高；但在中纬区域，夏季正午的峰值电子密度要比冬季低，这就是通常所说的"冬季异常"或季节异常，这种异常现象在中纬区域要比低纬和高纬区域更为明显。"冬季异常"只在白天出现，通常认为该现象与夏季中性大气中电子-离子成分的增加而引起的电离损失率升高有关[4]。夏季夜间的 F_2 层高度要比冬季高，这种趋势在低纬区域更为明显。一般而言，夏天夜间峰值电子密度和 TEC 大于冬天。在中纬区域的夏季，F 层通常会呈现 F_1 层和 F_2 层，在这种情况下，F_2 层峰值电子密度会相对较低。实际上，F_1 层并非十分清晰，只是在 $180\sim220\mathrm{km}$ 高度附近有一个稍微弯曲的拐弯。与冬季或日出日落时分相比，在夏季或中午更有可能看到 F_1 层的出现。

3) 周日变化

电离层中可观测到的最明显的变化是周日变化，它是因地球的自转而产生的。日间，向阳面电离层可见 D 层、E 层、F_1 层和 F_2 层，电离层 F_2 层峰值高度约 300km；夜间，D 层和 F_1 层消失，主要为 E 层和 F_2 层。D 层电子密度很小，在 80km 的高度，日间电子密度一般为 $10^9 \mathrm{el/m^3}$，而夜间只有 $10^7 \mathrm{el/m^3}$。电离层的电离过程随着太阳天顶角的减小而增大，一般峰值密度出现于正午稍靠后的时间，日落后电子密度会显著降低。所有高度处的电子密度值均白天高于夜间。在低纬区域，电离层峰值高度在本地时间 19：00 可达到最大，然后下降，午夜的峰值高度相比中午要低 100km 左右；在中纬区域，电离层 F_2 层峰值高度自日出后升高，夜间要比中午高 $50\sim100\mathrm{km}$；在高纬区域，尤其是很高的纬度区域，随着季节的变化，电离层有可能处于长时间的日照或黑夜中，太阳天顶角只有微小的变化，因此，其周日变化非常缓慢；在极点上，周日变化很难察觉。其他因素如粒子沉降，对低纬赤道区电离层的变化所起作用很小；但是在极区，其对电离层的变化可能起很大的作用。

2. 不规则变化

电离层中有些行为的重复性很强，是有规律的，如周日变化和季节变化，但也有很多不规则的、随机不均匀的变化。电离层不均匀性包括突发 E 层（Sporadic E Layer，E_s 层）、扩展 F 层等，电离层不规则变化则主要涵盖电离层暴、行进式电离层扰动（Travelling Ionospheric Disturbances，TID）、电离层闪烁、电离层突然骚扰（Sudden Ionospheric disturbance，SID）等。

1) E_s 层

E_s 层是指在 90~120km 高度区域内发生的一种短暂的偶发电离层不均匀结构。E_s 层的厚度仅为数百米到数千米不等，但其水平尺度可达数十千米到数百千米，极端情况下，E_s 层可能在更大范围内连续。关于 E_s 层的形成原因有两种学说，一是由于流星产生的电离，二是由大气切变风所致。对 E_s 层的观测结果表明，E_s 层通常出现于赤道区域的白天和高纬区域的夜间；中纬区域 E_s 层通常于夏季白天出现，冬季夜间出现频次较少。

2) 扩展 F 层

顾名思义，扩展 F 层是电离层 F 层中出现的一类偶发不均匀结构。扩展是指在垂测电离图中出现的临界频率漫散展宽，导致描迹高频段出现分岔或模糊不清的现象。扩展 F 层主要出现在磁低纬赤道区的夜间和极区，磁极附近冬季扩展 F 层出现极其频繁，但中纬区域扩展 F 层极少出现。现有研究表明，瑞利-泰勒不稳定和 $E \times B$ 不稳定性引发的底部电离层泡（Bubble）抬升过程中的破碎效应是扩展 F 层出现的可能原因。

3) 电离层暴

电离层暴一般是指由于太阳日冕物质抛射（Coronal Mass Ejection，CME）事件引发的大尺度电离层结构和动态变化。电离层暴一般由大的太阳耀斑及后续伴随的数个 CME 引发。由于太阳风能量的急剧增加，极区电离层和热层会产生极大的扰动并导致该区域等离子体发生显著变化，通常该变化会向更低的纬度传播，扰动影响的区域与电离层暴的强度相关。目前，已经有大量的测量手段可对电离层暴的发生时间、影响等级及过程进行预估和监测。

4) 行进式电离层扰动

行进式电离层扰动通常是指电离层 F 层中出现的类似水波传播的一类不规则结构。行进式电离层扰动主要可以分为大尺度 TID、中尺度 TID 和小尺度 TID。大尺度 TID 一般由极光区或极区亚暴产生的声重波（Acoustic Gravity Waves，AGW）激发产生，具有较长波长（上千千米）和较长的变化周期（30min 以上），其水平相速度为 400~700m/s，F 层电子密度偏离正常值的幅度为 20%~30%，该扰动在高中纬地区较为常见，而且从高纬向赤道方向移动；中尺度 TID 通常由低层大气中的重力波激发，其波长为 100~1000km，周期为 12min~1h，水平相速度为 100~300m/s；小尺度 TID 一般由底层大气激发产生，其传播速度、波长均明显低于中尺度 TID。

5) 电离层闪烁

电离层闪烁是指无线电波传播穿越电离层电子密度不规则体过程中，由于不规则体对无线电波的散射而产生的信号幅度、相位、极化和到达角的快速随机变化。其主要表现为信号幅度快速起伏，信号的峰-峰起伏可达 1~10dB 或更大，起伏可持续几分钟到几个小时。电离层闪烁在高频（High Frequency，HF）、甚高频（Very High Frequency，VHF）、特高频（Ultra High Frequency，UHF）及其以上频率波段都能观测到，情况严重时会导致信号失锁甚至中断。近赤道区是电离层闪烁的高发区，典型条件下，日落后该区域的电离层闪烁会持续数小时以上。极区电离层闪烁主要表现为相位闪烁，虽然其强度比近赤道区要弱，但其持续时间最长可达数天。

6) 突然电离层骚扰

突然电离层骚扰是伴随太阳耀斑爆发产生的一种现象。其主要表现为电离层 D 层电子密度出现急剧增加，从而导致地球向日面大部分高频短波通信信号出现急剧衰减乃至中断，其中太阳 X 射线增强是 D 层电子密度增加的主要原因。电离层突然骚扰期间，电离层 E 层和 F 层也会出现类似的效应。

7) 极盖吸收和极光吸收

极盖吸收（Polar Cap Absorption，PCA）和极光吸收（Auroral Absorption，AA）现象都是伴随太阳耀斑爆发而出现的。极盖吸收主要出现在磁纬 64°以上的区域，它的产生与电离层 D 区大气电离突然增强有关；极光吸收则是主要发生在极光带（宽为 6°~15°）内的一种局域性现象，主要表现为低电离层电子密度剧烈增加而引发无线电强烈吸收。极盖吸收与极光吸收存在着明显的差异，极盖吸收发生的概率较小，且一般只在太阳活动峰年出现；极光吸收出现的时间则不同，它通常在太阳活动峰年后 2~3 年才频繁出现。

1.4 电离层中的物理化学过程

受中性气体成分和电离成分综合作用的影响，电离层的影响因素和变化规律非常复杂多变。通常而言，电离层的成分变化主要受光化学过程和输运过程的影响，而电离过程和复合过程都归类为光化学过程。

1.4.1 光化学过程

1. 电离过程

在太阳紫外辐射、宇宙高能粒子、X 射线辐射的共同作用下，地球中性大气粒子电离,生成电子-离子对。在地球大气的最高高度区域,太阳辐射是最强烈的,但是缺乏足够的大气粒子与太阳产生光化学反应,这一区域大气的电离程度是非常有限的。随着高度的降低,大气粒子开始增多,电离的强度也开始进一步增强。

电离过程涉及的主要中性气体成分和离子成分包括氧、氮、氢的分子和离子,如 O_2、O_2^+、O、O^+、O^-、N_2、N^+、N_2^+、NO^+、H 和 H^+。光化学反应的电离过程可表示为

$$X + h\nu \leftrightarrow X^+ + e \tag{1-10}$$

式中:X 为中性大气成分;$h\nu$ 为光照强度;X^+ 为中性成分 X 对应的离子;e 为电离过程产生的电子。

在地球不同的纬度区域,电离过程的主要控制因素是不一样的:太阳远紫外辐射和宇宙 X 射线辐射是中低纬区域主要的电离来源;在高纬区域,受极光粒子沉降作用的影响,高能粒子会与大气中性分子发生碰撞,从而导致中性成分出现微粒电离;此外,电子附着在中性分子上产生负离子,而负离子会发生分离作用从而导致电离的发生,但是这种情况只会发生在电离层 D 层高度。整体而言,电离层最主要的电离源是太阳远紫外辐射和 X 射线辐射。

2. 复合过程

当一个自由电子过于接近一个正离子时,电子被离子捕获而消失的过程称为复合过程。电离层的复合过程主要包括以下四大类[2]。

(1) 第 1 类是离子-离子复合,表达式为

$$X^+ + Y^- \rightarrow X + Y \tag{1-11}$$

(2) 第 2 类是离子-电子复合,又包括分解型、辐射型和三体型复合 3 种,分别表示为

$$\begin{cases} (XY)^+ + e \rightarrow (XY)^* \rightarrow X^* + Y (\text{分解型}) \\ e + X^+ \rightarrow X + h\nu (\text{辐射型}) \\ X^+ + e + M \rightarrow X + M (\text{三体型}) \end{cases} \tag{1-12}$$

(3) 第 3 类是离子-原子电位交换,表达式为

$$X^+ + YZ = (XY)^+ + Z \tag{1-13}$$

(4) 第 4 类是附着反应。相对于其他过程,第 4 类过程的影响较小,大部分情况下可以忽略。其表达式为

$$e + X \rightarrow X^- \tag{1-14}$$

以上几类复合过程在不同电离层高度上的影响或贡献是不一样的:在 D 层,三体附着过程非常重要,因其中原子和离子较少,离子-离子交换过程对

D 层贡献较小；在 E 层很少存在负离子，因此离子–离子复合难以发生，分解型电子–离子复合是主要的损失来源，离子–离子交换也非常重要；在 F 层几乎不存在负离子，因此离子–离子复合基本消失，其重要的影响因素是分解型电子–离子复合和离子–离子交换复合，而其中的附着反应非常弱，产生的负离子也很稀少。

1.4.2 输运过程

如果说光化学过程描述的是电离层中离化物质的产生和消失，那么，输运过程则描述了离化物质的运动变化，如漂移和扩散运动。在电离层连续性方程中，输运项是影响电离密度随时间变化的一个重要组成部分。对于不同的高度，光化学过程和输运过程所占的比例也是不一样的：在电离层 D 层和 E 层，光化学过程起主要控制作用；但到了 F 层，中性粒子浓度越来越低，输运过程逐渐起到主要的控制作用，F_2 层可以看作光化学过程和输运过程都非常重要的过渡区域[2]。

电离层中一般存在以下 4 类比较重要的输运过程。

(1) 电子和离子在电场作用下的运动。其一般用带电粒子的迁移率和电导率来表示，这些运动与地磁场和碰撞频率有关。

(2) 由于重力和压力梯度、黏滞力的作用，外加地磁场和粒子碰撞的约束，引起的电子和离子的扩散分离效应。受极化场的作用，两者扩散的方向和速度是一致的，因此也称为双极扩散效应。

(3) 中性风场对带电粒子的拖曳作用。拖曳力的大小由带电粒子的速度与风场速度之差来决定，如热层中性风场对 F 层输运过程意义重大。

(4) 热层中，由于太阳辐射作用、高能粒子加热和焦耳加热引起的温度变化和热胀冷缩效应同样会影响电离层中带电粒子的变化。

从以上 4 种过程可以看出，整个输运过程既包括电动力学过程，也包括动力学和热力学过程[5-7]。

1.5 电离层变化的主要影响源

1.5.1 太阳活动

太阳是电离层变化的最重要的影响源。首先，太阳对地球大气的辐射作用是电离层形成的重要基础，太阳辐射变化能够对全球电离层的变化产生全局性的影响，从而强烈控制电离层的变化行为。大量研究表明，电离层存在的周日变化、27 天变化、季节变化、年变化以及 11 年周期变化均与太阳活动存在直接的关联。除了正常的太阳周期变化外，太阳上存在的扰动现象同样会对电离层产生显著的影响效应，其中就包括太阳耀斑、日冕物质抛射、冕洞高速流等。伴随这些扰动事件发生，电离层会出现正负电离层暴、突然电离层骚扰、极光吸收和极盖吸收等现象，从而导致灾害性空间天气的发生[8]。

太阳耀斑指的是太阳电磁辐射突然增强的一种表现，是太阳上强烈的、短时间的能量释放过程。耀斑持续时间变化不一，短至几分钟，长至几小时。即使是在这么短的时间内，它也能够释放 $10^{20} \sim 10^{25}$ J 的巨大能量。研究表明，太阳耀斑的发生频率与太阳活动的活跃程度呈正相关，太阳活动高年期间耀斑发生较为频繁，太阳活动低年期间耀斑发生概率则较低。按照辐射的软 X 射线峰值流量的大小，耀斑可划分为 A、B、C、M 和 X 5 级，其中 C 级以下代表小耀斑事件，M 级代表中等耀斑，X 级定义为大耀斑。太阳耀斑发生时，电离层电子密度会出现急剧增加，从而引发短波通信中断；同时，热层大气密度和温度也会迅速升高，大气阻力增大，将引起近地轨道卫星、国际空间站等高度的航天器的轨道和姿态发生变化；其辐射强度的增加会对航天器的表面材料产生剥蚀作用，从而加速材料的老化。

相比太阳耀斑的能量释放过程，由于磁场湮没效应，日冕物质抛射事件还同时包括强烈的太阳日冕层大量等离子体物质及其伴随磁场结构（磁通量）的抛射过程。一次日冕物质抛射过程通常在几百秒内发生，期间会释放 10^{32} erg 电磁辐射能，还包括 10^{13} kg 的电子和质子以及 10keV ~ 1GeV 的高能粒子流，其中高能带电粒子流量高达 3×10^{32} erg。快速日冕物质抛射向外传播的速度可达 2000km/s，远远大于正常的太阳风（约为 400km/s）的传播速度，特别是从中性点以上，日冕物质抛射出的等离子体对太阳风具有明显的加强和加速作用。与太阳耀斑的发生规律类似，日冕物质抛射的发生频次也与太阳活动的活跃程度相关。一般太阳活动低年日冕物质抛射数天发生一次，而到了高年则一天能发生数次。由于抛射的大量能量和物质与地球空间磁场、大气的相互作用，日冕物质抛射同样会对电离层施加一个巨大的扰动，可引起地磁暴，将对卫星通信、卫星导航、电力传输、短波通信等应用均产生不利的影响。

通常而言，用于表征太阳辐射水平的参数是太阳黑子数 R12、太阳辐射通量 $F_{10.7}$ 和远紫外辐射通量（EUV Flux），这也是很多电离层模型，如国际参考电离层模型（International Reference Ionosphere，IRI）、欧洲 NeQuick 模型、美国 TIEGCM 模型等常用的控制参量之一。

1.5.2 地磁活动

地磁活动对电离层的影响主要表现为对带电粒子运动的控制作用，因此，地磁活动是影响电离层的另一个重要来源。在地磁平静条件下,地磁活动对电离层的控制作用最为明显的体现是赤道异常,也称为地磁异常或 Appleton 异常。赤道异常的基本表现是电离层峰值电子密度的极大值出现在磁赤道南北两侧,而磁赤道区则出现等高度电子密度和峰值电子密度 N_mF_2 的极小值。这些峰结构呈现明显的磁力线依赖性,即它们通常按照特定的磁力线排列。赤道异常现象可以解释为白天发电机东向电场和地磁场的 $E×B$ 漂移作用加上等离子体向下扩散而形成的,由此可见地磁活动对电离层的影响作用。在地磁扰动(主要是磁暴和亚暴)期间,电离层的异常变化也同样十分明显。伴随着磁暴事件的发生,全球范围内的电离层均会产生明显的扰动效应,其主要表现为电离层特征参量(如 F_2 临界频率 f_oF_2 和峰值电子密度 N_mF_2、TEC 等参量)相比地磁平静时期会出现明显的升高(正相暴)或下降(负相暴)。极区亚暴期间,低高度的电离层常常伴有极光 E_s 层结构出现;低层高度电子出现明显的累积效应,从而对高频无线电波产生明显的吸收效应,强烈时甚至能够导致短波信号中断。

为描述地磁活动的变化规律,科学界同样定义了很多特征指数,其中主要包括 C、C_i、AE、K、K_p、D_{st} 指数等[9]。各指数代表的具体含义如下。

(1) C 指数。单个地磁台用于描述每日地磁场扰动强度的指数,共分 3 级,平静的定为 0,中等的定为 1,扰动的定为 2。

(2) C_i 指数。描述全球每日地磁场扰动强度。C_i 分为 21 级,其分布范围为 [0 20],步长为 0.1,C_i 的大小与地磁扰动的剧烈程度呈正比。

(3) AE 指数。描述磁亚暴的强度,也称为极光带电急流指数,它表征的是极光带地磁扰动的强度,单位为 nT。

(4) K 指数。单个地磁台站用于描述每日每 3h 内的地磁扰动强度,共分 10 级,分别用 0~9 表示。

(5) K_p 指数。反映全球地磁活动性的指数,它由全球 13 个地磁台站所测得的 K 指数计算平均得到。K_p 共分 28 级。

(6) D_{st} 指数。反映全球地磁暴活动剧烈程度的指数,它由全球中低纬地磁台站测量的磁场水平分量获得,又称为赤道环电流指数,以 nT 为单位。D_{st} 指数为负表示磁暴发生,负值越大,磁暴强度越强。

1.6 电离层探测手段

电离层研究一般是通过分析其相关物理参数来进行的。除电离源外,电离层特性还受到地球中性大气过程和地磁场的影响。因此,电离层研究相关的物理参数主要包括电子与离子的密度、温度、漂移速度,以及中性大气密度、电场、磁场等。通过各种方法和手段来探测获取这些物理参数,对于电离层研究有着非常重要的意义。

电离层探测方法可大致分为遥感遥测和实地探测两大类。实地探测是把仪器放置在介质中以测量包围仪器的介质的某些特性,如温度、密度、磁场强度等。实地探测需要借助飞行器携带的空间探测仪器,如质谱仪、磁力仪、朗缪尔探针等进行。遥感遥测方法则通过在远离介质处,观测穿过介质传播的电磁波或者声波等特征,来推演得到介质或波源的特性,常用的包括各种雷达探测、全球导航定位系统(Global Navigation Satellite System,GNSS)信标探测、气晖和哨声观测等。

1.6.1 电离层垂测

垂测是电离层研究中最古老,但是非常重要的地面常规电离层探测方法。通过向电离层垂直向上发射各种频率的电磁波(0.1~30 MHz),然后接收不同频率上由电离层反射的回波,测量回波的传播时间 τ,继而计算虚高($h' = c\tau/2$),由此得到虚高信号随频率的变化(称为频高图)。通过分析频高图,可以得到探测点上空 F_2 层峰高度以下电子密度随高度的一维分布,即电子密度剖面。这是传统垂测方法能够提供的关于电离层结构的最重要的信息。

20世纪70年代后期,出现了较常规垂测仪功能更加强大的数字式电离层垂测仪。除了回波的传播时间外,它还可以测量回波的偏振、振幅、相位谱和回波到达角,提供丰富的电离层结构与动力学信息。

地基电离层垂测手段无法获得电离层 F_2 层峰值高度以上的电子密度信息,因此卫星顶部垂测技术发展起来。卫星顶部垂测是指利用1000~2000km轨道高度上的卫星装载垂测装置垂直向下发射电波,然后接收不同频率的电离层反射回波,由此获得 F_2 峰值高度以上至卫星高度的电离层电子密度剖面的垂测方法。将顶部垂测和底部垂测结合,便可得到从地面到卫星高度的完整电子密度分布。

1.6.2 无线电波遥测

当无线电波频率高于电离层临界频率时,电波将穿过电离层。受电离层的影响,穿过电离层的电波信号的幅度、相位、偏振等会发生一些变化。基于这些变化,我们可以得到电离层有关的信息,如总电子含量、由不规则体引起的电波闪烁等。

卫星信标测量是无线电波遥测的一个典型应用。卫星信标是指卫星发出的标准频率的无线电信号。当卫星信号穿过电离层时，会产生传播时间延迟，时延的大小与信号频率及沿信号传播路径的电子密度的线积分——电离层 TEC 有关。利用卫星信标信号在电离层中的传播特性，取得电离层 TEC 的方法至少有 3 种：法拉第旋转法、差分多普勒法和差分群时延法/差分载波相位，该内容将在 2.2 节详细介绍。

1.6.3 散射雷达探测

地面大功率散射雷达是近年来发展起来的一种非常有效的电离层探测手段。散射雷达探测的原理是通过向高层大气发射高频率的电磁波，然后接收雷达的散射回波来进行探测。根据散射机制的不同，散射雷达可分为相干散射雷达和非相干散射雷达。相干散射雷达对来自电离层中小尺度电子密度不规则体的布拉格（Bragg）散射特别敏感。在后向散射的情况下，当电子密度不规则体的特征尺度等于雷达波长的一半时，雷达接收到的散射信号最强。对探测回波信号的自相关函数进行谱分析，可以得到电离层不规则体的回波强度、视线多普勒速度及多普勒谱宽等。非相干散射雷达通过接收电离层电子密度随机热起伏引起的电波散射信号而获取电离层参数。非相干散射探测能获取电子密度、电子温度、离子/电子温度比、等离子体视线速度、离子成分等多种参数，是在地面上探测电离层的最强大的手段。

1.6.4 卫星实地探测

卫星实地探测是利用卫星上搭载的各种探测仪器来完成的。卫星搭载的探测仪器包括朗缪尔探针、离子漂移计、加速度仪等，可分别获得电子密度和温度、离子漂移速度、大气总质量密度等。

本 章 小 结

本章对本书的研究对象——电离层进行了简单介绍，包括电离层的特征参量、随时间和空间的变化特性、电离层中的各种物理化学过程、变化的主要影响源与探测手段。电离层特征参量是指能够基本表征电离层状态及变化的参量，本书关注的重点主要集中在与无线电波传播相关的特征参量上，包括电离层电子密度、TEC、临界频率、闪烁指数等。其中，总电子含量和临界频率均可通过电子密度剖面计算得到，因此，电子密度的获取是电离层探测极为重要的目的之一。电离层电子密度呈现显著的随时间和空间的变化。电离层随空间的变化主要体现在随高度的变化（电离层的分层结构）与随纬度的变化。电离层的时间变化主要包括规则变化和不规则变化。规则变化包括太阳活动周变化、季节变化和周日变化，不规则变化包括突发 E 层、扩展 F 层、电离层暴、行进式电离层扰动、电离层闪烁、突然电离层骚扰等。电离层的成分变化主要受光化学过程和输运过程影响，而光化学过程又可分为电离过程和复合过程。电离层变化的主要影响源包括太阳活动和地磁活动。其中，太阳是电离层变化的最重要的影响源，其对地球大气的辐射作用是电离层形成的重要基础；同时，太阳上存在的扰动现象，如太阳耀斑、日冕物质抛射、冕洞高速流等，也会对电离层产生显著的影响效应。地磁活动对电离层的影响主要表现为对带电粒子运动的控制作用。在地磁平静条件下，地磁活动对电离层的控制作用最为明显的体现是赤道异常；在地磁扰动（主要是磁暴和亚暴）期间，电离层也会产生明显的异常变化。电离层研究与电离层探测密不可分。常用的电离层探测手段包括电离层垂测、无线电波遥测、散射雷达探测和卫星实地探测等。

第 2 章 基于卫星信号的电离层特征参量测量理论与方法

2.1 引 言

如第 1 章所述,电离层探测对于电离层研究有着非常重要的意义。从某种意义上来说,新探测技术的发展一直推动着电离层研究达到新的水平。

基于卫星信号的电离层探测技术属于无线电遥感探测的一个分支,其突出优势是可以随着卫星平台的快速运动,在较短时间内获得全球大范围的电离层参量信息,尤其是在无法建立地面观测站的广大海洋。自 20 世纪 90 年代以来,随着美国全球定位系统(Global Positioning System,GPS)的发展,利用以 GPS 为代表的 GNSS 来监测电离层 TEC 的时空变化已成为一种较理想的方法,目前已广泛用于探测和研究电离层不规则体,地磁暴对电离层的影响,电离层对太阳耀斑的响应,电离层闪烁特性,全球尺度电离层的周年、季节、周日变化规律等。

本章主要介绍基于卫星信号的电离层特征参量测量理论与方法。

2.2 电离层 TEC 测量

2.2.1 法拉第旋转法

在发射信号频率远大于等离子频率($f \gg f_p$)的情况下,基于准纵传播条件近似可得到法拉第旋转量,即

$$\begin{cases} \Omega = \dfrac{\pi f}{c} \int_s X Y_L \mathrm{d}s = 2.365 \times 10^4 f^{-2} \int_s N_e B_0 \cos\theta \mathrm{d}s \\ X = (f_p/f)^2, \quad Y_L = Y\cos\theta, \quad Y = f_H/f \end{cases} \tag{2-1}$$

式中:c 为光速;f、f_p 和 f_H 分别为信号发射频率、等离子体频率和回旋频率;N_e 为电子密度;B_0 为地磁场;θ 为电波传播方向与地磁场的夹角。

如果发射频率与等离子体频率比较接近，运用式（2-1）会引入很大的误差，此时，我们可以利用下面更精确的公式：

$$\Omega = \frac{\pi f}{c}\int_s XY_L(1-X)^{-1/2}ds \approx \Omega_0 \times (1-X)^{-1/2} = \Omega_0 \times \gamma \tag{2-2}$$

式中：Ω_0 为利用式（2-1）计算出的高频近似值；$\gamma = (1-X)^{-1/2}$ 为修正因子。

如果使用 X 平均值，γ 可以放在积分号外面。对应于一个恒定的高度，参照 β 型 Chapman 电离层分层模型，可以得到 $\gamma = (1-0.7X_m)^{-1/2}$，其中 $X_m = (f_c/f)^2$，f_c 为电离层临界频率。对应于式（2-1）和式（2-2）的结果精度大概有 0.1% 的改进。

在 CASSIOPE/e-POP 卫星利用高频测量的实验中，两个相邻频率的相对旋转可用来消除模糊度，式（2-1）的差分模式为

$$d\Omega_0 = -4.73 \times 10^4 f^{-3}df\int_s N_e B_0\cos\theta ds = C(f)\int_s N_e B_L ds \tag{2-3}$$

式中：$B_L = B_0\cos\theta$ 为磁场强度的纵向分量；$C(f) = -4.73\times 10^4 f^{-3}df$ 为与频率有关的常数。

式（2-3）中的积分量与电离层电子密度有关，修正因子 γ 在使用 X 平均值的情况下对于每一个发射频率几乎是相同的，而 df 是一个相对很小的量。假如在使用高频时小心选择 df，$d\Omega$ 可以分布在 $0\sim 2\pi$ 区间。

2.2.2 差分多普勒法

差分多普勒技术通过相干频率的差分计算，可以消除卫星运动引起的频移，从而保留获得电离层 TEC 信息，具体原理如下[10]。

对于卫星信标接收机而言，任意频率上测量的多普勒频移可以表示为

$$\begin{aligned}\Delta f &= \frac{f}{c}\frac{d}{dt}\int_t^r n ds = \frac{f}{c}\frac{d}{dt}\int_t^r\left(1-\frac{40.31 N_e}{f^2}\right)ds \\ &= \underbrace{\frac{f}{c}\frac{d}{dt}\int_t^r ds}_{\text{卫星运动引起的频移}} - \underbrace{\frac{40.31}{cf}\frac{d}{dt}\int_t^r N_e ds}_{\text{电离层引起的频移}}\end{aligned} \tag{2-4}$$

式中：f 为信号频率；c 为光速；n 为大气折射指数；N_e 为信号传播路径上的电子密度。

从式（2-4）可以看出，差分多普勒频率由两部分组成：卫星-接收机的相对运动引起的频移和电离层引起的频移。为提取电离层信息，需要采用差分技术将电离层引起的频移量提取出来，这也是卫星信标发射机至少需要发射两个相干频率的原因。采用倍频差分，则

$$\varphi(t) = 2\pi \left(\frac{\Delta f_1}{m_1} - \frac{\Delta f_2}{m_2} \right) \tag{2-5}$$

$$= \frac{2\pi \times 40.31}{cf_0} \times \frac{m_2^2 - m_1^2}{m_2^2 m_1^2} \frac{\mathrm{d}}{\mathrm{d}t} \int N_e \mathrm{d}s$$

式中：$\varphi(t)$ 为差分多普勒频移；Δf_1 和 Δf_2 分别表示第一个和第二个载波频率测得的多普勒频移量；f_0 为基准频率；m_1 和 m_2 分别为两个载波频率的倍频系数，则 $f_1 = m_1 \times f_0$、$f_2 = m_2 \times f_0$。

式（2-5）建立了差分多普勒频移量 $\varphi(t)$ 与电离层电子密度之间的关系，为利用卫星信标数据提取电离层参量奠定了理论基础。

进一步地，对式（2-5）两边同时进行积分运算，得到

$$\frac{40.31}{cf_0} \times \frac{m_2^2 - m_1^2}{m_2^2 m_1^2} \int N_e \mathrm{d}s = \frac{1}{2\pi} (\Phi_D(t) + \Phi_0) \tag{2-6}$$

式中：$\Phi_D(t)$ 为差分多普勒相位；Φ_0 为未知的积分常数。

对于某一接收机获取的同一轨数据而言，Φ_0 是唯一的。此时，电离层 TEC 可以按下式计算得到：

$$\begin{aligned} \mathrm{TEC}_a &= \int N_e \mathrm{d}s \\ &= C_D \times (\Phi_D(t) + \Phi_0) \end{aligned} \tag{2-7}$$

式中：$C_D = cf_0 m_2^2 m_1^2 / (2\pi \times 40.31 \times (m_2^2 - m_1^2))$。

一般我们将 $C_D \times \Phi_D(t)$ 认为是相对 TEC，TEC_a 是绝对 TEC。由式（2-7）可知，要想由卫星信标观测值计算得到绝对 TEC，首先需要估计出未知相位积分常数 Φ_0，比较常用的方法是多站法[11]。

2.2.3 差分群时延法/差分载波相位

GNSS 原始观测量包括码伪距和载波相位两类。接收机 R 与卫星 S 间的码伪距测量可以表示为

$$P_i = \rho + c(\delta t_R - \delta t^S) + \Delta \rho^{\mathrm{trop}} + \Delta \rho^{\mathrm{ion}} + c(b_R + b^S) + \varepsilon_i \tag{2-8}$$

式中：P_i 为第 i 个频率上观测的卫星与接收机间的距离（伪距）；ρ 为卫星与接收机间的真实几何距离；δt_R、δt^S 分别为接收机和卫星钟差；$\Delta \rho^{\mathrm{trop}}$ 为对流层引起的信号延迟；$\Delta \rho^{\mathrm{ion}}$ 为第 i 个频率上的电离层引起的信号延迟；b_R、b^S 为接收机和卫星的硬件延迟；ε_i 为第 i 个频率上的随机误差。

式（2-8）中，下标 i 代表发射信号的频率编号，ρ 中包含周期性相对论效应及重力场弯曲效应。

对于载波相位观测而言，其观测量可以表示为

$$L_i = \rho + c(\delta t_R - \delta t^S) + \Delta\rho^{trop} + \Delta\rho_i^{ion} + \lambda_i B_i + \varepsilon_i \tag{2-9}$$

式中：λ_i 为第 i 个频率信号的波长；B_i 为一个常数项偏差，包括起始的相位整周模糊度、卫星和接收机的相对旋转引起的两个频率上的载波相位 Wind-up 效应、卫星和接收机的相位硬件延迟偏差等。

载波相位模糊度和硬件延迟误差互相耦合，互相影响，很难准确地将其分离。虽然载波观测精度比伪码高 2~3 个数量级，但是由于模糊项的存在，单独利用载波相位进行测量存在非常大的难度[12]。

GNSS 利用载波相位、码伪距及载波平滑码伪距的方法来计算观测站与卫星间的电离层 TEC 信息，其中一个重要的途径为采用无几何距离组合（Geometry-Free Linear Combination，GFLC）。该组合能够消除几何距离的影响，使得 GNSS 观测量只含有电离层、卫星和接收机差分频间延迟等信息，这将为电离层信息的提取奠定基础。

在无几何距离组合中，将两个相干频率的载波观测值相减，即可消除几何距离的影响。同时，与频率无关的项如钟差、对流层延迟也可得以消除。无几何距离组合表达式为

$$L_4 = k_{1,4} L_1 + k_{2,4} L_2 = L_1 - L_2 \tag{2-10}$$

式中，$k_{1,4} = 1$；$k_{2,4} = -1$。

为此，我们可以得到码伪距和载波相位测量的无几何距离组合，即

$$P_4 = \xi_4 I + c(\Delta b^S - \Delta b_R) \tag{2-11}$$

$$L_4 = -\xi_4 I + B_4 \tag{2-12}$$

式中：常数项 $\xi_4 = 1 - f_1^2/f_2^2 \approx -0.647$；模糊系数 $B_4 = \lambda_1 B(f_1) - \lambda_2 B(f_2)$；$\Delta b^S = b^{S,1} - b^{S,2}$ 为卫星 S 的差分频间硬件延迟；$\Delta b_R = b_{R,1} - b_{R,2}$ 为接收机 R 的差分频间硬件延迟。

同样地，载波平滑码伪距观测量的无几何距离观测组合可以表示为

$$\tilde{P}_4 = \xi_4 I + c(\Delta b^S - \Delta b_R) \tag{2-13}$$

式中：I 为倾斜电离层延迟。

一般情况下，I 可以表示为随经纬度变化的垂直总电子含量的函数，即

$$I = \xi_E \text{STEC}(\beta, s) = \xi_E F(z) \text{VTEC}(\beta, s) \tag{2-14}$$

式中：STEC 为斜路径上的观测 TEC；VTEC 为观测 TEC 在垂直方向的投影值 β 为电离层穿刺点的磁纬度；s 为穿刺点的日固坐标系经度；$\xi_E = C_X/2f_1^2 \approx 0.162 \text{m/TECU}$ 为常数，$1\text{TECU} = 10^{16}/\text{m}^2$。

将式（2-14）电离层延迟代入无几何距离线性组合中，可得到

$$P_4 \approx \xi_4 \xi_E F(z) \text{VTEC}(\beta, s) + c(\Delta b^S - \Delta b_R) \tag{2-15}$$

$$L_4 \approx -\xi_4\xi_E F(z)\text{VTEC}(\beta, s) + B_4 \tag{2-16}$$

$$\tilde{P}_4 \approx \xi_4\xi_E F(z)\text{VTEC}(\beta, s) + c(\Delta b^S - \Delta b_R) \tag{2-17}$$

式（2-15）~式（2-17）中："="用"≈"代替主要是考虑到采用了简化的电离层"薄层"假设。VTEC(β, s)通常用一系列级数展开的基函数表示，如有研究用泰勒级数表征局域电离层变化[12]、B-样条（B-splines）函数表征区域电离层变化[13]、球谐函数展开表征全球电离层变化等[14]。通过接收机与卫星间的多观测量线性组合，式（2-17）可联立求解得到接收机和卫星的硬件延迟 Δb^S、Δb_R，再代入式（2-13）即可解算得到电离层 TEC 值。

2.3 电离层闪烁指数与不均匀体参数测量

1956 年，Booker 首次利用无线电波的闪烁来研究赤道扩展 F[15]。自 1957 年第一颗人造卫星成功发射后，电离层探测进入了空间时代。除测高仪外，大功率雷达（相干/非相干散射雷达）是地面探测的重要手段。这些雷达信号频率远大于电离层最大临界频率，接收的是电离层的散射波。与赤道电动力学有关的大部分数据都来自赤道附近的非相干散射雷达观测，如 Jicarmaca 观测站。Jicamarca 雷达几乎垂直地发射 50 MHz 电波，它们对等离子体波中的散射体很敏感。散射过程满足布拉格散射条件，即 $k_r = k_s + k_m$，k_r、k_s 和 k_m 分别为雷达波矢、散射波矢和介质中的波矢。因为 $k_r = -k_s$，所以 $k_m = 2k_r$，这意味着 Jicamarca 雷达（波长为 6 m）能检测垂直波长为 3 m 的不规则体。

Jicamarca 雷达波束指向垂直于磁场，返回散射谱的频率宽度非常窄，因此即使很小的平均多普勒频移也能够监测到，并转换为精确的电离层漂移速度。实际上，雷达波束分为两束，分别指向磁赤道东西各 3°。由两个波束测得的多普勒频移之差可以得到离子的东西向漂移速度，而它们的平均则可得到离子的垂直漂移速度。雷达观测的电离层漂移速度呈以下特征。

（1）夜间朝东漂移，速度更大，其峰值是白天朝西漂移峰值的 2 倍。

（2）纬圈漂移速度比垂直漂移速度大得多。

（3）垂直漂移在日落期间常常增强很大，而在日出时段没有类似的特征存在。

（4）垂直漂移存在强的太阳活动周效应和中等的季节效应。

以扩展 F 在电离图上的形态，一般可将其分为频率型扩展 F、区域型扩展 F、岐型扩展 F 和混合型扩展 F。岐型扩展 F 主要出现在高纬地区。王国军发现，我国海南地区还经常出现强区域型扩展 F，其特征如下。

(1) 其弥散回波能屏蔽 F_2 层临界频率。
(2) 其存在时间通常在 1h 以上。
(3) 它们的弥散回波截止频率通常高于 8 MHz[16]。

王峥发现，低纬电离层闪烁和强区域型扩展 F 密切相关[17]。肖锐发现，赤道扩展 F 的出现率随季节变化：在春秋分和冬至前后扩展 F 出现率高，在 5 月至 8 月出现率较低，一天之中出现率最高是在 21 LT[7]。分析 2012 年至 2013 年三亚站电离图，Zhu 发现，扩展 F 最大值在春秋分季出现于日落后，夏季出现于子夜后；在距离扩展 F 出现时，F_2 层峰值高度的月均值高于无距离扩展 F 出现时，表明日落时 F 层的抬升和低 F 层电子密度扰动的存在是春秋分季距离扩展 F 产生和发展的重要因素；三亚站夏季子夜时的频率扩展 F 可能由当地产生的 F 区不规则体引起[18]。

利用卫星和火箭进行的电离层探测主要分为实地测量和信标测量。近些年被广泛应用于电离层形态特征以及不规则体和闪烁研究的卫星原位测量数据主要来自美国 C/NOFS（Communication/Navigation Outage Forecasting System）卫星、美国 DMSP（Defense Meteorological Satellite Program）系列卫星、美国和德国联合研究和发射的 GRACE（Gravity Recovery and Climate Experiment）卫星、德国 CHAMP（Challenging Minisatellite Payload）卫星、中国台湾和美国共同研制和发射的 ROCSAT（Republic of China Satellite）卫星等[19-20]。

20 世纪 70 年代，国际上开展了两次重要的卫星信标试验：ATS-6 地球同步卫星和极轨 WideBand 卫星信标试验，用于提供多重相干频率的振幅闪烁和相位闪烁数据。利用它们以及其他众多卫星信标，人们积累了覆盖全球不同经纬度带，从 HF、VHF、UHF、L、C 到 SHF 波段的多频率电离层闪烁的丰富数据[21-22]。与此同时，随机介质中波传播问题的研究也取得巨大进展。这一时期，观测和理论方面比较好的综述可以参见文献 [21,23-25]。

近年来，随着卫星通信和导航系统对空间环境的依赖日益增长，电离层闪烁对卫星通信/导航系统影响的监测研究成为热点问题。很多电离层闪烁研究侧重于关注 L 波段。这可能是由于一方面，现代社会生活的诸多方面日益依赖于 GNSS 系统，而电离层闪烁对 GNSS 的高精度、可用性和完好性应用等产生威胁[22,26-28]，通过闪烁监测分析可为闪烁频发地区通信系统的设计提供参考；另一方面，电离层不规则体的形状、运动速度、尺度、高度、空间取向等参数决定了经过其传播的无线电信号的统计特征，因此闪烁观测数据包含着丰富的电离层不规则体参数信息，可以为不规则体的形成和演变研究提供参考。

基于 GNSS 的电离层闪烁监测可以通过电离层闪烁监测仪（Ionospheric Scintillation Monitor, ISM）获取，其设计最早由 Van Dierendonck 于 1993 年提

出[29]。由于电离层闪烁监测仪价格亲民,实用性强,以及获取的监测数据具有全天候、连续性好和质量高等优势,Pi 提议联合利用世界各地的 GPS 网络来监测电离层不规则体的全球特征[30]。此后,基于 GPS 传感器的电离层闪烁常规监测成为全球电离层地基观测的重要手段[26]。

近年来,天基 GNSS 掩星观测开始用于全球电离层闪烁研究。GNSS 掩星观测的突出优势有全球覆盖、垂直分辨率高、接收信号不受来自地面接收机周围环境的多径干扰等。有学者开始利用 COSMIC(Constellation Observing System for Meteorology, Ionosphere, and Climate)卫星掩星观测的振幅闪烁指数 S_4 或 GPS L1 和 L2 频点信号的幅度和相位数据来研究全球 L 波段电离层闪烁、赤道 F 区不规则体(Equatorial F region Irregularities,EFI)和 E_s 的气候学特征[31-36]。这些研究结果表明,COSMIC 掩星技术能够很好地遥感获得全球尺度的电离层闪烁、偶发 E 层及赤道扩展 F 等不规则体特征。

2.4 电离层电子密度反演

2.4.1 电离层层析成像技术

1. 层析成像原理

电离层层析成像(Computed Tomography,CT)的过程,即利用电离层电子密度的积分量 TEC 反演得到电离层电子密度的过程[37-38]。电离层 TEC 可表示为电子密度沿信号传播路径的积分,即

$$\text{TEC}_i = \int_{s_i} N_e(\boldsymbol{r}, t) \text{d}s \tag{2-18}$$

式中:N_e 为卫星与接收机间信号传播路径上的电离层电子密度;$\boldsymbol{r}$ 为由经度、纬度和高度组成的位置向量;t 为时间;s 为卫星和接收机之间信号的传播路径。

为便于计算机处理,通常对待反演的空间区域进行离散化。由于卫星信号频率较高,可以忽略信号的弯曲效应,将信号传播路径做直线近似。基于级数展开法,选择特定的基函数(Basis Function)b_j 表征电离层电子密度的变化,即

$$N_e(\boldsymbol{r}, t) \approx \sum_{j=1}^{J} x_j(t) b_j(\boldsymbol{r}) \tag{2-19}$$

式中:$x_j(t)$ 为级数展开后的基函数系数,$j = 1, 2, \cdots, J$。

将式(2-19)代入式(2-18),电离层 TEC 可进一步表示为

$$\mathrm{TEC}_i(t) = \int_{l_i} \sum_{j=1}^{J} x_j(t) b_j(\boldsymbol{r}) \, \mathrm{d}s$$
$$= \sum_{j=1}^{J} x_j(t) \int_{l_i} b_j(\boldsymbol{r}) \, \mathrm{d}s \quad (i = 1, 2, \cdots, M) \tag{2-20}$$

式中：M 为参与层析计算的电离层 TEC 观测数据值的数目；J 为离散化网格总数。

令 A_{ij} 代替式（2-20）中的积分项，则有

$$\mathrm{TEC}_i(t) = \sum_{j=1}^{J} A_{ij} x_j + \varepsilon_i \tag{2-21}$$

式中：ε_i 为第 i 条射线路径的离散误差和观测噪声；x_j 为第 j 个网格的电子密度。

选用像素类基函数，有

$$b(\boldsymbol{r}) = \begin{cases} 1, & \boldsymbol{r} \in \text{网格} \\ 0, & \text{其他} \end{cases} \tag{2-22}$$

将式（2-22）代入式（2-21），可得

$$A_{ij} = \Delta s_{ij} \tag{2-23}$$

式中，Δs_{ij} 为第 i 条射线路径在第 j 个网格内的截距。

当射线穿过该网格时，$A_{ij} = \Delta s_{ij} \neq 0$；而当网格内没有任何射线穿越时，$A_{ij} = \Delta s_{ij} = 0$。

将式（2-21）以矩阵方程的形式表示，有

$$\boldsymbol{d}_{m \times 1} = \boldsymbol{A}_{m \times J} \boldsymbol{x}_{J \times 1} + \boldsymbol{e}_{m \times 1} \tag{2-24}$$

式中：$\boldsymbol{d}$ 为 $m \times 1$ 元素的电离层 TEC 向量；$\boldsymbol{A}$ 矩阵由所有射线在离散化网格内的截距组成；$\boldsymbol{x}_{J \times 1}$ 为 $J \times 1$ 元素的电离层电子密度向量；$\boldsymbol{e}$ 为由 m 条观测噪声和离散误差组成的 M 维列向量。

相比于待求解的未知电子密度值的数目，卫星与接收机间独立的 TEC 观测数据不足；同时，电离层 CT 技术用作电离层电子密度重构时，部分层析网格内没有任何射线穿越。这就造成基于电离层 CT 技术的电子密度重构是一个秩亏问题[6]。为获得电离层 CT 的稳定的解，需要满足最小偏差和最小范数两个原则。最小偏差原则用作确定一簇最近的近似解，而最小范数原则用作在这一簇解中选择范数最小的解作为问题的最终解，分别为

$$\min \| \boldsymbol{Ax} - \boldsymbol{d} \|_2 \tag{2-25}$$

$$\min_{x \in S} \| x \|_2, \quad S = \{ x \in \boldsymbol{R}^J \mid \min_x \| \boldsymbol{Ax} - \boldsymbol{d} \|_2 \} \tag{2-26}$$

按照这一思路，在电离层 CT 过程中施加平滑约束可以在一定程度上克服反演过程中的秩亏问题。然而，施加约束虽然可以克服电离层 CT 中的秩亏问

题,但是该反演问题却呈现出病态特征,这使得电离层CT反演的电子密度结果对测量值十分敏感,容易出现解不稳定的特征[39]。许多学者针对这一问题提出了不同的电离层CT反演算法,以获得电子密度的唯一稳定解[40],其中常用的电离层CT反演算法可分为6类,即傅里叶变换算法、卡尔曼滤波算法、正交分解型算法、线性代数重构算法、随机反演法和正则化算法。

2. 电离层层析成像算法

1)傅里叶变换算法

傅里叶变换算法的理论基础是投影定理,其变换过程是严格的线性过程,特别适用于利用特定的模式值来补充数据缺失对成像过程造成的影响。对于完整投影,应用傅里叶变换算法得到的解与代数算法所得解是相同的。实际应用中,由于电离层CT系统本身存在接收机布设不均匀、接收机数量稀少以及视角有限等,直接应用傅里叶变换算法难以得到理想的结果。此外,算法本身还存在所需的运算时间较长和存储空间过大的不足,这直接限制了算法的应用。因此,傅里叶变换算法一般只在层析成像的理论分析中使用,实际观测数据处理中的应用较少[41]。

2)卡尔曼滤波算法

卡尔曼滤波算法是在线性无偏最小方差估计原则下推导得到的一种递推滤波方法,它在电离层研究领域得到广泛应用。确定了电离层层析系统的初始状态后,卡尔曼滤波算法无须存储大量的历史观测数据,仅借助于层析系统本身的状态方程,根据前一时刻的电子密度的状态估计值和当前时刻的电离层TEC观测值,即可推算出新的电子密度状态估计值,非常适合实时处理[42]。

然而,将经典卡尔曼滤波技术应用于电离层CT时也存在一些困难。

(1)卫星观测的动态噪声和观测噪声难以准确获得。

(2)由于计算误差和观测粗差的存在,卡尔曼滤波存在解发散的问题[43]。

3)正交分解型算法

电离层CT问题涉及两个空间:图像空间和投影空间。正交分解型算法的基本思想如下:首先将图像空间的基函数投影到投影空间;然后利用正交分解法得到相应的投影空间中的一组正交基;最后利用这组正交基将测量数据展开,将得到的展开系数变换到图像空间,即可得到图像空间基函数的展开系数,从而获得重构的电子密度图像[44-45]。

正交分解型算法通过研究投影矩阵的投影行为,计算出矩阵的零投影空间以及垂直于零空间的投影空间,从而将图像向量分割为两个独立的部分:可观测部分和不可观测部分。不可观测部分可视为投影矩阵的"盲区",可观测部分可通过奇异值分解法获得。用一组由经验电离层模型得到的图像向量作为基函数,对图像的可观测部分进行拟合;把由此得到的图像向零投影空间投影,即可得到图像的不可观测部分,从而完成电离层 CT 成像[38,46]。由于测量噪声等因素的影响,可观测部分和不可观测部分难以有效区分,从而造成解存在较严重的不稳定性,这使得正交分解型算法应用较少。

4) 线性代数重构算法

在电离层 CT 反演中,使用较多的就是线性代数重构算法,目前有多种线性代数重构算法可用于求解方程[47]。迭代类重构解法是一类常用的代数重构算法,行作用技术是迭代处理方法的一种。它对解的初始估计进行反复修正,直到满足设定的迭代终止条件为止,且每一次修正针对一个方程进行。线性代数重构算法比较节省计算机内存资源且编程实现简单,因此应用非常广泛[38]。综合而言,应用最广的线性代数重构算法是加法类代数重建法,如代数重建算法(Algebraic Reconstruction Technique,ART)和乘法代数重建算法(Multiplicative Algebraic Reconstruction Technique,MART)。

5) 随机反演法

随机反演法是贝叶斯估计理论在电离层 CT 中的应用。该理论将电离层 CT 中的测量值、待求量和背景模型误差均看作随机变量(如满足高斯分布),通过事先估计测量值、待求量、背景模型的误差协方差,获得满足最大后验概率密度分布的电离层电子密度值[48-49]。从最大后验概率密度的观点出发发展起来的随机反演方法,其突出优点在于:在保证反演解的稳定性的前提下,最大限度地提高反演解的分辨率。随机反演法在地震波反演、石油储层预测等领域应用较多。该方法实现的困难在于每次反演的背景模型、待求量的误差协方差均不同,难以计算得到,一般只能凭经验估计,这会影响待求解的质量,因此,其比较适合于电离层历史观测资料较为丰富的区域。

6) 正则化算法

电离层 CT 本质上是一个反问题,其求解面临的一个本质性的困难是不适定性,主要是近似解的不稳定性。正则化算法是求解不适定问题的一类普遍方法[50]。电离层 CT 正则化算法中有一类常用的奇异系正则化算法,该类算法由于不需要添加初始值假设,因此,可以在很大程度上消除迭代类算法对初始值过于依赖的问题。该类算法中比较常用的有 Tikhonov 正则化、广义奇异值分解(Generalized Singular Value Decomposition,GSVD)、截断奇异值分解(Truncated Singular Value Decomposition,TSVD)等[51]。该类方法通过在电离层层析系统中施加约束条件、截断过小的奇异值等来克服解的不唯一性及病态问题，从而使得反演结果稳定[52]。但是，单纯使用正则化算法获取的电离层电子密度较为平滑，无法反映较小尺度的电离层特征。正则化方法结合模式化基函数特别适合于观测数据稀疏区域的电离层 CT 问题求解。

2.4.2 电离层数据吸收技术

广义上来说，数据吸收（Data Ingestion）技术是数据融合或是数据驱动技术的一种。数据吸收的基本原理是利用数学上的参数最优化理论，通过对"气候学"模型的驱动参量进行更新，使得模型输出参量与观测数据间的误差达到最小，从而实现将观测数据融入对应模型中的目的[53]。数据吸收的主要目标函数可表示为

$$(\hat{x}_1, \hat{x}_2, \cdots, \hat{x}_n) = \mathrm{argmin} \sum_{i=1}^{M} (\mathrm{ION}_{\mathrm{mod},i}(x_1, x_2, \cdots, x_n) - \mathrm{ION}_{\mathrm{obs},i})^2 \tag{2-27}$$

对上述目标函数进行简化，可以得到

$$Y = Y(X) \tag{2-28}$$

式中：$Y = \sum_{i=1}^{M} (\mathrm{ION}_{\mathrm{mod},i}(x_1, x_2, \cdots, x_n) - \mathrm{ION}_{\mathrm{obs},i})^2$ 为一个含有 n 个驱动量的列向量；$X = (x_1, x_2, \cdots, x_n)$ 为模型的驱动参量；$\mathrm{ION}_{\mathrm{mod},i}(x_1, x_2, \cdots, x_n)$ 为在指定驱动参量下的电离层模型输出值；$\mathrm{ION}_{\mathrm{obs},i}$ 为实际观测值。

当数据吸收的背景模型采用简单的线性方程时，反演问题便简化为线性最小二乘问题；当数据吸收的背景模型采用复杂的经验或者物理模型时，目标函数将变成非线性方程，需要先将非线性方程进行线性化，再利用迭代最小二乘法求解[54]。令 $X_{i/0}$ 为电离层模型驱动参数进行 i 次迭代后的估计值，将方程在 $X_{i/0}$ 处展开，有

$$Y = Y(X_{i/0}) + \left(\frac{\partial Y}{\partial X}\right)_{x_0 = x_{i/0}} (X - X_{i/0}) + O((X - X_{i/0})^2) \tag{2-29}$$

令雅可比矩阵 $H = \left(\frac{\partial Y}{\partial X}\right)_{x_0 = x_{i/0}}$，同时忽略高阶项 $O((X - X_{i/0})^2)$，可以得到

$$y = Hx + v \tag{2-30}$$

根据最小二乘估计值原理，可以得到 x_0 的最优估计值为

$$\hat{x} = (H^\mathrm{T} H)^{-1} H^\mathrm{T} y \tag{2-31}$$

经过多轮迭代，数据吸收对应的电离层模型的最优化驱动参数为

$$X_{(i+1)/0} = X_{i/0} + \hat{x} \qquad (2\text{-}32)$$

对于电离层模型的数据吸收而言,其主要的驱动参量一般包括两大类。

(1) 电离层模型的控制参数,包括太阳辐射指数（R12 或 $F_{10.7}$ 等）、地磁指数（K_p、A_p、AE 等）、极区粒子沉降功率等[55-59]。

(2) 电离层模型涉及的建模系数,如 Klobuchar 模型中的 8 个拟合参数、北斗系统改进的 Klobuchar 模型中的 14 拟合参数[60]、欧洲定轨中心（Center for Orbit Determination in Europe, CODE）全球电离层图球谐模型中的 256 个拟合参数[12]、IRI/NeQuick 模型对 f_oF_2 和 M（3000）F_2 建模过程中调用的国际无线电咨询委员会（International Radio Consultative Committee, CCIR）模型系数等[61]。数据吸收的观测数据则主要为各类电离层特征参量,如 TEC、N_mF_2、h_mF_2 等。

2.4.3 电离层数据同化技术

1. 数据同化原理

数据同化技术最早起源于大气和海洋领域,它是一种在考虑数据时空分布和背景场及背景场误差的基础上,将新的观测数据融入数值模型动态运行过程中的理论方法[62-63]。数据同化既能把时间和空间上大量的零散、不规则的数据融入模型中,也能够基于模型内在的物理规律对状态变量进行有效约束,从而使得同化后模型的输出结果既与观测结果一致,也能蕴含物理变化规律。目前,电离层探测数据日益丰富,电离层模型研究日趋深入,计算机性能更是取得了飞速提升。依托这些有利的数据资源和软硬件条件,电离层数据同化技术获得了极大的发展,并逐渐成为全球电离层特征参量精确感知与预报领域最有力的工具[64]。目前,国际上已将电离层数据同化模型研究列入空间天气保障的基础研究方向之一,它的实现将极大地满足空间天气事件监测与预报预警、卫星导航、短波通信和天波超视距雷达等无线电信息系统对电离层信息精确感知的需求。

统计中的估计理论,包括最小方差估计、最大似然估计和贝叶斯理论是数据同化的理论基础[65]。既承认系统本身的决定性,也认同系统基本的时空状态包含内在的物理规律,这是估计理论的基础理念。这个决定性的规律即对应的模型或者模式,这个模型既可以是经验模型,也可以是物理模型。同时,估计理论认为系统本身也同样存在不确定性,即在一定范围内,系统本身也会呈现随机性[66]。

估计理论之所以作为数据同化的理论支撑,主要包括 3 个原因。

(1) 现有任何模式都不是完美的,且在实现过程中总是存在大量的近似假设,因此,模式只能认为是对现实变化的一个近似。

(2) 模式在计算求解的过程中会存在不可避免的计算误差和截断误差。

(3) 观测数据中的误差包括仪器误差和观测噪声等。

由于模式和观测都具有各自的不确定性,因此在数据同化过程中,需要同时兼顾两者内在的物理规律及其不确定性。这就要求对输入数据及其质量进行分析,既要同时估计概率密度最大的情况,也要对概率分布本身进行估计[63]。

目前,绝大多数同化方法均可从条件概率的贝叶斯理论推导得出。根据贝叶斯理论,有

$$P(\boldsymbol{x}_t^t | \boldsymbol{\psi}_t) \propto P(\boldsymbol{\psi}_t | \boldsymbol{x}_t^t) P(\boldsymbol{x}_t^t) \tag{2-33}$$

式中:$\boldsymbol{\psi}_t = [\boldsymbol{y}_t, \boldsymbol{\psi}_{t-1}]$ 为 t 时刻和 t 时刻之前的观测值;$\boldsymbol{x}_t^t$ 为 t 时刻模式的状态变量的真实值。

通常情况下,可以认为不同时刻的观测误差是互不关联,相互独立的,因此有

$$P(\boldsymbol{\psi}_t | \boldsymbol{x}_t^t) \propto P(\boldsymbol{y}_t | \boldsymbol{x}_t^t) P(\boldsymbol{\psi}_{t-1} | \boldsymbol{x}_t^t) \tag{2-34}$$

联合式(2-33)和式(2-34),有

$$P(\boldsymbol{x}_t^t | \boldsymbol{\psi}_t) \propto P(\boldsymbol{y}_t | \boldsymbol{x}_t^t) P(\boldsymbol{\psi}_{t-1} | \boldsymbol{x}_t^t) P(\boldsymbol{x}_t^t) \tag{2-35}$$

则

$$P(\boldsymbol{\psi}_{t-1} | \boldsymbol{x}_t^t) P(\boldsymbol{x}_t^t) \propto P(\boldsymbol{x}_t^t | \boldsymbol{\psi}_{t-1}) \tag{2-36}$$

对式(2-35)进行简化处理,得到条件概率密度函数为

$$P(\boldsymbol{x}_t^t | \boldsymbol{\psi}_t) \propto P(\boldsymbol{y}_t | \boldsymbol{x}_t^t) P(\boldsymbol{x}_t^t | \boldsymbol{\psi}_{t-1}) \tag{2-37}$$

式(2-37)即为贝叶斯公式。贝叶斯公式给出了模式当前状态、模式之前状态以及观测资料之间的联系[63]。假设概率密度函数服从正态分布,且误差满足线性增长的条件,此时,概率密度分布函数可以简化为

$$P(\boldsymbol{x}_t^t | \boldsymbol{\psi}_{t-1}) \in N(\boldsymbol{x}_t^b, \boldsymbol{B}_t^b) \propto \exp\left\{-\frac{1}{2}(\boldsymbol{x}_t - \boldsymbol{x}_t^b)(\boldsymbol{B}_t^b)^{-1}(\boldsymbol{x}_t - \boldsymbol{x}_t^b)\right\} \tag{2-38}$$

$$P(\boldsymbol{y}_t^t | \boldsymbol{x}_t^t) \in N(\boldsymbol{y}_t, \boldsymbol{R}) \propto \exp\left\{-\frac{1}{2}(\boldsymbol{H}\boldsymbol{x}_t - \boldsymbol{y}_t)\boldsymbol{R}^{-1}(\boldsymbol{H}\boldsymbol{x}_t - \boldsymbol{y}_t)\right\} \tag{2-39}$$

式中:$\boldsymbol{y}_t$ 为观测值;$\boldsymbol{x}_t^b$ 为模型背景场;$\boldsymbol{B}$ 为背景模型的误差协方差矩阵;$\boldsymbol{H}$ 为由状态变量 x 映射到观测变量 y 的观测算子;$\boldsymbol{R}$ 为观测数据的误差协方差矩阵。

由此可得

$$P(\boldsymbol{x}_t^t | \boldsymbol{\psi}_t) \propto \exp\left\{-\frac{1}{2}(\boldsymbol{x}_t - \boldsymbol{x}_t^b)(\boldsymbol{B}_t^b)^{-1}(\boldsymbol{x}_t - \boldsymbol{x}_t^b) - \frac{1}{2}(\boldsymbol{H}\boldsymbol{x}_t - \boldsymbol{y}_t)\boldsymbol{R}^{-1}(\boldsymbol{H}\boldsymbol{x}_t - \boldsymbol{y}_t)\right\}$$
$$\tag{2-40}$$

为获得数据同化的最优解,需要求解概率密度分布函数的极大值,即 $J(\boldsymbol{x}_t)$ 的极小值,则

$$J(\boldsymbol{x}_t) = \frac{1}{2}\{(\boldsymbol{x}_t - \boldsymbol{x}_t^b)(\boldsymbol{B}_t^b)^{-1}(\boldsymbol{x}_t - \boldsymbol{x}_t^b) + (\boldsymbol{H}\boldsymbol{x}_t - \boldsymbol{y}_t)\boldsymbol{R}^{-1}(\boldsymbol{H}\boldsymbol{x}_t - \boldsymbol{y}_t)\} \quad (2\text{-}41)$$

式中:$J(\boldsymbol{x}_t)$ 一般称为目标函数或代价函数(Cost Function)。

式(2-41)也是变分同化和卡尔曼滤波同化类方法的理论基础。式(2-41)中,大括号内的第一项代表背景模型场 $\boldsymbol{x}_t^b$ 对同化结果的影响,影响程度由模型误差的协方差决定。有趣的是,式(2-41)等号右边的第一项与 Tikhonov 正则化具有相似的形式,只不过是由误差协方差代替了平滑矩阵。因此,在一定意义上来说,这种代价函数的形式也可以看作一种复杂形式的"正则化"[67]。式(2-41)中,大括号内的第二项代表测量数据对同化结果的影响,如果方程只含有第一项,则方程属于经典的最小方差估计问题。代价方程既可以在"模型"空间下求解,其相关矩阵的尺度由未知数的数目决定;也可以在"数据"空间下求解,这种情况下的矩阵大小是由观测数据量决定的。

在数据同化过程中,数据同化的分析结果(期望向量)和分析误差(协方差矩阵)的估计非常重要。数据误差协方差包括硬件误差和表征误差,这些误差是由内尺度现象的观测本身及空间网格离散化本身造成的,必须由一个精确的测量误差协方差来表示。获得合适的协方差估计结果对数据同化的分析结果具有很大的影响,在电离层同化过程中,如何获取合适的误差协方差矩阵是一个重要的研究课题。

值得一提的是,电离层数据同化研究有两种实现方法:一种是基于经验电离层模型的数据同化,如 IDA3/4D 模型、EDAM 模型[67-69],模型的预报一般采用高斯-马尔科夫链实现;另一种是基于理论模型的电离层数据同化,利用模型积分向前预报,如 GAIM 模型[64,70]。目前,这两种方法均取得了很好的同化效果。

2. 数据同化算法

同化算法是连接观测数据与模型模拟及预测的核心部分,它是数据同化的重要组成部分。按算法与模型之间的关联机制,数据同化算法大致可分为顺序同化和连续同化两类[71]。连续同化算法主要有三维变分(3DVAR)和四维变分(4DVAR)等;顺序同化算法主要有卡尔曼滤波、集合卡尔曼滤波(Ensemble Kalman Filter,EnKF)等[72]。

1) 三维变分同化算法

三维变分同化算法是在三维空间条件下对分析场参量进行最优求解的同化

算法。三维变分同化算法定义目标函数表示状态量和观测值之间的距离，使得该目标函数最小的状态即状态量最优值[71]，即

$$J(x) = J_b + J_o = \frac{1}{2}(x - x_b)^T B^{-1}(x - x_b) + \frac{1}{2}(y_o - H(x))^T R^{-1}(y_o - H(x))$$
(2-42)

式中：x 为待求解的分析场；x_b 为背景场参量；上标 T 为转置；B 为背景模型场的误差协方差矩阵；y_o 为观测数据；H 为观测算子；R 为观测数据误差协方差矩阵。

通常认为观测数据之间是相互独立的，此时 R 可以用对角矩阵表示，对角线元素为观测数据误差的方差。

要获得目标函数的最小值，首先计算目标函数的梯度，即

$$\nabla J = \nabla J_b + \nabla J_o = B^{-1}(x - x_b) + HR^{-1}(y_o - H(x))$$
(2-43)

若直接求解 $\nabla J = 0$ 梯度函数，由于地球物理同化的未知数目非常庞大，因此，需要非常巨大的计算资源。因此，三维变分同化算法通常使用逐步迭代极小化法（也称为增量法）求解，此时代价函数及其梯度可以改写为

$$J(\delta x) = J_b + J_o = \frac{1}{2}\delta x^T B^{-1} \delta x + \frac{1}{2}(H\delta x - d)^T R^{-1}(H\delta x - d)$$
(2-44)

$$\nabla J = \nabla J_b + \nabla J_o = B^{-1}\nabla J = \nabla J_b + \nabla J_o = B^{-1}\delta x + HR^{-1}(H\delta x - d)$$ (2-45)

其中，$\delta x = x - x_b$。经过上述处理，目标函数的求解就从直接求解 x 转换为求解背景场的增量 δx。由于背景场已经内含了状态变量的内在物理规律，这就大大提升了数值求解的平衡性，从而有效降低迭代轮次，减少计算量。

2) 四维变分同化算法

四维变分同化算法是在三维变分同化算法的基础上发展起来的一种新的同化算法，它最早由 Talagrand 和 Courtier 于 1987 年提出[73]。在三维变分同化算法中，默认同一同化窗口内所有的观测数据（如电离层 TEC）与模型状态（如电子密度）初始变量是处于同一时刻的。因此，所有观测数据对模型变量的影响无须考虑时间的差异；而四维变分同化算法则认为不同观测时刻的数据对模型初始状态的影响是不一样的，每个观测数据对应的时间变化都需要进行单独分析。由此可见，四维变分同化算法比三维变分同化算法保留了更全面的信息[71]。

类似于三维变分同化算法，四维变分同化算法的代价函数可表示为：

$$J(X) = \sum_{t=0}^{T}(Y_t - H(M_t(M_{t-1}(\cdots(M_1(X))))))^T$$
$$R^{-1}(Y_t - H(M_t(M_{t-1}(\cdots(M_1(X))))))$$
$$+ (X - X_b)^T B^{-1}(X - X_b)$$
(2-46)

式中: M 为背景场随时间的变化（或预报模式）; Y_t 为观测量随时间的变化; 其他变量的含义与三维变分同化算法的对应表达式基本相同。

四维变分同化算法的代价函数包括价值函数和约束方程两部分。价值函数要求模型状态与观测数据尽可能保持一致，而约束方程则要求状态变量必须满足一定的物理规律。目标函数的梯度函数可表示为

$$\nabla J(X) = 2B^{-1}(X - X^b) - 2\sum_{t=0}^{T} M_1^T M_2^T \cdots M_{t-1}^T M_t^T R_t^{-1} \cdot$$
$$(Y_t - H_t(M_t(M_{t-1}(\ldots(M_1(X)))))) \quad (2\text{-}47)$$

四维变分同化算法与三维变分同化算法的主要不同之处在于考虑了背景模式状态随时间的变化，因此四维变分同化算法更能体现复杂的非线性约束关系。然而，四维变分同化过程中，既需要进行背景模型的后向预报，也需要计算模型切线性的正向积分和伴随模式的后向积分，再加上四维变分同化求解过程常用到迭代的准牛顿类梯度下降法。因此，其所需的计算量相比三维变分同化有大幅的增加。

3) 卡尔曼滤波同化算法

卡尔曼滤波同化算法是电离层数据同化常用的算法，它能连续重构地球电离层状态变化。通过对背景模型和观测数据的误差特性分析，卡尔曼滤波能把不同类型的数据资料同化到电离层模型中，从而获取最优化的电离层参量信息[74]。通过观测算子 H，系统状态 x 真值可与观测数据 m 产生有效的映射关系，有

$$m_k^0 = H_k x_k^t + \varepsilon_k^0 \quad (2\text{-}48)$$

式中: x_k^t 为 k 时刻电离层状态（如密度）的真值; ε_k^0 为观测误差，其包含测量误差 ε_k^m 和模型误差（代表性误差）ε_k^r 两部分，即

$$\varepsilon_k^0 = \varepsilon_k^m + \varepsilon_k^r \quad (2\text{-}49)$$

经过线性化处理，t_k 时刻的状态解与 t_{k+1} 时刻的真实状态解的关系写成以下形式:

$$x_{k+1}^t = \psi_k x_k^t + \varepsilon_k^q \quad (2\text{-}50)$$

式中: ψ_k 为状态转换函数; ε_k^q 为离散化噪声。式（2-50）代表了模式向前预报的过程，则卡尔曼滤波过程可以表示为

$$x_{k+1}^f = \psi_k x_k^a \quad (2\text{-}51)$$

$$P_{k+1}^f = \psi_k P_k^a \psi_k^T + Q_k \quad (2\text{-}52)$$

$$x_{k+1}^a = x_k^t + K_k(m_k^0 - H_k x_k^f) \quad (2\text{-}53)$$

$$P_k^a = P_k^f - K_k H_k P_k^f \quad (2\text{-}54)$$

$$K_k = P_k^f H_k^T (H_k P_k^f H_k^T + P_k + M_k)^{-1} \quad (2\text{-}55)$$

式中，x_{k+1}^a 为 $k+1$ 时刻由测量值 x_k^f 和预报值 x_k^f 得到的状态分析场（同化结果）；x_k^f 为模型状态预报场；M_k、P_k 和 Q_k 分别为测量、背景模式和离散化噪声的误差协方差矩阵；K 为增益矩阵；P^a 和 P^f 分别为分析场和预报场的协方差矩阵；$(m_k^0 - H_k x_k^f)$ 为观测值与模型间的误差，即新息（Innovation）；通常情况下 Q_k 可以忽略。

从整个滤波流程可以看出，卡尔曼滤波同化过程包括预测和更新两个步骤：状态预测和协方差预测，分别对应着状态更新和协方差更新过程。

4）集合卡尔曼滤波同化算法

集合卡尔曼滤波算法可以认为是卡尔曼滤波的蒙特卡罗近似。该算法由 Evensen 于 1994 年提出[75]，现在已成为气象、海洋及陆面上极为流行的数据同化方法之一。与卡尔曼滤波过程类似，集合卡尔曼滤波也包括预测和更新两个步骤。但在预测和更新前，集合卡尔曼滤波算法首先需要产生一组模型初始状态的集合。集合包括若干个样本，每个样本对应模型一种可能的状态。在预测过程中：首先需要对每个集合样本分别进行预测，获得每个样本的预测场；然后计算预测误差协方差矩阵；在更新过程中，利用观测数据及误差协方差矩阵对每个集合样本的状态进行更新，获得预测场的集合，从而得到数据同化的后验估计值，即分析场集合的平均[71-72]。

集合可以通过在状态变量中加入随机噪声的方法来生成，也可以利用对状态变量具有重要影响作用的控制变量加入扰动，以此作为模型的控制变量集合，再输入模型中得到状态变量的集合。例如，可以在电离层模式中的太阳辐射通量、地磁活动指数、中性风场等控制变量中加入扰动，以此获得集合卡尔曼滤波算法需要的初始状态变量集合。

集合卡尔曼滤波算法中，模型状态向量的集合预报可以描述如下。

基于非线性电离层模型，利用状态变量的分析场作为输入，预测 $k+1$ 时刻的状态预测值，即

$$X_{i,k+1}^f = M_{k,k+1}(X_{i,k}^a) + w_{i,k}, \quad w_{i,k} \sim N(0, Q_k) \quad (2\text{-}56)$$

式中：上标 a 和 f 分别为分析场及预测场；$X_{i,k}^a$ 为 k 时刻集合样本 i 的状态分析场；$M_{k,k+1}$ 为 k 时刻到 $k+1$ 时刻电离层模型内在的状态变化关系；$X_{i,k+1}^f$ 为 $k+1$ 时刻的状态预测场；$w_{i,k}$ 为满足期望值为 0、协方差为 Q_k 的正态随机分布的模型误差。

集合卡尔曼滤波算法中，模型状态向量的集合更新可以描述如下。

基于 $k+1$ 时刻的观测向量和模型预测场，利用观测值和协方差矩阵对所有预报场集合的状态进行更新，即

$$X_{i,k+1}^{a} = X_{i,k+1}^{f} + K_{k+1}[Y_{k+1}^{o} - H_{k+1}(X_{i,k+1}^{f}) + v_{i,k}], v_{i,k} \sim N(0, Q_k) \quad (2\text{-}57)$$

$$\overline{X}_{k+1}^{a} = \frac{1}{N}\sum_{i=1}^{N} X_{i,k+1}^{a} \quad (2\text{-}58)$$

$$K_{k+1} = P_{k+1}^{f} H^{T}(HP_{k+1}^{f} H^{T} + R_k)^{-1} \quad (2\text{-}59)$$

$$P_{k+1}^{f} H^{T} = \frac{1}{N-1}\sum_{i=1}^{N}(X_{i,k+1}^{f} - \overline{X}_{k+1}^{f})(H(X_{i,k+1}^{f}) - H(\overline{X}_{k+1}^{f}))^{T} \quad (2\text{-}60)$$

$$HP_{k+1}^{f} H^{T} = \frac{1}{N-1}\sum_{i=1}^{N}[H(X_{i,k+1}^{f}) - H(\overline{X}_{k+1}^{f})][H(X_{i,k+1}^{f}) - H(\overline{X}_{k+1}^{f})]^{T}$$

$$(2\text{-}61)$$

$$P_{k+1}^{a} = \frac{1}{N-1}\sum_{i=1}^{N}(X_{i,k+1}^{a} - \overline{X}_{k+1}^{a})(X_{i,k+1}^{a} - \overline{X}_{k+1}^{a})^{T} \quad (2\text{-}62)$$

式中：上标 a 和 o 分别为分析场和观测值；Y_{k+1}^{o} 为 $k+1$ 时刻的观测值；$X_{i,k+1}^{a}$ 为 $k+1$ 时刻集合样本 i 的状态分析值；K_{k+1} 为卡尔曼滤波过程中的增益矩阵；H_{k+1} 为 $k+1$ 时刻的观测算子，它可以将状态变量转换为观测变量；$\overline{X}_{k+1}^{a}$ 为 $k+1$ 时刻所有分析场集合样本的平均值，即数据同化的状态后验估计值；P_{k+1}^{f} 为预测场的误差协方差矩阵；P_{k+1}^{a} 为分析场的误差协方差矩阵；$v_{i,k}$ 为观测误差，服从均值为 0、方差为 Q_k 的正态随机分布。

与三维变分同化算法相比，集合卡尔曼滤波算法的背景场误差协方差并非是固定的，而是通过时间积分得到的，这就更多地保留了同化模型的动态特性；与四维变分同化算法相比，集合卡尔曼滤波算法免去了复杂的伴随模式编写过程，降低了同化模型的开发难度，加上集合本身便于计算机并行处理的优点，因此，集合卡尔曼滤波同化算法在数据同化领域得到了广泛的应用。美国国家大气研究中心（National Center for Atmospheric Research，NCAR）开发的通用型数据同化研究平台（Data Assimilation Research Testbed，DART）的核心同化算法即采用了集合卡尔曼滤波算法（https://www.image.ucar.edu/DAReS/DART）。

本 章 小 结

本章介绍了基于卫星信号的电离层特征参量测量理论与方法，包括电离层 TEC、闪烁指数与不均匀体参数、电子密度的测量和反演方法。电离层 TEC 探

测方法包括法拉第旋转法、差分多普勒法、差分群时延法/差分载波相位。电离层闪烁指数及不均匀体参数测量方法包括测高仪、大功率雷达（相干/非相干散射雷达）、基于卫星和火箭进行的原位测量、卫星信标测量等。基于 GNSS 的电离层闪烁监测可以通过地基电离层闪烁监测仪和天基 GNSS 掩星观测获取。电离层电子密度的反演方法主要包括电离层 CT 技术、电离层数据吸收技术、电离层数据同化技术。

第 3 章 基于 GNSS 的电离层延迟修正算法研究

3.1 引　言

电离层 TEC 引起的测距信号延迟是影响 GNSS 定位精度的重要误差源，此信号时延大小与电离层 TEC 成正比，与信号频率的二次方成反比。在进行导航定位解算时，用户需要获得电离层 TEC 值，再转化为相应的时间延迟来进行电离层延迟修正。在实际应用中，电离层延迟修正策略的选择取决于 GNSS 用户的具体类型。GNSS 双频接收机用户可以利用电离层的色散效应，由两个相干频率的伪距/载波相位测量值的线性组合来获得电离层 TEC。对于单频接收机用户，一般采用广播电离层延迟修正算法/模型来解算。

目前，围绕 GNSS 应用的电离层延迟修正算法主要包括 GPS 电离层延迟修正算法和 Galileo 系统电离层延迟修正算法。关于 GPS 系统电离层延迟修正算法研究，可以由欧洲定轨中心（Center for Orbit Determination in Europe，CODE）提供的全球电离层图（Global Ionospheric Map，GIM）数据获得 GPS 广播电离层模型系数，然后经简单计算获得。由于 Galileo 系统尚未投入运营，其电离层延迟修正算法研究需要模拟产生广播模型系数。这里用提前一天的 GIM 数据来仿真产生卫星广播电文信息，与当天的 GIM 数据比较，统计分析得到算法的精度。下面将这种计算方法称为类 Galileo 系统电离层延迟修正算法。

本章介绍基于 GNSS 的电离层延迟修正算法研究成果，重点分析类 Galileo 系统电离层延迟修正算法精度。首先介绍 GPS 和类 Galileo 系统电离层延迟修正计算方法；然后用中国区域国际 GNSS 服务（International GNSS Service，IGS）站观测数据，开展类 Galileo 系统电离层延迟修正算法与 GPS 电离层延迟修正算法的结果对比；再将 GIM 数据作为观测值，分析类 Galileo 系统电离层延迟修正算法精度对 TEC 数据源、预报时间提前量、太阳活动、位置、季节等因素的依赖关系。因为我国北斗卫星导航系统（Bei Dou Navigation Satellite System，BDS）的建设和开发过程中也需要建立全球电离层延迟/TEC 预报模型，所以最后提出了对我国 BDS 电离层修正的初步考虑。

3.2 电离层延迟修正算法简介

对广大 GNSS 单频接收机用户来说，通常需要电离层延迟修正算法来解算电离层 TEC 有关的时间延迟信息。目前，围绕 GNSS 应用的电离层延迟修正算法主要包括 GPS 电离层延迟修正算法和 Galileo 系统电离层延迟修正算法；同时，本节也会简单介绍本书使用的类 Galileo 系统电离层延迟修正算法。

3.2.1 GPS 电离层延迟修正算法

GPS 电离层延迟修正算法由 Klobuchar 提出[60]，其采用电离层薄壳假定，认为电离层电子密度都集中分布在 350km 高度的薄层上。这样，电离层 TEC 值可表示为 VTEC 和倾斜因子（Slant Factor, SF）的乘积，即

$$\text{STEC} = \text{VTEC} \cdot \text{SF} \tag{3-1}$$

式中：SF 为观测仰角 ε 的函数，即

$$\text{SF} = 1 + 16 \times \left(0.53 - \frac{\varepsilon}{180}\right)^3 \tag{3-2}$$

电离层垂直 TEC 按周日变化特征分为白天和夜间两部分，可由下式计算：

$$\text{VTEC} = \begin{cases} A_1 + A_2 \cos(2\pi(t - A_3)/P), & \text{白天} \\ A_1, & \text{夜间} \end{cases} \tag{3-3}$$

式中：t 为 IPP 处的地方时；A_1 为夜间的电离层延迟值，固定为 5 ns；A_3 为余弦曲线取最大值时的相位，固定为 14 LT（Local Time，地方时）；A_2 和 P 分别为余弦曲线的振幅和周期，分别用 IPP 处地磁纬度 φ_{IP} 的三阶多项式来表征，即

$$A_2 = \alpha_1 + \alpha_2 \varphi_{\text{IP}} + \alpha_3 \varphi_{\text{IP}}^2 + \alpha_4 \varphi_{\text{IP}}^3 \tag{3-4}$$

$$P = \beta_1 + \beta_2 \varphi_{\text{IP}} + \beta_3 \varphi_{\text{IP}}^2 + \beta_4 \varphi_{\text{IP}}^3 \tag{3-5}$$

多项式系数（α_i 和 β_i，$i=1,2,3,4$）通过大量 GPS 观测数据对 Bent 模型的拟合获得，CODE 从 2000 年 7 月中旬开始定期发布。现有研究结果表明，Klobuchar 模型可提供 50%~60% 的电离层延迟修正。章红平提出改进的 Kobuchar 14 参数模型，对夜间时段电离层 TEC 的常数值和周日变化的初始相参数进行修正[76-77]。数据分析结果表明，改进的 Kobuchar 14 参数模型提前两小时预报的改正效果一般可达到 70%，甚至 80% 以上[77]。

3.2.2 Galileo 系统电离层延迟修正算法

Galileo 系统电离层延迟修正算法基于 NeQuick 模型，它是一个针对穿越电

离层传播应用而设计的电离层电子密度模型[78]。NeQuick 模型基于 DGR 公式，最早由 Giovanni 提出[79]，然后 Radicella 进行了修正[78,80]。该模型将电离层分为底部电离层和顶部电离层两部分，输出月平均的任意位置的电离层电子密度与沿指定卫星-接收机链路的电离层 TEC。底部电离层是指地面 60km 以上至 F_2 层峰值高度的整个区域。电离层 D 层因电子密度很低，对穿越电离层的信号传播过程贡献较小，模型没有考虑。底部电离层电子密度由 5 个 semi-Epstein 层的加和来描述，分别对应 E 层底部、E 层顶部、F_1 层底部、F_1 层顶部和 F_2 层底部。顶部电离层是指 F_2 层峰值高度以上的整个区域，用一个 semi-Epstein 层来描述。每个 semi-Epstein 层的电子密度依赖于层的厚度 B、峰值密度 N_{max} 和峰值高度 h_{max}，即

$$N(h, h_{max}, N_{max}, B) = \frac{4N_{max}}{\left(1 + \exp\left(\frac{h - h_{max}}{B}\right)\right)^2} \exp\left(\frac{h - h_{max}}{B}\right) \quad (3-6)$$

所有 semi-Epstein 层厚度、峰值密度和峰值高度的计算最终依赖于电离图特征参数 f_oE、f_oF_2 和 $M(3000)F_2$。模型表征太阳活动水平的输入参数可以是太阳辐射通量 $F_{10.7}$ 或太阳黑子数 R12，两者可通过简单的经验公式进行相互转换。f_oE 是季节、太阳天顶角、太阳辐射通量和地理纬度的函数。f_oF_2 和 $M(3000)F_2$ 的计算采用国际无线电咨询委员会（International Radio Consultative Committee）推荐的 CCIR 模式。f_oF_2 和 $M(3000)F_2$ 都是世界时、经度、纬度和太阳黑子数的函数，分别用 6 阶和 4 阶球谐函数来描述其周日变化，用地理坐标系来描述其随位置的变化，并考虑到地磁场的影响进行了修正。NeQuick 模型包含 12 个 CCIR 文件，每个文件分别给出某个月（1~12 月）太阳活动极小（对应 R12=0）和太阳活动极大（对应 R12=100）两种情况下球谐函数的系数值。在调用模型时，首先根据待计算的时间（月份）选择相应的 CCIR 文件；然后根据输入的太阳黑子数对两组球谐函数系数值进行线性加权。

随着观测数据的逐步积累，NeQuick 模型的计算公式也在不断地改进和更新。新版本的 NeQuick 模型——NeQuick 2[81]，已经成为国际电信联盟无线通信委员会（International Telecommunications Union-Radio Communications Sector, ITU-R）建议 ITU-R P.531-12 的一部分。NeQuick 2 模型顶部电离层和底部电离层的电子密度计算公式分别由 Coisson 和 Leitinger 提出[82-83]。

给定时间（世界时和月份）、位置（经度、纬度和高度）和太阳活动水平（$F_{10.7}$ 或 R12 指数），NeQuick 模型输出电离层电子密度。为提高模型的预测能力，Galileo 系统电离层延迟修正算法采用数据吸收技术，它将原模型 NeQuick-G 的输入参数——$F_{10.7}$ 指数替换为有效电离参数 A_z，使模型的输出结果与给定

数据能较好吻合[56-57,84-86]。数据吸收技术已经成为 COST296 决议的重要组成部分[87-88]。

预报过程中，Galileo 系统电离层延迟修正算法考虑了 A_z 指数随位置的变化，并认为提前一天预报时 A_z 指数保持不变。其算法描述如下[84-86,89]。

（1）每个地面参考站收集双频 GNSS 观测数据，计算得到电离层 TEC 值。调整 NeQuick 模型的太阳活动指数输入值，使前一天的 TEC 观测值与 NeQuick 模型的 TEC 输出值的误差均方差达到最小，将此太阳活动指数值定义为 A_z 指数。

（2）收集所有地面参考站计算得到的 A_z 指数，将它们表征为修正的磁倾角（Modip, μ）的二阶多项式（$A_z = \alpha_0 + \alpha_1 \mu + \alpha_2 \mu^2$）。进行最小二乘拟合，获得 3 个系数值 α_0、α_1 和 α_2，通过导航电文播发。

（3）用户端接收卫星的导航电文，得到 3 个系数，计算得到用户位置处的 A_z 指数，驱动 NeQuick 模型得到电离层 TEC，然后转化为电离层传播过程有关的时间延迟，进行误差修正。

由于 Galileo 系统尚未投入运营，其电离层延迟修正算法研究需要模拟产生广播模型系数。一般选用全球范围内近似均匀分布的 GNSS 站作为参考站，模拟计算产生卫星广播电文信息，然后将另一些独立的 GNSS 站作为测试站，分析比较算法输出的电离层 TEC 与观测值的差异，统计得到算法的精度。本书后面将这种计算方法称为类 Galileo 系统电离层延迟修正算法。

研究结果表明，类 Galileo 系统电离层延迟修正算法可以较好地实现电离层延迟修正。Arbesser-Rastburg 计算结果表明，2000 年 5 月，赤道地区电离层 TEC 误差的均值为 -3.55 TECU，标准差为 19.86 TECU[84]；北半球中纬地区 TEC 误差的均值为 2.08 TECU，标准差为 11.96 TECU。Radicella 给出 2000 年地面站可见卫星仰角超过固定值时，每天斜 TEC 误差绝对值的累积分布 65% 分值点和 95% 分值点随年积日的变化[85]。其发现，就斜 TEC 误差绝对值的累积分布 65% 分值点来说，类 Galileo 系统电离层延迟修正算法一般小于 20 TECU（极少情况例外），低于 GPS 电离层延迟修正算法 5~10 TECU；就斜 TEC 误差绝对值的累积分布 95% 分值点来说，类 Galileo 系统电离层延迟修正算法一般在 20~70 TECU，通常低于 GPS 电离层延迟修正算法约 20 TECU 或更多。类 Galileo 系统电离层延迟修正算法误差的逐日变化较小，表明算法更加稳定。Aragón-Ángel 将 IFAC 的 TEC 观测值和 IGS GIM 数据用于建模，2000 年 3 月 3 日（地磁平静）Topex/Poseidon 卫星的双频接收机（5.5 GHz 和 13.6 GHz）TEC 测量值（精度为 2~3 TECU）用作分析验证[86]。考虑两种参考站分布：大部分位于北半球中纬地区的 26 个站和全球近似均匀分布的 25 个站。计算结果表明，就全球范围来说，类 Galileo 系统电离层延迟修正算法精度优于 GPS

电离层延迟修正算法；当参考站近似全球均匀分布时，TEC 预报误差较小。Bidaine 对比分析了 2002 年期间类 Galileo 系统电离层延迟修正算法修正前后的定位误差，结果表明，考虑电离层延迟修正后，垂直方向的定位误差会下降 56%~64%，但是水平方向的定位误差减小不超过 27%，这一较大误差残留由电离层 TEC 梯度引起[89]。

3.2.3 类 Galileo 系统电离层延迟修正算法

由于 Galileo 系统尚未投入运营，其电离层延迟修正算法研究需要仿真产生广播模型系数。一般选用全球近似均匀分布的 GNSS 站作为参考站，模拟计算产生卫星广播电文信息。为减少台站分布不均匀以及 TEC 估算误差等带来的影响，本书选用 GIM 数据作为参考站观测值，包括 CODE 和美国喷气动力实验室（Jet Propulsion Laboratory，JPL）发布的 GIM 数据产品。这两家机构的 GIM 产品时间分辨率均为 2h，2002 年 11 月 3 日前给出奇数时刻的 TEC 分布，此后变成偶数时刻。GIM TEC 网格点沿地理纬度和经度均匀分布，覆盖范围为 87.5°S~87.5°N，180°W~180°E，沿纬度和经度方向网格间距分别为 2.5° 和 5°。CODE 在求解 GIM 网格点 TEC 时，首先将 IPP 处等效垂直 $VTEC_R^S(\phi, S)$ 在地理经纬度坐标系下按照球谐函数展开[90]，即

$$VTEC_R^S(\phi, S) = \sum_{n=0}^{n_{max}} \sum_{m=0}^{n} \tilde{P}_{nm}(\sin\phi)\{a_{nm}\cos(mS) + b_{nm}\sin(mS)\} \quad (3-7)$$

式中：ϕ 为地理纬度；$S = \lambda - \lambda_0$ 为日固坐标系下的经度。λ 为地理经度，λ_0 是太阳所在的经度；a、b 为待求的球谐函数多项式系数；n_{max} 为球谐函数展开的最高级数；$\tilde{P}_{nm} = N_{nm} P_{nm}$ 为归一化的 n 级 m 阶 Legendre 函数。

从 1998 年 3 月 27 日到 2001 年 10 月 6 日，采用的球谐函数级数和阶数分别是 12 和 8；此后随着观测台站数目的增加，采用的球谐函数级数和阶数分别都提升至 15。在将斜路径 TEC 转化为垂直 TEC 时，2001 年 9 月 9 日前 CODE 使用的是单层模型投影函数为

$$F(Z) = \frac{1}{\cos Z'} = \frac{1}{\sqrt{1 - \left(\frac{R_E}{R_E + h_m}\sin Z\right)^2}}, \quad h_m = 450 \text{km} \quad (3-8)$$

此后，使用的是 JPL 修正的单层模型投影函数，即

$$F(Z) = \frac{1}{\cos Z'} = \frac{1}{\sqrt{1 - \left(\frac{R_E}{R_E + h_m}\sin(\alpha Z)\right)^2}}, \quad h_m = 506.7 \text{km}, \quad \alpha = 0.9782$$

$$(3-9)$$

CODE 每天进行一次数据后处理,将电离层 TEC 按 2h 间隔分成 12 或 13 段,同时解算球谐函数的模型参数以及接收机和卫星的 DCB 值。任意时刻某穿透点的电离层 TEC 求解,可以通过用分段线性内插方法得到该时刻的球谐系数再进行计算得到。

JPL 在求解 GIM 网格点电离层 TEC 时,选用三角网格插值法和日固坐标系,纬度对应的是地理纬度,经度对应的是日固坐标系经度或者固定的地方时[91-92]。在进行网格剖分时,首先将一个 20 面体投影到地球上,其中两个顶点分别放在南极和北极,另一个顶点放在本初子午线位置。这样,12 个顶点就确定了 20 个等边的球面三角形。类似地,再将每个球面三角形剖分为 4 个更小的三角形。经过连续的 3 次剖分,一共可以得到 1280（20×4×4×4）个球面三角形和 642（10×4×4×4+2）个顶点。网格点上垂直 TEC 随时间的变化采用随机过程的方法来描述。如图 3-1 所示为一个球面三角网格。A、B、C 为三角网格的顶点,E 点对应某一次 TEC 测量的电离层穿透点。下面需要求解 A、B、C 点处的电离层 TEC 值。

如图 3-1 所示,假设三角网格内 TEC 呈线性变化。任选一个顶点（如 A 点）,连接 AE,延长线交 BC 于 D。BC 表示从 B 点到 C 点的弧长,B 点 VTEC 记为 V_B,其余类推,则

$$V_D = \frac{DC}{BC}V_B + \frac{BD}{BC}V_C, \quad V_E = \frac{ED}{AD}V_A + \frac{AE}{AD}V_D \tag{3-10}$$

将式（3-10）进行重新组合,有

$$V_E = \frac{ED}{AD}V_A + \frac{AE}{AD}\left(\frac{DC}{BC}V_B + \frac{BD}{BC}V_C\right) \tag{3-11}$$

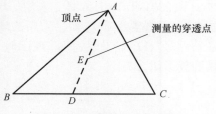

图 3-1 一个球面三角网格

用 B_R^S 表示从卫星到接收机的时间延迟,φ、λ 为 IPP 处的地理纬度和经度。将网格点上的 VTEC 看作待估参数,建立观测方程,有

$$B_R^S = M(E) \sum_{i=V_A,V_B,V_C} W(\varphi,\lambda,i)V_i + B_R + B^S \tag{3-12}$$

式中,$M(E)$ 为投影函数;W 为式（3-11）给定的加权函数。

JPL 采用上述三角网格模型,同时估算各时段内全球所有网格点上的

VTEC 和卫星-接收机的 DCB 值。选用卡尔曼滤波算法来实现模型的更新求解和随机过程方差的转移，将上一次的求解结果作为下一次的初始值，TEC 的初始值由气候学模式给出。

类 Galileo 系统电离层延迟修正算法广播模型参数的计算可分为两步。首先计算每个网格点的有效电离参数 A_z，它定义为使前一天的 GIM TEC 值和 NeQuick 2 模型 TEC 输出值的差值的均方根（定义为 TEC 残差，ΔTEC）最小的 $F_{10.7}$ 值。ΔTEC 的计算公式为

$$\Delta\text{TEC} = \sqrt{\sum_{i=1}^{N}(\text{TEC}_{observed} - \text{TEC}_{modeled}(F_{10.7}))^2/N} \qquad (3\text{-}13)$$

式中：N 为 TEC 值总数，为 5183（沿经度方向为 73，沿纬度方向为 71）；$\text{TEC}_{observed}$ 和 $\text{TEC}_{modeled}$ 分别为 GIM 和 NeQuick 2 模型输出的 TEC 值。

给定时间和信号传播路径，NeQuick 模型输出的电子密度/TEC 随太阳活动水平的增加而单调增加。因此，必然存在一个有效电离参数 A_z，使得 NeQuick 模型的输出结果与观测值最为接近。如图 3-2 所示给出了 2004 年 5 月 30 日，（45°N，0°E）网格点 TEC 残差随输入 $F_{10.7}$ 值的变化。可见，当输入 $F_{10.7}$ 从 63 增加到 127.7 时，ΔTEC 从 10.67 TECU 下降到 2.80 TECU；当输入 $F_{10.7}$ 从 127.7 继续增大到 193 时，ΔTEC 从 2.80 TECU 增加到 13.54 TECU。因此，当输入 $F_{10.7}$ 为 127.7 时，NeQuick 模型 TEC 输出值与 GIM 结果最为接近，因此该网格点的 A_z 值为 127.7。

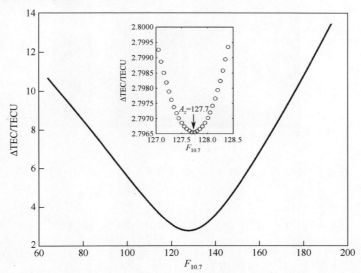

图 3-2　2004 年 5 月 30 日，（45°N，0°E）处 ΔTEC 随输入 $F_{10.7}$ 的变化

重复上述过程，可以得到所有网格点的 A_z 值和 ΔTEC 值。图 3-3 和图 3-4 分别给出了 2000 年 1 月 10 日，A_z 值和 TEC 残差的全球分布。

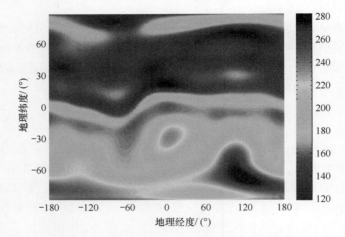

图 3-3　2000 年 1 月 10 日，有效电离参数 A_z 的全球分布（见彩插）

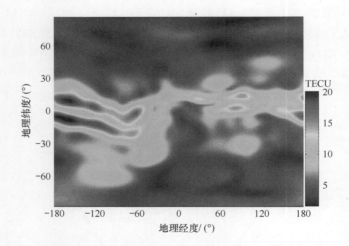

图 3-4　2000 年 1 月 10 日，A_z 值作为输入，NeQuick 2 模型的 TEC 残差的全球分布（见彩插）

由图 3-3 和图 3-4 对比可见，按照 A_z 值和 ΔTEC 随地理位置的变化，全球可大致分为 3 个区域。

（1）近赤道区，磁赤道两边约 15°以内。此区域 A_z 值比 $F_{10.7}$ 稍大；ΔTEC 非常大，最大值近 20 TECU，且在赤道电离异常区比磁赤道附近更大。

(2) 中纬地区,近赤道区以外到磁纬±60°。此区域 A_z 变化平缓,与 $F_{10.7}$ 较为接近;ΔTEC 较小,一般不超过 10 TECU。A_z 和 ΔTEC 都是在北半球小于南半球。

(3) 极区,磁纬±60°以外到极盖区。此区域 A_z 值非常大,接近 300 且变化剧烈,其在南半球更为显著。ΔTEC 很小,很少超过 5 TECU。这可能是由于在极区 120km 高度附近,能量粒子的沉降使得该区域的电离水平较高,而 NeQuick 2 模型并没有考虑这一影响[93]。

由于 NeQuick 2 模型和 GIM 给出的电离层 TEC 在极区的精度都没有中低纬地区高,因此,在全球 TEC 建模和精度分析中只考虑地理纬度在 60°S~60°N 的数据。作为对比,图 3-5 给出了将 $F_{10.7}$ 值作为输入,NeQuick 2 模型的 ΔTEC 分布。

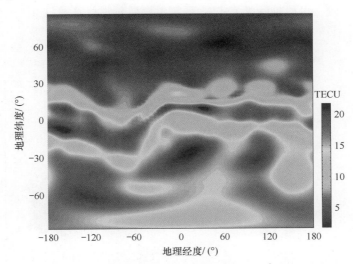

图 3-5 2000 年 1 月 10 日,$F_{10.7}$ 作为输入,NeQuick 2 模型的 ΔTEC 分布(见彩插)

由图 3-4 和图 3-5 对比可见,在北半球,无论输入是 A_z 还是 $F_{10.7}$,ΔTEC 变化都不大。但是,在南半球,当输入为 $F_{10.7}$ 时,ΔTEC 会增大至 15~20 TECU。因此,数据吸收技术通过调整太阳活动水平输入值,使得 NeQuick 模型 TEC 输出值与实测值更加接近。

与其他电离层参数一样,A_z 值也随地理位置而变化。用修正倾角纬度 μ 描述 A_z 对地理位置和地磁场的依赖关系,其定义为

$$\tan\mu = \frac{I}{\sqrt{\cos\phi}} \tag{3-14}$$

式中：I 和 ϕ 分别为磁倾角和地理纬度。

I 由 IGRF（International Geomagnetic Reference Field，国际地磁场参考模型）或 DGRF 计算得到。

在计算获得所有 3528 个网格点（沿经度方向为 72°，纬度方向为 49°）的 A_z 后，将它们表征为修正倾角纬度 μ 的二阶多项式，即

$$A_z = \alpha_0 + \alpha_1\mu + \alpha_2\mu^2 \tag{3-15}$$

基于最小二乘拟合技术，可以获得 α_0、α_1 和 α_2。图 3-6 中的小圆点给出了 2004 年 4 月 6 日，利用所有地理纬度在 60°S~60°N 的数据计算得到的 A_z 值随 μ 的变化。实线为式（3-3）的最小二乘拟合结果。可见，A_z 的变化范围超过 100，因此，用一个太阳活动指数（如 $F_{10.7}$ 等）很难反映全球 TEC 的分布特征。对于某一固定 μ 值来说，A_z 值变化范围也较大，如 45°S 附近 A_z 值变化超过 80。因此，可以推断类 Galileo 系统电离层延迟修正算法用一个 A_z 拟合值表征也会存在一定的误差。

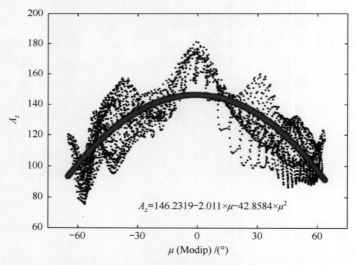

图 3-6　2004 年 4 月 6 日，利用所有地理纬度的数据得到的 A_z 随 μ 的变化

将 α_0、α_1、α_2 和测站的修正倾角纬度 μ 值代入式（3-15），得到测站位置的 A_z 拟合值（$A_{z\,modeled}$）。假设相邻两天的 A_z 值变化不大，将前一天的 $A_{z\,modeled}$ 作为 NeQuick 2 模型输入，可以得到类 Galileo 系统电离层延迟修正算法的测站上空 TEC 预报值。

3.3 两类电离层延迟修正算法精度比较

3.3.1 方法与数据

为便于比较，本节选用测站上空垂直 TEC 的月均值进行分析。首先计算观测站上空每一天的垂直 TEC 值，然后取月平均。本节 GPS 电离层延迟修正结果计算过程如下：

(1) 由 GPS 导航电文读取模型的系数 α_i 和 β_i（$i=1,2,3,4$）。
(2) 由 IGRF 计算观测站的地磁纬度 φ_{IP}。
(3) 由式 (3-4) 和式 (3-5) 计算余弦项的振幅 A 和周期 P。
(4) 由式 (3-3) 计算测站上空的垂直 TEC 值，作为 GPS 电离层延迟修正算法估计值。

类 Galileo 系统电离层延迟修正算法分析选用 GIM 数据作为参考站观测值，按照 3.2.2 节介绍的方法计算得到观测站上空垂直 TEC。基于 GPS 观测的电离层 TEC 计算过程见 3.2.1 节。

为分析电离层延迟修正算法的精度，将基于 GPS 观测的 TEC 计算值作为真实值，与两种电离层延迟修正算法的结果进行比较。选取 TEC 误差（ΔTEC）、它的均值（Bias）与均方差（RMS）来进行分析，其定义为

$$\Delta \text{TEC} = \text{TEC}_{\text{model}} - \text{TEC}_{\text{GPS}} \tag{3-16}$$

$$\text{Bias} = \langle \Delta \text{TEC} \rangle \tag{3-17}$$

$$\text{RMS} = \sqrt{\langle (\Delta \text{TEC} - \text{Bias})^2 \rangle} \tag{3-18}$$

式中：$\langle \cdot \rangle$ 为取平均值。

本节选用 2011 年 5 个 IGS 观测站（chan、bjfs、shao、twtf 和 pimo）数据进行分析，各观测站的位置信息如表 3-1 所列。由表可见，chan 和 bjfs 站位于中纬地区，shao 站位于低纬地区，twtf 站接近赤道电离异常区，pimo 站位于磁赤道附近。将数据按时间分为 3 组：春秋季（3～4 月、9～10 月）、夏季（5～8 月）和冬季（1～2 月、11～12 月），然后进行统计。

表 3-1 IGS 测站的位置信息

观测站	地理经度/（°）	地理纬度/（°）	地磁纬度/（°）	修正的磁倾角/（°）
chan	125.44	43.79	34.27	51.41
bjfs	115.89	39.61	29.77	48.95
shao	121.20	31.10	21.42	40.91
twtf	121.16	24.95	15.28	33.48
pimo	121.08	14.64	4.97	15.73

3.3.2 计算结果分析

1. 2011 年春、秋季结果

图 3-7 给出了 2011 年春、秋季所有站上空 VTEC 的月平均结果,虚线和点画线分别为 GPS 电离层延迟修正算法(也称 Klobuchar 模型)和类 Galileo 系统电离层延迟修正算法结果,实线为 GPS TEC 观测值。可见,所有台站的 GPS TEC 值均在日出后单调增加,正午 12 时或午后 1~2 时达到极大,然后逐渐减小至 21.5 LT 左右,在夜间变化较小,尤其是在 chan、bjfs 和 shao 站。例外的是 pimo 站,其在黄昏至子夜期间出现一个次极大值,幅值近 32 TECU。随着台站纬度的降低,GPS TEC 极大值时间先向后推移后又提前,分别为 12.18 LT、12.28 LT、13.23 LT、14.68 LT 和 14.03 LT;幅值也先增大后减小,分别为 26.9 TECU、29.5 TECU、37.8 TECU、67.7 TECU 和 61.8 TECU。GPS TEC 最小值出现于 05 LT 附近,幅值在 shao 和 pimo 站较小,分别为 7.5 TECU 和 5.2 TECU,其他 3 站较大,分别为 10.5 TECU、10.5 TECU 和 12.9 TECU。

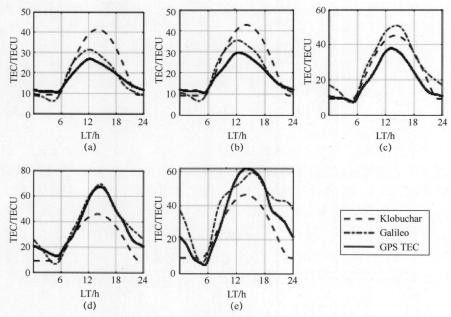

图 3-7　2011 年春、秋季所有站上空 VTEC 的月平均结果
(a) chan;(b) bjfs;(c) shao;(d) twtf;(e) pimo。

在 chan 和 bjfs 站，GPS 电离层延迟修正算法白天严重高估，给出的 TEC 最大值分别达到 41.4 TECU 和 42.9 TECU，夜间吻合较好。类 Galileo 系统电离层延迟修正算法结果白天略有高估，最大值分别接近 31.4 TECU 和 35.4 TECU；夜间略有低估，最小值分别为 6.2 TECU 和 6.7 TECU。在 shao 站，两种电离层延迟修正算法结果均有高估，在 07~19 LT 最为显著；GPS 和类 Galileo 系统电离层延迟修正算法 TEC 最大值分别为 45.1 TECU 和 50.9 TECU。在 twtf 站，GPS 电离层延迟修正算法 TEC 全天偏小，在 11~04 LT 最为显著；类 Galileo 系统电离层延迟修正算法结果除日落后至子夜期间偏大和日出时略偏小外，全天都非常吻合。在 pimo 站，GPS 电离层延迟修正算法除日出时略偏大外全天都偏小，在 11~03 LT 最为显著；类 Galileo 系统电离层延迟修正算法 TEC 夜间偏大，白天吻合较好。有趣的是，类 Galileo 系统电离层延迟修正算法能较好地反映 pimo 站上空 VTEC 在日落后的增强。

图 3-8 给出了 2011 年春秋季所有站上空 VTEC 误差的月平均结果。由此可见，在 chan、bjfs、shao 和 twtf 站，两种电离层延迟修正算法 RMS 都是在下午至日落后较大，夜间和上午较小且随时间变化不大。夜间，两种电离层延迟修正算法的 RMS 值比较接近，在 chan 和 bjfs 站为 2~3 TECU，在 shao 站为 3~4 TECU，在 twtf 站近为 6~8 TECU；白天，类 Galileo 系统电离层延迟修正算法

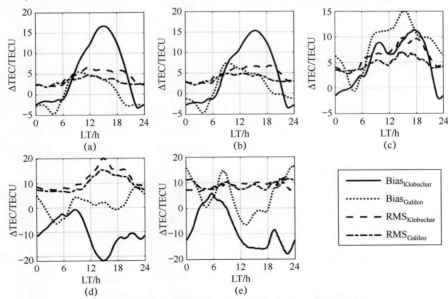

图 3-8 2011 年春秋季所有站上空 VTEC 误差的月平均结果
(a) chan; (b) bjfs; (c) shao; (d) twtf; (e) pimo。

RMS 比 GPS 电离层延迟修正算法要小，两者的差异在下午至日落后较为显著。在 pimo 站，两种电离层延迟修正算法 RMS 的周日变化呈现出相反的趋势：夜间（白天）类 Galileo 系统（GPS）电离层延迟修正算法 RMS 较大。

在 chan 和 bjfs 站，GPS 系统电离层延迟修正算法 Bias 值在日出后迅速上升，15 LT 左右达到极大值，幅值近 16 TECU；然后下降至 22.5 LT 取得最小值，幅值近-3.5 TECU，随后起伏较小。类 Galileo 系统电离层延迟修正算法 Bias 白天为正，夜间为负，最小值出现于 04 LT，幅值近-4.6 TECU；最大值出现于 9.5 LT，幅值分别为 5.5 TECU 和 7.5 TECU。在 shao 站，两种电离层延迟修正算法均以高估为主，GPS 电离层延迟修正算法 Bias 最大值出现于 17.5 LT，幅值近 11.4 TECU；最小值出现于子夜，幅值近-2.2 TECU。类 Galileo 系统电离层延迟修正算法 Bias 最大值出现于 14.9 LT，幅值近 15 TECU；最小值出现于 4.2 LT，幅值近-0.7 TECU。在 twtf 站，GPS 电离层延迟修正算法 Bias 全天为负，最大值和最小值分别接近-0.7 TECU 和-21.8 TECU，出现于日出后和午后；类 Galileo 系统电离层延迟修正算法 Bias 在日出时段为负，其余时间为正，最小值和最大值分别接近-6.6 TECU 和 8.3 TECU。在 pimo 站，GPS 电离层延迟修正算法 Bias 在 03~09 LT 为正，其他时段为负，最大值和最小值分别接近 5.9 TECU 和-18 TECU；类 Galileo 系统电离层延迟修正算法 Bias 在 11~18 LT 为负，其他时段为正，最小值和最大值分别接近-6.6 TECU 和 16.5 TECU。

总体来说，在 2011 年春、秋季，GPS 电离层延迟修正算法能较好地反映电离层 TEC 的变化趋势，但是在中纬地区（chan 和 bjfs 站）白天严重高估，尤其是下午时段；在赤道异常区（twtf 站）和赤道地区（pimo 站）严重低估，尤其是下午至子夜时段；在低纬地区（shao 站）吻合最好，但也存在白天高估现象。类 Galileo 系统电离层延迟修正算法结果优于 GPS 电离层延迟修正算法，尤其是在中纬和赤道异常区；但在中纬和低纬地区也存在白天高估现象。

2. 2011 年夏季结果

图 3-9 给出了 2011 年夏季所有站上空 VTEC 的月平均结果。由图可见，在所有台站，GPS TEC 值均在日出后增加，在午后 1~2h 达到极大值，然后逐渐减小，极小值出现在日出前。例外的是在 chan 和 bjfs 站，在黄昏至子夜期间出现另一个极大值，幅值接近（bjfs 站）甚至超过（chan 站）午后的极大值。随着纬度的降低，GPS TEC 极大值时间先向后推移后又提前，分别为 19.43 LT、13.58 LT、14.78 LT、15.08 LT 和 14.83 LT；TEC 最大值先增大后减小，分别为 19.3 TECU、19.9 TECU、27.4 TECU、39.0 TECU 和 38.5 TECU。GPS TEC 的最小值出现于 04~05 LT，幅值在 pimo 站较小，为 5.2 TECU；其他 4 个

站较大，分别为 10.5 TECU、9.8 TECU、9.5 TECU 和 9.6 TECU。

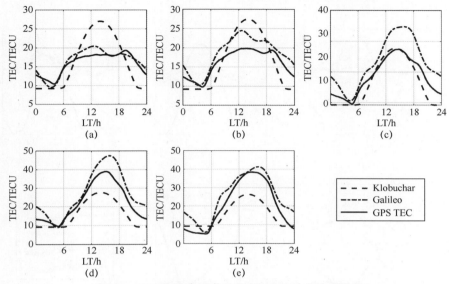

图 3-9 2011 年夏季所有站上空 VTEC 的月平均结果
(a) chan；(b) bjfs；(c) shao；(d) twtf；(e) pimo。

在 chan 和 bjfs 站，GPS 电离层延迟修正算法 TEC 白天偏大，夜间偏小，TEC 最大值接近 27 TECU；类 Galileo 系统电离层延迟修正算法 TEC 值略偏大，最大值分别接近 20.5 TECU 和 24.5 TECU。值得注意的是，类 Galileo 系统电离层延迟修正算法结果较好地再现了 chan 和 bjfs 站 TEC 日落后增强现象。在 shao 站，GPS 电离层延迟修正算法 TEC 夜间偏低，白天吻合较好；类 Galileo 系统电离层延迟修正算法 TEC 以高估为主，尤其是在午后至日出期间，最大值接近 34.7 TECU。在 twtf 和 pimo 站，GPS 电离层延迟修正算法 TEC 严重低估，尤其是上午至子夜期间，最大值分别为 27.7 TECU 和 26.3 TECU；类 Galileo 系统电离层延迟修正算法 TEC 略有高估，尤其是在夜间，TEC 最大值分别接近 47.3 TECU 和 41.2 TECU。

图 3-10 给出了 2011 年夏季所有站上空 VTEC 误差的月平均结果。可见，在所有台站，两种电离层延迟修正算法 RMS 均是白天大夜间小，最大值出现于午后，最小值出现于日出前。GPS 电离层延迟修正算法 TEC 的 RMS 最大值和最小值均随纬度的降低先增加后减小，最大值分别为 4.66 TECU、4.70 TECU、6.30 TECU、14.28 TECU 和 8.45 TECU，最小值分别为 1.97 TECU、2.23 TECU、3.23 TECU、5.51 TECU 和 5.31 TECU。总体来说，类 Galileo 系统电离层延迟修正算法 TEC 值的 RMS 要比 GPS 电离层延迟修正算法小，在正

午附近尤为显著。例外的是，在 pimo 站，夜间 GPS 电离层延迟修正算法 RMS 反而较小。

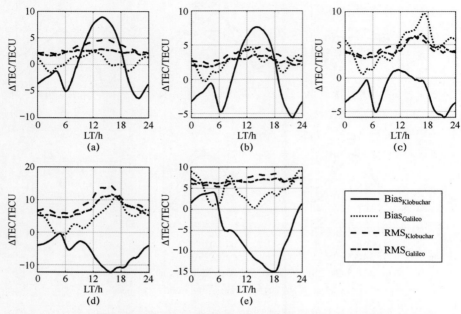

图 3-10　2011 年夏季所有站上空 VTEC 误差的月平均结果
(a) chan；(b) bjfs；(c) shao；(d) twtf；(e) pimo。

在所有台站，类 Galileo 系统电离层延迟修正算法 Bias 都以正值为主；随台站纬度的降低，Bias 极大值先增加后减小，分别为 2.4 TECU、4.7 TECU、9.7 TECU、11.2 TECU 和 9.2 TECU。在 chan 和 bjfs 站，GPS 电离层延迟修正算法 Bias 白天为正，夜间为负，最大值出现于 14 LT 左右，幅值分别为 8.9 TECU 和 7.6 TECU；最小值出现于 22 LT 左右，幅值分别为 -6.3 TECU 和 -5.6 TECU。在 shao 和 twtf 站，GPS 电离层延迟修正算法 Bias 以负值为主，最小值分别出现于 21.5 LT 和 15.9 LT，幅值为 -5.9 TECU 和 -12.3 TECU，最大值分别为 1.2 TECU 和 -0.4 TECU。在 pimo 站，GPS 电离层延迟修正算法 Bias 在子夜至日出期间为正，其他时间为负，最大值和最小值分别出现于 4.7 LT 和 17.8 LT，幅值分别为 4.0 TECU 和 -14.8 TECU。

总体来说，在 2011 年夏季，GPS 电离层延迟修正算法能较好地反映电离层 TEC 的变化趋势，但是在中纬地区白天严重高估，尤其是下午至日落时段；在赤道电离异常区和赤道地区严重低估，尤其是下午至子夜时段；在低纬地区（shao 站）吻合最好，但也存在夜间低估现象。类 Galileo 系统电离层延迟修正算法优于 GPS 电离层延迟修正算法，尤其是在中纬和赤道地区；但在所有台站都存在白天高估现象，尤其是在 shao 和 twtf 站。

3. 2011 年冬季结果

图 3-11 给出了 2011 年冬季所有站上空 VTEC 的月平均结果。由此可见，在所有台站，GPS TEC 月均值均在日出后迅速增加，在午后 1~2h 达到极大值，然后逐渐减小，极小值出现在日出前。在 chan、bjfs 和 shao 站，TEC 值在夜间变化较小。随着纬度的降低，GPS TEC 最大值时间先向后推移后又提前，分别为 12.18 LT、12.63 LT、13.38 LT、14.33 LT 和 13.48 LT；TEC 最大值逐渐增大，分别为 18.6 TECU、20.5 TECU、28.4 TECU、50.0 TECU 和 52.1 TECU。GPS TEC 最小值出现于 05~06 LT，幅值在 pimo 站较小，为 4.7 TECU；其他 4 个站较大，分别为 6.3 TECU、6.9 TECU、6.8 TECU 和 8.6 TECU。

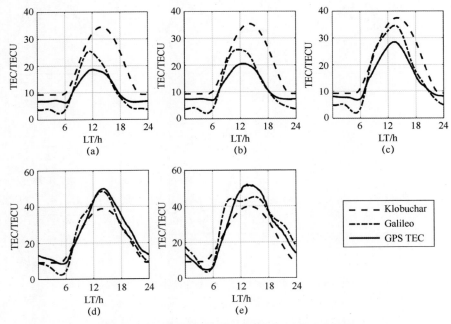

图 3-11 2011 年冬季所有站上空 VTEC 的月平均结果
(a) chan；(b) bjfs；(c) shao；(d) twtf；(e) pimo。

可见，在 chan、bjfs 和 shao 站，两种修正算法结果都偏大，尤其是在上午至日落期间，夜间吻合较好，GPS 电离层延迟修正算法 TEC 最大值分别为 34.5 TECU、35.4 TECU 和 37.4 TECU，类 Galileo 系统电离层延迟修正算法 TEC 最大值分别为 25.4 TECU、25.7 TECU 和 34.6 TECU。在 twtf 和 pimo 站，

GPS 电离层延迟修正算法 TEC 除日出附近略偏大外，全天均偏小，TEC 最大值接近 40 TECU。类 Galileo 系统电离层延迟修正算法 TEC 在 twtf 站日出时偏小，在 pimo 站上午和日落至子夜时段偏大，其他时段吻合较好，TEC 最小值接近 3.0 TECU，最大值分别接近 47.8 TECU 和 45.1 TECU。

图 3-12 给出了 2011 年冬季所有站上空 VTEC 误差的月平均结果。由此可见，在所有台站，两种电离层延迟修正算法误差 RMS 都是白天大夜间小，且夜间较为稳定（除 pimo 站）。总体来说，类 Galileo 系统电离层延迟修正算法 RMS 要比 GPS 电离层延迟修正算法小，尤其是在 chan 和 bjfs 站的 10~22 LT，其次是在 shao 和 twtf 站的日落时，最后是 pimo 站的子夜附近。

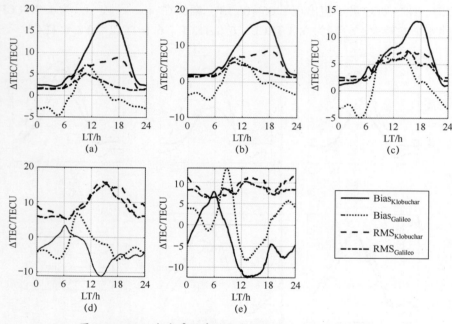

图 3-12　2011 年冬季所有站上空 VTEC 误差的月平均结果
(a) chan；(b) bjfs；(c) shao；(d) twtf；(e) pimo。

在 chan、bjfs 和 shao 站，GPS 电离层延迟修正算法 Bias 在白天单调增加，在 17 LT 附近出现极大值，幅值分别为 17.4 TECU、16.9 TECU 和 13.0 TECU；然后单调下降至 22 LT 左右，夜间维持在较小的幅值且变化不大，最小值分别为 2.2 TECU、1.9 TECU 和 1.0 TECU；类 Galileo 系统电离层延迟修正算法 Bias 值白天为正，夜间为负，最大值出现于 10 LT 附近，幅值分别为 7.2 TECU、6.7 TECU 和 6.9 TECU；最小值出现于 4.5 LT 左右，幅值分别为 -4.6 TECU、

−5.1 TECU 和−5.0 TECU。在 twtf 和 pimo 站，GPS 电离层延迟修正算法除日出时出现正值外，全天均为负，最大值分别为 3.3 TECU 和 7.8 TECU，最小值为−11.1 TECU 和−12.4 TECU；类 Galileo 系统电离层延迟修正算法 Bias 在上午为正，其他时间为负，最大值分别为 6.8 TECU 和 13.4 TECU，最小值分别为−6.5 TECU 和−8.5 TECU。

总体来说，在 2011 年冬季，GPS 电离层延迟修正算法能较好地反映电离层 TEC 的变化趋势，但是在中纬地区和低纬地区白天严重高估，尤其是上午至子夜时段；在赤道异常区和赤道地区严重低估，尤其是正午附近时段。总体来说，类 Galileo 系统电离层延迟修正算法结果在所有台站均优于 GPS 电离层延迟修正算法，尤其是在下午时段；但在中纬和低纬地区正午附近存在高估现象，在赤道地区正午附近略有低估。

3.3.3 小结

（1）GPS 电离层延迟修正算法能较好地反映 2011 年北半球电离层 TEC 的平均周日变化和季节变化，但是在中纬地区白天严重高估；在赤道电离异常区和赤道地区白天严重低估，尤其是下午时段；在低纬地区，春、秋季和冬季的白天高估，夏季夜间低估。

（2）总体来说，类 Galileo 系统电离层延迟修正算法结果优于 GPS 电离层延迟修正算法，尤其是在中纬、赤道异常区和赤道地区；但也存在白天高估现象，尤其是在低纬地区。在所有台站，类 Galileo 系统电离层延迟修正算法 RMS 均小于 GPS 电离层延迟修正算法，尤其是白天，这意味着它更能反映 TEC 的周日和季节变化趋势。

3.4 类 Galileo 系统电离层延迟修正算法精度影响分析

本节分析类 Galileo 系统电离层延迟修正算法的精度，首先分析它对数据源和预报时间提前量的依赖关系，然后分析它对时空和太阳活动的依赖关系。

3.4.1 数据源和预报时间提前量的影响分析

为分析数据源对算法精度的影响，这里同时选用 JPL 和 CODE 两家机构发布的 GIM 数据来开展分析。在计算 GIM 时，JPL 和 CODE 都选用全球上百个来自 IGS 和其他机构的 GPS 观测数据。JPL 采用太阳−地磁参考坐标系和双三次样条插值方法，用卡尔曼滤波算法同时求解所有网格点的垂直 TEC 值与 GPS 卫星−地面接收机的 DCB 值（视为随机数），其 TEC 求解算法和数据处理过程可以参见文献［91］和文献［92］。CODE 采用太阳-地磁参考坐标系和球谐函数展开算法，用 piecewise 线性函数来表征电离层 TEC 随时间的变化，将每天的 GPS 卫星和地面接收机的 DCB 值视为定值。CODE GIM 求解算法和数据处理过程可以参见文献［90］。本书分析选用截至 2011 年 12 月 31 日的所有可用 GIM 数据。JPL 从 1998 年 8 月 28 日开始发布 GIM 数据，中间有部分缺失，截至 2011 年底共有 4856 天可用。CODE 从 1998 年 3 月 28 日开始发布 GIM 数据，期间数据非常完整，截至 2011 年底共有 5027 天可用。

首先分析预报时间提前量对算法精度的影响。这主要是考虑到实际应用中，当用作预报的提前 1 天数据由于设备故障、传输延迟等原因无法获得时，可能会用到更早的历史数据。因此，下面利用提前 1 天、提前 1~3 天、提前 1~5 天的历史数据来进行 TEC 预报，然后将 TEC 预报结果与当天的 GIM 数据进行对比，获得电离层 TEC 预报的误差。作为对比，使用当天的 GIM 数据重构的 TEC 结果也一并给出。

图 3-13 给出了 2006 年 3 月 15 日，JPL GIM 提前 1 天预报的 TEC 误差（预报值与真实值的差值记为 δTEC）。由图可见，TEC 预报误差的最大值、最小值和最大梯度均出现于白天，但是幅值绝对值很少超过 15 TECU。由于与电离层传播过程有关的信号时延与 TEC 值呈正比，而受太阳辐射电离的影响，电离

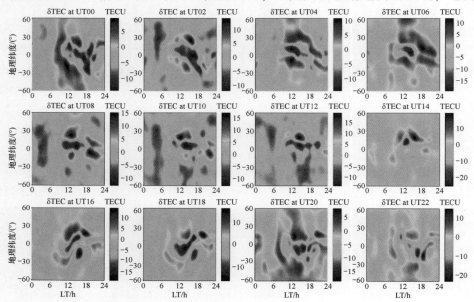

图 3-13　2006 年 3 月 15 日，JPL GIM 提前 1 天预报的 TEC 误差（见彩插）

层 TEC 值白天大夜间小。因此，进行电离层延迟修正的需求在白天更为紧迫，后面的统计分析将忽略夜间的值（LT>18 或 LT<6）。

本节选用 TEC 误差的绝对值不超过某一阈值的累积分布函数（CDF）来分析电离层延迟修正算法的精度，其定义为

$$\mathrm{CDF}(x) = \frac{N_{\mathrm{Num}}(x)}{N_{\mathrm{tot}}} - \frac{N_{\mathrm{Num}}(-x)}{N_{\mathrm{tot}}} = N_{\mathrm{thr}}(x) - N_{\mathrm{thr}}(-x) \qquad (3\text{-}19)$$

式中：N_{tot} 为日间 TEC 值的总数；$N_{\mathrm{Num}}(x)$ 为日间 TEC 误差不超过阈值 x 的数目；$N_{\mathrm{thr}}(x)$ 为日间 TEC 误差不超过阈值 x 的累积概率。

分析结果发现，VTEC 误差的绝对值很少超过 15 TECU。这里取 TEC 误差阈值为 10 TECU，将 TEC 误差的绝对值不超过 10 TECU 的累积概率记为 zi_{10}。图 3-14 给出了 2000 年 1 月 10 日，日间电离层 TEC 误差的累积概率分布，黑色区域对应 TEC 误差绝对值不超过 10 TECU 的概率。可见，2000 年 1 月 10 日，TEC 误差不超过 10 TECU 的累积概率 $N_{\mathrm{thr}}(10)$ 为 0.9845，不超过 -10 TECU 的累积概率 $N_{\mathrm{thr}}(-10)$ 为 0.1892，因此，zi_{10} 值为 0.9845-0.1892=0.7953。

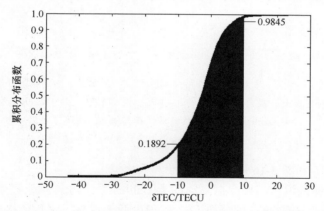

图 3-14　2000 年 1 月 10 日，日间电离层 TEC 误差的累积概率分布

按照上面的方法，将 JPL GIM 或 CODE GIM 作为数据源，计算每天类 Galileo 系统电离层延迟修正算法的结果，然后进行统计分析，得到 zi_{10} 随时间的变化时序。图 3-15 给出了利用当天、提前 1 天、提前 1~3 天、提前 1~5 天的 JPL GIM 作为数据源，类 Galileo 系统电离层延迟修正算法给出的日间重构/预报的电离层 TEC 误差绝对值不超过 10 TECU 的累积概率 zi_{10} 的逐日变化。图 3-15 中每幅子图的顶部给出了 zi_{10} 的平均值。

作为对比，图 3-16 给出了利用当天、提前 1 天、提前 1~3 天、提前 1~5 天的 CODE GIM 作为数据源，类 Galileo 系统电离层延迟修正算法给出的 zi_{10} 的

逐日变化。

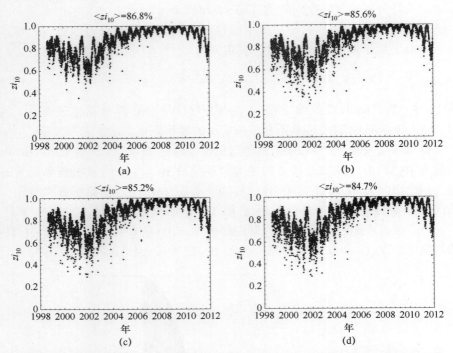

图 3-15 利用当天、提前 1 天、提前 1~3 天、提前 1~5 天的 JPL GIM 作为数据源，类 Galileo 系统电离层延迟修正算法 zi_{10} 的逐日变化
(a) 当天；(b) 提前 1 天；(c) 提前 1~3 天；(d) 提前 1~5 天。

由图 3-15 和图 3-16 可得如下特性。

(1) 总体来说，GIM 数据驱动的类 Galileo 系统电离层延迟修正算法能较好地再现/预报全球 TEC 的分布。zi_{10} 值很少低于 60%，平均值接近 85%。

(2) 无论 TEC 数据源是来自 JPL GIM 还是 CODE GIM，也无论 TEC 数据源是来自当天，还是提前 1 天、提前 1~3 天、提前 1~5 天，zi_{10} 的变化时序均呈现出非常相似的多时间尺度变化特征，如年变化、半年变化以及太阳活动周变化等。

(3) 随着所用 TEC 数据源时间提前量的增加，类 Galileo 系统电离层延迟修正算法的精度逐渐降低。当所用 JPL GIM 数据来自当天、提前 1 天、提前 1~3 天和提前 1~5 天时，zi_{10} 的平均值分别为 86.78%、85.61%、85.18% 和 84.72%。当 TEC 数据源来自 CODE GIM 时，zi_{10} 也呈现出非常类似的变化趋势，但是幅值稍高。

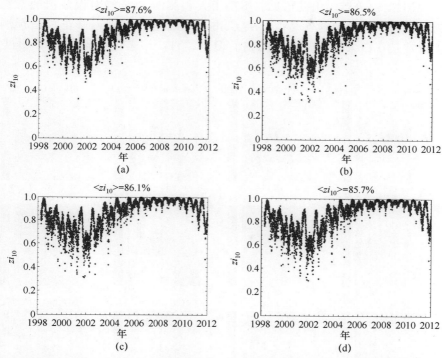

图 3-16 利用当天、提前 1 天、提前 1~3 天、提前 1~5 天的 CODE GIM 作为数据源，类 Galileo 系统电离层延迟修正算法 zi_{10} 的逐日变化

(a) 当天；(b) 提前 1 天；(c) 提前 1~3 天；(d) 提前 1~5 天。

(4) 类 Galileo 系统电离层延迟修正算法精度随太阳活动而变化。当太阳活动水平较低时，算法精度更高：2007 年至 2010 年，90% 左右的日间 TEC 误差绝对值低于 10 TECU。

3.4.2 时空和太阳活动的影响分析

3.4.1 节的研究结果表明，类 Galileo 系统电离层延迟修正算法精度对 TEC 数据源并不敏感。本节的研究将提前 1 天的 CODE GIM 作为数据源来驱动 NeQuick 模型，产生 TEC 预报结果，然后将当天的 CODE GIM 值作为真实值，分析类 Galileo 系统电离层延迟修正算法的精度。

Galileo 系统电离层延迟修正算法要求经修正后，电离层 TEC 残差不超过 20 TECU 或 30%[84]。这包含两种形式的 TEC 误差：绝对误差和相对误差。前者与残留的 GNSS 信号时间延迟大小呈正比，后者还需要考虑电离层 TEC 本底的影响。图 3-17 给出了 2002 年 4 月 15 日，提前 1 天预测的 TEC 绝对误差（δTEC）分布。由此可见，提前 1 天预测的 TEC 绝对误差值通常在白天为负，夜间为正。这就是说，类 Galileo 系统电离层延迟修正算法预测的 TEC 通常是在白天低估，夜间高估。但是，TEC 误差的绝对值很少超过 25 TECU。

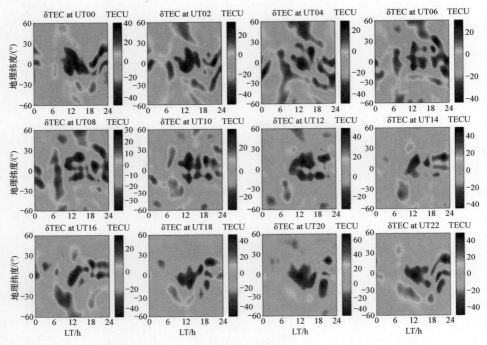

图 3-17　2002 年 4 月 15 日，提前 1 天预测的 TEC 绝对误差分布（见彩插）

图 3-18 给出了 2002 年 4 月 15 日，提前 1 天预测的 TEC 相对误差（δTEC[%]）分布。由图可见，TEC 相对误差的绝对值在夜间高于白天，其夜间绝对值的最大值甚至超过 100%，这可能与夜间 TEC 本底值较低有关。与实际应用情形相比，本节的计算场景较为理想，如用于建模的监测站在全球均匀分布且忽略 TEC 计算过程带来的误差，因此后面的分析将采用一个更加严格的标准（TEC 误差不超过 5 TECU 或 20%）。采用在 3.4.1 节中介绍的方法，我们计算了超过 1 个太阳活动周（1998 年 3 月 28 日至 2012 年 3 月 27 日），类 Galileo 系统电离层延迟修正算法提前 1 天预测的电离层 TEC 误差不超过 5 TECU 或 20%的累积概率（下面记为 zi_{20}），然后进行统计分析。

为分析类 Galileo 系统电离层延迟修正算法精度随地理位置的变化，将全球分为 4 个不同的纬度带：南半球的中纬（60°S~30°S）和低纬地区（30°S~

0°S)、北半球的低纬（0°N~30°N）和中纬地区（30°N~60°N）。图 3-19 给出了不同纬度带，zi_{20} 随时间的变化序列。为便于比较，图 3-19（a）给出了 $F_{10.7}$ 的变化时序；在图 3-19（b）~（e）中，纬度带范围也一并给出。

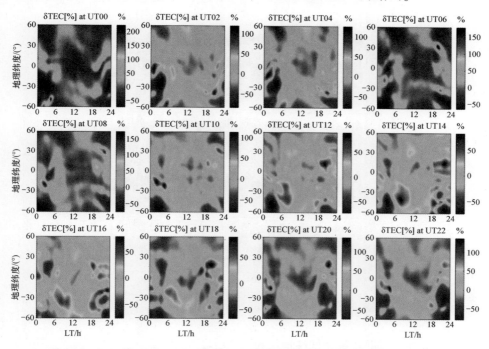

图 3-18　2002 年 4 月 15 日，提前 1 天预测的 TEC 相对误差分布（见彩插）

由图 3-19 可见：

（1）类 Galileo 系统电离层延迟修正算法可以较好地实现全球电离层 TEC 的提前 1 天预测，尤其是在太阳活动低年的中纬地区。

（2）zi_{20} 呈现显著的逐日变化，且与太阳活动有关：在太阳活动高年（1999 年至 2002 年），$F_{10.7}$ 逐日变化非常显著，zi_{20} 的逐日变化也较大。

（3）zi_{20} 依赖于地理纬度。它的幅值在中纬地区高于低纬地区。中纬与低纬地区之间的差异在太阳活动低年的北半球最为显著。在南半球的中纬和低纬地区、北半球的低纬和中纬地区，zi_{20} 的平均值分别为 80.19%、72.28%、68.80% 和 85.70%。

Nava 发现基于 GIM 数据驱动 NeQuick 模型实现的全球 TEC 重构结果也是在低纬地区比中纬地区精度差，这是由于：

（1）低纬地区电离层本身的动力学过程及变化较为复杂。

（2）NeQuick 模型和 GIM 构建过程中所用的数据在低纬地区都少于中纬地区。

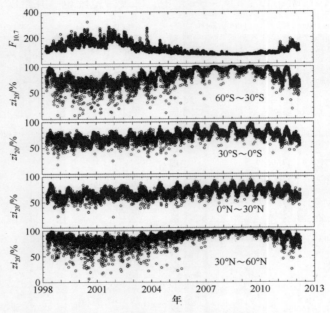

图 3-19 $F_{10.7}$ 和不同纬度区 zi_{20} 随时间的变化序列

（3）TEC 数据质量在低纬地区较差[56]。

图 3-20 进一步给出了在不同纬度带，zi_{20} 随 $F_{10.7}$ 变化的散点图，最小二乘法得到的两者线性多项式拟合结果也一并给出。可见，在所有的纬度带，zi_{20} 都随 $F_{10.7}$ 的增加而降低。当 $F_{10.7}$ 值较大时，zi_{20} 幅值较低且较为离散。zi_{20} 随 $F_{10.7}$ 下降的趋势在中纬地区比低纬地区显著，在南半球比北半球显著。

在早期版本的 NeQuick 模型中，$F_{10.7}$ 变化范围的上限和下限分别定为 63.7 和 193，按照图 3-20 中的线性多项式拟合结果计算得到 zi_{20} 的变化范围，结果如表 3-2 所列。由表可见，与低纬地区相比，中纬地区 zi_{20} 变化范围更大且幅值更高，中纬与低纬地区之间的差异在北半球更为显著。

为分析不同太阳活动水平下，类 Galileo 系统电离层延迟修正算法精度随季节的变化，下面将整个数据组按照 $F_{10.7}$ 的年均值分为 3 组：太阳活动低年（Low Solar Activity，LSA：2005 年至 2010 年）、太阳活动高年（High Solar Activity，HSA：1999 年至 2002 年）和太阳活动上升/下降年（Medium Solar Activity，MSA：1998 年、2003 年、2004 年、2011 年和 2012 年），然后统计得到不

同纬度带 zi_{20} 的月均值，结果如图 3-21 所示。

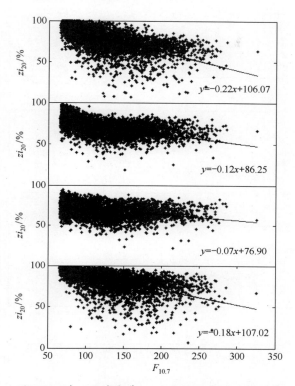

图 3-20　在不同纬度带，zi_{20} 随 $F_{10.7}$ 变化的散点图

表 3-2　zi_{20} 的拟合结果　　　　　　　单位:%

地理纬度	$F_{10.7}=63.7$	$F_{10.7}=193$	变化范围
[-60°, -30°]	92.06	63.61	28.45
[-30°, 0°]	78.61	63.09	15.52
[0°, 30°]	72.44	63.39	9.05
[30°, 60°]	95.55	72.28	23.27

由图 3-21 可得以下特性。

（1）zi_{20} 月均值的变化范围为 60%~100%。

（2）无论太阳活动水平高还是低，zi_{20} 都是在中纬地区高于低纬地区，中纬与低纬地区之间的差异在北半球比南半球显著，在太阳活动低年比太阳活动高年显著。

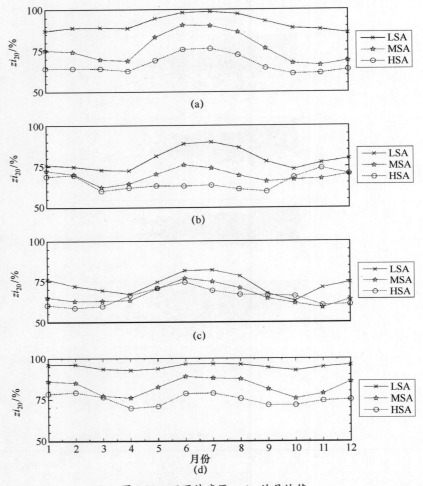

图 3-21 不同纬度区，zi_{20} 的月均值

(a) 30°S~60°S；(b) 0°S~30°S；(c) 0°N~30°N；(d) 30°N~60°N。

(3) zi_{20} 随太阳活动水平的升高而降低。

(4) 在不同的纬度带，zi_{20} 的季节变化也呈现出不同的趋势：在南半球的中纬地区（图 3-21（a）），zi_{20} 主要呈现出年变化，冬季大夏季小。在北半球的中纬地区（图 3-21（d）），半年变化占主导，zi_{20} 冬夏大春秋小。在低纬地区（图 3-21（b）和（c）），zi_{20} 的季节变化模式依赖于太阳活动水平：当太阳活动水平较低时，低纬地区 zi_{20} 的季节变化模式类似于对应半球的中纬地区；在太阳活动高年，zi_{20} 夏季大冬季小。

3.5 对我国 BDS 电离层修正的初步考虑

TEC 是描述电离层结构、状态和变化的重要参量，是空间物理与电波传播研究的重要对象。不同的卫星星座设计使得不同 GNSS 系统在研究区域电离层时各有优势，如与 GPS 相比，Glonass 系统卫星倾角更高，在高纬地区有更好的空间覆盖；我国的 BDS 兼有地球同步轨道（Geostationary Earth Orbit，GEO）卫星、倾斜地球同步轨道（Inclined Geosynchronous Satellite Orbit，IGSO）卫星和中地球轨道（Medium Earth Orbit，MEO）卫星，在我国及周边区域有更好的空间覆盖。熊波联合使用 BDS、Glonass 和 GPS 接收机对电离层进行探测，提取 TEC 参量，并应用于电离层 TEC map、行进式扰动、电离层不规则体以及对太阳耀斑的响应等研究[94]。对于 GNSS 应用研究来说，TEC 直接决定与电离层传播过程有关的信号传播时间延迟，是影响导航定位精度的重要误差源。在 GNSS 的建设和开发过程中，需要建立全球电离层 TEC 预报模型。

本书基于长期的 GIM 数据和 NeQuick 模型，详细分析类 Galileo 系统电离层延迟修正算法的精度，结论如下。

（1）总体来说，类 Galileo 系统电离层延迟修正算法结果能较好地反映 2011 年我国中低纬地区电离层 TEC 的周日变化和季节变化，算法精度优于 GPS 电离层延迟修正算法，但也存在低纬地区白天 TEC 高估现象。

（2）当参考站近似全球均匀分布时，类 Galileo 系统电离层延迟修正算法精度随所用 TEC 数据源时间提前量的增加而降低，但对数据源本身的依赖性并不大。算法精度依赖于太阳活动水平：当太阳活动水平较低时，模型精度更高。

（3）无论太阳活动水平高低，电离层延迟修正算法精度都是在中纬地区高于低纬地区，且中纬与低纬地区之间的差异在北半球比南半球显著，在太阳活动低年比太阳活动高年显著。在不同的纬度带，算法精度的季节变化也呈现出不同的趋势。

基于上述结论，我们认为，我国 BDS 电离层 TEC 的提前 1 天预报可以通过 TEC 实测数据驱动电离层背景模型的方式来实现。背景模型提供电离层 TEC 的长期变化趋势，实测数据则用作背景模型的更新，以实现全球 TEC 的短期变化。但在算法实现过程中需要考虑如下问题。

1. 电离层背景模型的改进，尤其是在赤道和高纬地区

研究结果表明，NeQuick 模型在赤道和低纬地区的精度不如中纬地区。这一方面是由于模型建模过程中所用的赤道和低纬地区台站观测数据较少，另一方面是由于电离层本身在赤道和低纬地区的变化非常复杂。有研究结果表明，在北半球中低纬地区，NeQuick 模型电离层 f_oF_2 在春秋季略有高估，夏冬季吻合较好；电离层板厚在夏季偏小，冬季吻合较好。在赤道电离异常区，电离层 f_oF_2 总体偏小，尤其是夏季和春秋季；电离层板厚总体偏大，尤其是春秋季，冬季较为吻合。在电离层 TEC 背景模型建立过程中，需要同时兼顾 N_mF_2（f_oF_2）和电离层板厚的变化。单纯调整 f_oF_2（或电离层板厚），保持电离层板厚 f_oF_2 不变，可能会导致 TEC 预报结果在低纬地区偏小（偏大），在赤道电离异常区偏大（或偏小）。

2. 背景模型驱动因子（有效电离参数）建模过程的改进

类 Galileo 系统电离层延迟修正算法考虑了有效电离参数随位置的变化，将它作为修正倾角纬度的二阶多项式函数。由修正倾角纬度的定义可知，它依赖于磁倾角和地理纬度，与地理经度无关。因此，A_z 的建模过程忽略了它随地理经度的变化，但事实并非如此。图 3-22 给出了 2003 年 4 月 12 日，GIM 网格点上的 A_z 值随修正倾角纬度的变化，其中蓝色圆点为 A_z 值。由此可见，对于某一固定的修正倾角纬度来说，A_z 值也呈一定的变化。例如，在 $\mu = 40°$ 附近，A_z 值的变化范围高达 50。用一个 A_z 拟合值（绿色圆点）来表征它，势必会引入较大的误差。同时，采用二阶多项式函数表征 A_z 值随修正倾角纬度的变化（绿色曲线所示），在磁赤道附近误差较大。

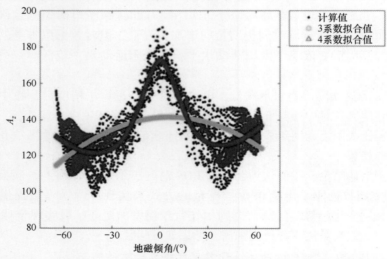

图 3-22 2003 年 4 月 12 日，GIM 网格点上的 A_z 值随修正倾角纬度的变化（见彩插）

实际上，A_z 值随修正倾角纬度的变化更倾向于呈现出类 W 形曲线。我们尝试在描述 A_z 随修正倾角纬度变化的多项式函数中增加第 4 项 $\alpha_3\mu^{-2}$，即

$$A_z = \alpha_0 + \alpha_1\mu + \alpha_2\mu^2 + \alpha_3\mu^{-2} \quad (3\text{-}20)$$

上述 4 系数多项式的拟合结果也在图 3-22 中用红色曲线给出，可见它能更好地反映 A_z 随修正倾角纬度的变化趋势，尤其是在赤道电离异常区附近。

采用截至 2011 年年底 JPL 和 CODE 发布的 GIM 数据和 3.4 节的方法，我们计算了 A_z 建模过程中增加第 4 项后每一天的 zi_{10} 值。表 3-3 列出了分别用 JPL 和 CODE 提供的 GIM 数据计算得到的 zi_{10} 平均值及其相对于 3 系数拟合结果的改进。

表 3-3 用 JPL/CODE GIM 数据计算得到的 zi_{10} 平均值及对应的改进

JPL/CODE	3 系数拟合	4 系数拟合	改　进
当天	86.78%/87.56%	88.45%/89.03%	1.67%/1.47%
提前 1 天	85.61%/86.46%	87.15%/87.80%	1.54%/1.34%
提前 1~3 天	85.18%/86.08%	86.70%/87.42%	1.52%/1.34%
提前 1~5 天	84.72%/85.66%	86.22%/86.98%	1.50%/1.32%

由表可见，无论所用 GIM 数据是来自 JPL 还是 CODE，在 A_z 建模过程中增加第 4 项后，NeQuick 模型的全球 TEC 预测能力都得到提高，前者改进约为 1.56%，后者约 1.37%。改进后效果并不十分显著的原因可能是 NeQuick 模型本身并不能准确地描述全球/区域电离层 TEC 的周日变化，导致类 Galileo 系统电离层延迟修正算法给出的 TEC 周日变化趋势与实际情况存在差异，而这种差异很难通过调整 A_z 值来完全消除。因此，在电离层背景模型驱动因子的建模过程中，需要考虑用新的多项式函数来包含这种周日变化的影响。

3. 其他考虑

实际应用中，因传输网络或观测设备故障引起某些观测站 TEC 数据缺失，将导致建模数据覆盖不均匀等问题。当观测站数据缺失时，比较简单的办法是用更早时间的数据来代替。本章研究结果发现，当建模所用数据来自提前 1 天、1~3 天和 1~5 天时，模型的 TEC 预报结果精度将逐渐降低。可以推测，若单独采用提前 3 天或提前 5 天的历史数据，TEC 预测精度可能会更低。因此，若电离层 TEC 预报需要采用历史数据，其时间提前量不宜超过 5 天。

本 章 小 结

本章介绍了电离层延迟修正计算方法，比较了类 Galileo 系统电离层延迟

修正算法与 GPS 系统电离层延迟修正算法的精度，计算分析了类 Galileo 系统电离层延迟修正算法精度对 TEC 数据源、预报时间提前量、太阳活动、位置和季节等因素的依赖关系。本章研究结果如下：

（1）GPS 系统电离层延迟修正算法能较好地反映 2011 年北半球平均的电离层 TEC 周日变化和季节变化，但是在中纬地区白天严重高估；在赤道电离异常区和赤道地区严重低估，尤其是下午时段；在低纬地区，春秋季和冬季的白天高估，夏季夜间低估。

（2）总体来说，类 Galileo 系统电离层延迟修正算法精度优于 GPS 电离层延迟修正算法，尤其是在中纬、赤道异常区和赤道地区；但也存在白天高估现象，尤其是在低纬地区。在所有台站，类 Galileo 系统电离层延迟修正算法 RMS 均小于 GPS 系统电离层延迟修正算法，这意味着它能更好地反映月平均的 TEC 周日变化和季节变化。

（3）总体来说，类 Galileo 系统电离层延迟修正算法能较好地再现/预报全球 TEC 的分布。算法精度对建模所用的数据源并不十分敏感，但是随着所用 TEC 数据源时间提前量的增加，算法精度逐渐降低。

（4）类 Galileo 系统电离层延迟修正算法精度与纬度和太阳活动有关。无论太阳活动水平高还是低，在中纬地区算法精度都高于低纬地区，中纬和低纬地区之间的差异在北半球比南半球显著，在太阳活动低年比高年显著。

（5）在不同的纬度带，算法精度还呈现出不同的季节变化：在南半球的中纬地区主要呈现出年变化，冬季高夏季低；在北半球的中纬地区，半年变化占主导，冬夏高春秋低；在低纬地区，季节变化模式依赖于太阳活动水平。

（6）分析表明，我国 BDS 的电离层 TEC 预报可以通过 TEC 实测数据驱动电离层背景模型的方式来实现。背景模型提供电离层 TEC 的长期变化趋势，实测数据用作 TEC 的更新。在算法实现过程中需要考虑电离层背景模型和背景模型驱动因子建模过程的改进，用作预报的 TEC 历史数据时间提前量不宜超过 5 天。

第4章 基于GNSS的电离层闪烁特性研究

4.1 引言

随着通信和导航系统对空间环境的依赖日益增长,电离层闪烁对卫星通信/导航系统影响的监测逐渐成为研究热点。这可能是由于一方面,现代社会生活的诸多方面日益依赖于GPS,而电离层闪烁对GPS的高精度、可用性和完好性应用等产生威胁[22,26-28];另一方面,闪烁观测数据包含丰富的电离层不规则体参数信息,可以为不规则体的形成和演变研究提供参考。

基于GNSS(以GPS为代表)的电离层闪烁监测可以通过地基/天基的电离层闪烁监测仪获取。由于电离层监测仪价格亲民、实用性强,以及获取的数据具有全天候、连续性好和质量高等优势,基于GPS传感器的地基电离层闪烁监测成为全球电离层常规观测的重要手段[26]。近几年,一些学者开始借助于低轨卫星搭载GPS闪烁监测仪开展掩星观测,研究全球L波段电离层闪烁、赤道F区不规则体和偶发E层的气候学特征[28,31-33]。

4.2 振幅闪烁与TEC扰动的关联性分析

在电离层电子密度背景上经常存在着多重尺度的不规则结构,它们会引起多波段电波信号闪烁、载波相位周跳、TEC起伏等,有学者试图用GPS TEC的起伏来研究电离层不规则体的变化。基于IGS网30 s间隔采样的GPS数据,Aarons提出TEC的变化率ROT指数,并用作研究赤道区电离层等离子体泡的特性[95]。Pi将5 min ROT的标准偏差定义为TEC变化率指数ROTI[30]。由于TEC起伏对电离层不规则体的存在较为敏感,且观测资料易于获取,因此,近年来用作探测和研究赤道电离层不规则体的一种重要方法在研究中得到逐步应用[96-97]。

本章利用2012年昆明站GNSS电离层TEC和闪烁观测数据,分析引起振幅闪烁的小尺度不规则体与引起TEC扰动的大尺度不规则体的关联。

4.2.1 方法与观测数据

振幅闪烁指数 S_4 数据来自中国电波传播研究所昆明站（102.8°E，25.0°N）GNSS 闪烁监测仪的记录。GNSS 闪烁监测仪的硬件部分由加拿大 NovAtel 公司生产的 OEM 双频接收机、低相位噪声晶振、电源、接收天馈线和计算机组成，操作软件包括串口通信、数据采集、流程控制、数据预处理、数据存储和图形可视化显示等模块。监测仪以 20Hz 采样率采集 GPS L1 频点信号的强度和相位，同时记录观测卫星的方位角和仰角等参数。实时监测信息通过串行数据端口输送至计算机，经计算得到信号功率的平均值、最大值、最小值以及闪烁指数，并完成相关的显示、存储、回放、闪烁判别等功能。S_4 定义为信号幅度的归一化方差，每分钟有一个观测值，即

$$S_4 = \sqrt{\frac{\langle I^2 \rangle - \langle I \rangle^2}{\langle I \rangle^2}} \tag{4-1}$$

式中，I 为接收到的 GNSS 信号功率；$\langle \cdot \rangle$ 为对时间的平均。

TEC 扰动指数 ROTI 由 IGS 网昆明站（103.8° E，25.5° N）GPS 双频接收机的载波相位观测值和 CODE GIM 数据计算获得。下面给出 ROTI 的计算过程。

（1）读取每天的 CODE GIM 数据，获得 13 个偶数时刻（时间范围为 0~24 UT，间隔为 2 h）71×73 个地理网格点（纬度范围为 87.5°S~87.5°N，间距为 2.5°；经度范围为 180°W~180°E，间距为 5°）上的 VTEC 值。经时间和空间上的内插，获得观测站上空 30s 间隔的 VTEC 序列。

（2）读取观测站 GPS 双频接收机的载波观测序列，经载波相位差分和周跳检测，获得 GPS 接收机对所有可视卫星的若干段时间连续的相对 TEC 观测序列。

（3）对某一段时间连续的相对 TEC 观测序列，由该时段的卫星-接收机观测仰角值计算得到 VTEC 和斜路径 TEC 相互转化的映射函数，将该时间段由 GIM 数据计算得到的 VTEC 时序转化为对应的斜路径绝对 TEC 时序。

（4）采用最小二乘拟合方法，将步骤（2）得到的相对 TEC 时序和步骤（3）得到的绝对 TEC 时序"对齐"，作为绝对 TEC 时序。

（5）对于步骤（4）得到的绝对 TEC 时序，由某时刻的 TEC 值减去前一时刻的 TEC 值，获得该时刻的 TEC 变化率（ROT）；然后对 5 min 的 ROT 时序计算其标准差，得到 TEC 扰动指数（ROTI），即

$$\text{ROT} = \frac{\text{STEC}_{k+1} - \text{STEC}_k}{t_{k+1} - t_k} \tag{4-2}$$

$$\mathrm{ROTI} = \sqrt{\langle \mathrm{ROT}^2 \rangle - \langle \mathrm{ROT} \rangle^2} \qquad (4\text{-}3)$$

（6）对步骤（2）得到的每一段时间连续的相对 TEC 观测序列，重复步骤（3）~（5），得到相应的 ROT 及 ROTI。

这里，ROTI 和 S_4 指数反映的是不同空间尺度的电离层不规则体特征。ROTI 指数反映的不规则体尺度由 GPS 卫星星下点的运动速度与垂直于传播路径的不规则体漂移速度的向量和、TEC 采样周期共同决定。若前者在约 100m/s 的量级，后者为 30s，则对应的奈奎斯特周期为 60s，与 ROTI 有关的不规则体空间尺度大约为 6km。引起信号振幅闪烁的电离层不规则体尺度由菲涅耳尺度决定，它取决于信号波长、不规则体到信号发射端和接收端的距离。对于 GPS L1 频点来说，信号波长为 0.19 m；假定电离层不规则体位于 400km 高度，则菲涅耳尺度为 390 m，引起信号振幅闪烁的不规则体尺度为百米量级。

图 4-1 给出了 2012 年 3 月 13 日，IGS 网昆明站和中国电波传播研究所昆明站所有可视卫星的电离层穿透点的分布。观测站位置标注为红色圆圈。考虑到在卫星仰角比较低时，观测数据易受到多径及其他环境影响，下面研究用的 GPS 观测卫星仰角不低于 25°。可见，IGS 网昆明站电离层穿透点的覆盖范围为 96.50°E~109.07°E、19.26°N~29.66°N，中国电波传播研究所昆明站电离层穿透点的覆盖范围为 97.68°E~110.15°E、19.74°N~30.01°N，两个观测站电离层穿透点的覆盖范围基本一致。对于两个站来说，每颗卫星对应的电离层穿透点位置清晰可辨，其运动轨迹非常相近（除靠近低仰角截止位置外）。

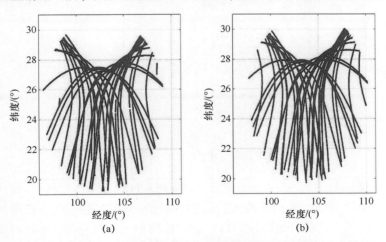

图 4-1 2012 年 3 月 13 日，昆明站上空电离层穿透点的分布（见彩插）
(a) IGS 网昆明站；(b) 中国电波传播研究所昆明站。

4.2.2 观测实例

图 4-2 给出了 2012 年 9 月 20 日,昆明站所有可视 GPS 卫星的仰角、STEC、ROT、ROTI 及 S_4 随时间的变化。由图 4-2 可以得到如下特性,其中 UT 为世界时(Universal Time)。

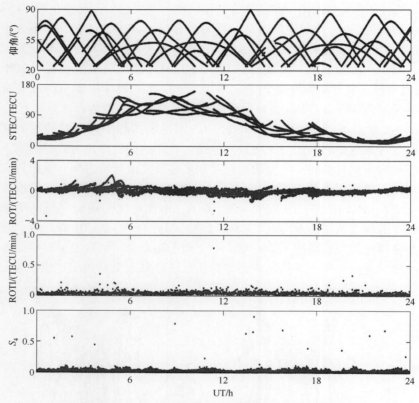

图 4-2 2012 年 9 月 20 日,昆明站所有可视 GPS 卫星仰角、
STEC、ROT、ROTI 及 S_4 随时间的变化

(1)昆明站附近 STEC 变化范围为 9~161 TECU,呈显著周日变化:在上午到子夜期间,TEC 值幅值较大,且同一时刻不同卫星的 TEC 观测值间存在明显差异;子夜后到日出时段,TEC 值幅值较小,且同一时刻多颗可视卫星的 TEC 观测值间的差异也较小。

(2)ROT 始终在零上下起伏,绝对值很少达到或超过 1.5 TECU/min。

(3)除零星地观测野值外,ROTI 与 S_4 幅值较小,分别很少超过 0.2

TECU/min 和 0.1。

总体来说，2012 年 9 月 20 日，昆明站附近电离层比较平静，没有电离层闪烁或 TEC 扰动发生。

作为对比，图 4-3 给出了 2012 年 9 月 21 日，昆明站所有可视 GPS 卫星的仰角、STEC、ROT、ROTI 及 S_4 随时间的变化。由图 4-3 可见，昆明站附近 STEC 变化范围为 7~203 TECU，也呈现显著周日变化：在上午到子夜期间，TEC 幅值较大，且同一时刻不同卫星观测到的 TEC 值间存在明显差异；子夜后到日出时段，TEC 值幅值较小，且同一时刻不同卫星观测到的 TEC 间的差异也较小。不同的是，1330~1630 UT 期间有明显的电离层闪烁和 TEC 扰动现象发生，且两者开始和结束的时间比较一致：TEC 呈明显突变；ROT 起伏变大，其绝对值的最大值达到 9.4 TECU/min；ROTI 明显增大，最大值接近 4.3

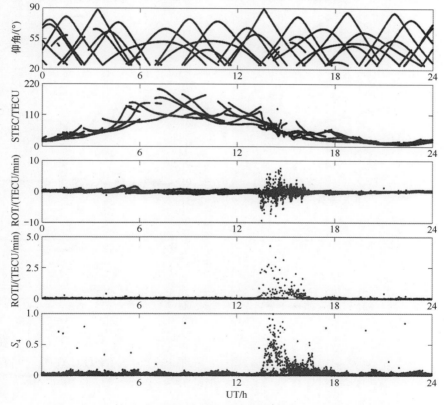

图 4-3 2012 年 9 月 21 日，昆明站所有可视 GPS 卫星仰角、STEC、ROT、ROTI 及 S_4 随时间的变化

TECU/min；S_4 值明显变大，最大值达到 1.0。图 4-2 与图 4-3 的对比说明：当电离层中有不规则体出现时，ROTI 与 S_4 均有响应。

图 4-4 进一步给出了 2012 年 9 月 21 日，昆明站 PRN=15 和 PRN=21 卫星的仰角、STEC、ROT、ROTI 及 S_4 随时间的变化。由图 4-4 可见，14~16 UT 期间，PRN=15 卫星仰角从 78°下降至 25°，期间有弱闪烁和 TEC 扰动现象出现：S_4 值变大，最大值达到 0.22 左右；TEC 值出现波动起伏；ROT 值起伏变大，其绝对值最大值达到 4.5 TECU/min；ROTI 明显增大，其最大值接近 1.6 TECU/min。对于 14~17 UT 期间的 PRN=21 卫星来说，卫星仰角先从 40°上升至 80°，然后又下降至 47°，期间有较强的电离层闪烁和 TEC 扰动事件发生：S_4 值超过背景值，幅值维持在 0.1 以上，最大值达到 0.81；TEC 值出现明显波动起伏；ROT 起伏变大，其绝对值最大值达到 5.7 TECU/min 左右；ROTI 明

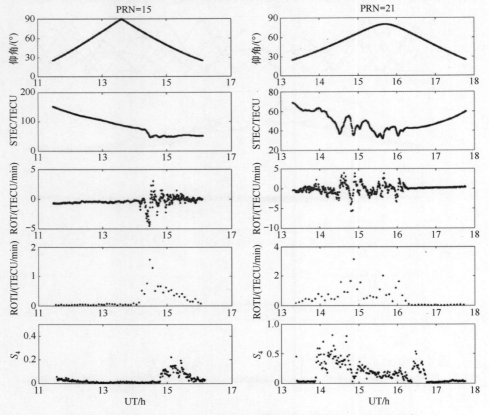

图 4-4　2021 年 9 月 21 日，昆明站 PRN=15 和 PRN=21 卫星的仰角、STEC、ROT、ROTI 及 S_4 随时间的变化

显增大,最大值超过 3.1 TECU/min。

作为对比,图 4-5 给出了 2012 年 9 月 20 日,昆明站 PRN=15 和 PRN=21 卫星对应参数随时间的变化。由图 4-5 可见,2012 年 9 月 20 日昆明站电离层比较平静,没有电离层闪烁或 TEC 扰动发生:PRN=15 和 PRN=21 卫星 TEC 变化非常平缓;ROT 在±1 TECU/min 范围内缓慢变化,伴随有比较小的抖动;ROTI 与 S_4 幅值均非常小,分别很少超过 0.1 TECU/min 和 0.05。

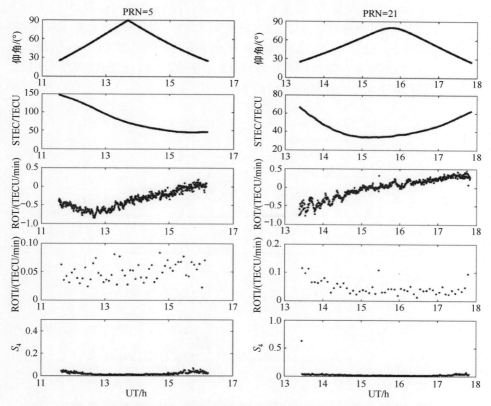

图 4-5　2012 年 9 月 20 日,昆明站 PRN=15 和 PRN=21 卫星仰角、
STEC、ROT、ROTI 及 S_4 随时间的变化

图 4-6 给出了 2012 年 10 月 18 日,昆明站 PRN=9、PRN=15、PRN=21 和 PRN=29 卫星的 ROTI 与 S_4 随时间的变化,分别用红色、蓝色、黑色和蓝绿色圆点给出。由图 4-6 可见,4 颗卫星均观测到电离层闪烁和 TEC 扰动事件发生,但是不同卫星观测到的电离层闪烁和 TEC 扰动出现的时间和强度存在差异:对于 PRN=9 卫星来说,TEC 明显扰动出现于 12:47~15:07,期

间 ROTI 基本维持在 0.5 TECU/min 以上,最大值达到 3.4 TECU/min;振幅闪烁出现于 13:15~14:05,S_4 值基本维持在 0.1 以上,最大值达到 1.1。对于 PRN=15 卫星来说,TEC 扰动出现于 12:32~14:00,ROTI 达到并超过 0.5 TECU/min,最大值达到 1.5 TECU/min;振幅闪烁出现于 12:53~13:42,S_4 值达到并超过 0.1,最大值达到 1.2。对于 PRN=21 卫星来说,TEC 扰动出现于 12:37~13:57,中间出现信号中断,ROTI 值达到并超过 0.2 TECU/min,最大值达到 1.8 TECU/min;振幅闪烁出现于 12:51~14:23,S_4 值达到并超过 0.15,最大值达到 1.86。对于 PRN=29 卫星来说,TEC 扰动出现于 12:07~12:28,ROTI 达到并超过 0.25 TECU/min,最大值达到 1.75 TECU/min;振幅闪烁出现于 12:13~12:44,中间出现信号中断,S_4 值达到并超过 0.1,最大值达到 0.71。

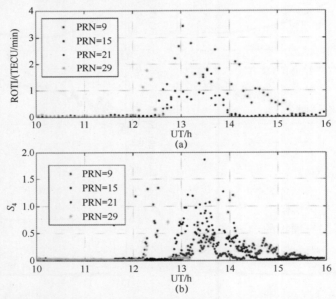

图 4-6　2012 年 10 月 18 日,昆明站 PRN=9、PRN=15、PRN=21 和 PRN=29 卫星 ROTI 与 S_4 随时间的变化(见彩插)

(a) ROTI;(b) S_4。

4.2.3　出现率的统计分析

研究中常用出现率来表征电离层闪烁/扰动形态特征,它通常定义为满足某一强度条件的观测值数目与该时间段内所有观测值总数的比值。例如,在连续的 3 个晚上有 8 颗卫星可见,在第 1 天有 3 颗卫星观测到电离层闪烁(扰动），而在随后的两天电离层非常平静，则电离层闪烁（扰动）出现率为 3/24（12.5%）。

下面研究不同强度电离层闪烁和 TEC 扰动出现率的变化特征。这里，将电离层闪烁分为弱闪烁和中等强度闪烁两个等级，对应的 S_4 阈值分别取为 0.1 和 0.3。研究结果表明，ROTI 值通常大于 S_4 值，但是要取得两者的定量关系比较困难。Beach 和 Kintner 发现，对于弱闪烁，S_4 与 TEC 扰动呈正比关系，其比值为 2~5[98]。Basu 发现 Ascension 群岛 ROTI/S_4 一般为 2~10，其比值受卫星运动速度和不规则体漂移速度等因素影响[99]。这里，将 TEC 扰动也分为两个等级，ROTI 门限分别取为 0.5 TECU/min 和 1.5 TECU/min。下面研究每个月不同强度的电离层闪烁/TEC 扰动出现率随时间的变化，用作统计的时间间隔为 1h。

图 4-7 给出了 2012 年昆明站不同强度电离层闪烁 S_4（S_4>0.1 和 S_4>0.3）和 TEC 扰动出现率（ROTI>0.5 TECU/min 和 ROTI>1.5 TECU/min）随年积日的变化。总体来说，不同强度的电离层闪烁和 TEC 扰动出现率都在春分、秋分附近有比较密集的增大，此外在第 187 天、292 天等也出现了孤立的增大，两者突然增大出现的时间有非常好的对应关系。这就意味着在春季和秋季，引起 TEC 扰动的大尺度不规则体与引起电离层闪烁的小尺度不规则体通常是伴随出现的。随着闪烁/TEC 扰动阈值的增大，其出现率也降低。另外，电离层闪烁和 TEC 扰动都呈现出显著的逐日变化。即使是在电离层闪烁和 TEC 扰动多发的春、秋分月份，也不是所有的日期都有电离层闪烁和 TEC 扰动发生，不同日期的电离层闪烁和 TEC 扰动出现率差别很大。一般来说，电离层闪烁模型可以描述闪烁随时空变化的平均趋势，但是不能描述它的逐日变化，这也正是电离层闪烁预报的难点之一。

图 4-8 给出了 2012 年 1~12 月，月平均 S_4>0.1 的弱闪烁出现率 R 随时间的变化。由图 4-8 可见，S_4>0.1 的闪烁出现率在 3 月、9 月和 10 月比较高，尤其是在 3 月份，达到全年的最大值 7.45%，9 月和 10 月的最大值分别为 5.07% 和 3.13%；在其他月份较小，尤其是在 5 月和 6 月，闪烁出现率的最大值分别只有 0.61% 和 0.52%。S_4>0.1 的闪烁出现率在 15~20 UT 期间比其他时间要高。

图 4-9 给出了 2012 年 1~12 月，月平均 S_4>0.3 的中等强度闪烁出现率随时间的变化。由图 4-9 可见，中等强度的闪烁出现率仍然在 3 月、9 月和 10 月较高，最大值分别为 1.95%、2.17% 和 1.64%；在其他月份比较低，特别是在 1~2 月、5~6 月、11~12 月，闪烁出现率最大值均不超过 0.3%。S_4>0.3 的闪烁出现率在 13~20 UT 比较高，尤其是 15~17 UT。这就意味着中等以上的振

幅闪烁活动主要出现于日落后到子夜，子夜后至黎明时段也有发生。

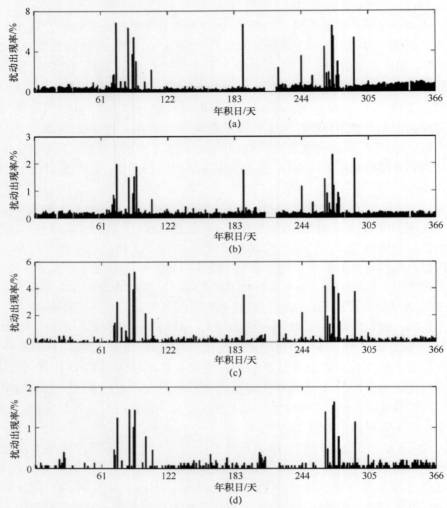

图 4-7　2012 年昆明站不同季节 $S_4>0.1$、$S_4>0.3$、ROTI>0.5 TECU/min、
ROTI>1.5 TECU/min 出现率的逐日变化

(a) $S_4>0.1$；(b) $S_4>0.3$；(c) ROTI>0.5 TECU/min；(d) ROTI>1.5 TECU/min。

图 4-10 给出了 2012 年 1~12 月，月平均 ROTI>0.5 TECU/min 的 TEC 扰动出现率随时间的变化。由图 4-10 可见，ROTI>0.5 TECU/min 的 TEC 扰动出现率也是在 3 月、9 月和 10 月比较高，其中在 3 月达到全年的最大值 4.95%，9 月和 10 月的最大值分别为 4.63% 和 1.91%；TEC 扰动出现率在其他月份比较小，

特别是在 2 月，出现率最大值只有 0.43%。ROTI>0.5 TECU/min 的 TEC 扰动事件主要出现于 14~18 UT。这就意味着弱 TEC 扰动活动也主要发生在日落后到午夜期间。

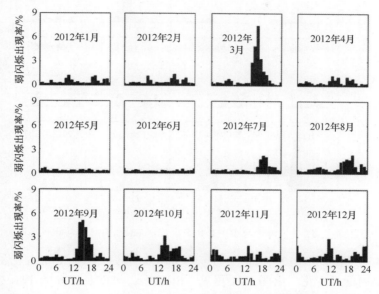

图 4-8 2012 年 1~12 月，月平均 S_4>0.1 的弱闪烁出现率随时间的变化

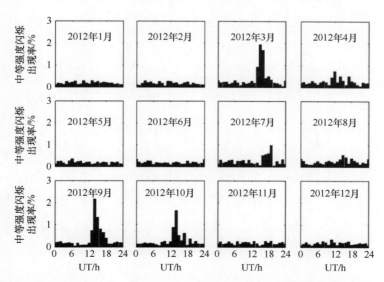

图 4-9 2012 年 1~12 月，月平均 S_4>0.3 的中等强度闪烁出现率随时间的变化

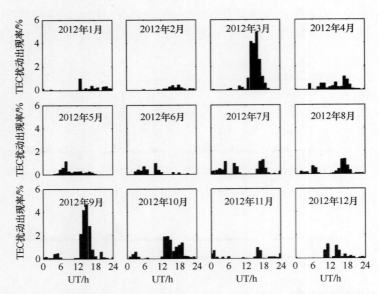

图 4-10 2012 年 1~12 月，月平均 ROTI>0.5 TECU/min 的 TEC 扰动出现率随时间的变化

图 4-11 给出了 2012 年 1~12 月，月平均 ROTI>1.5 TECU/min 的 TEC 扰动出现率随时间的变化。由图 4-11 可见，ROTI>1.5 TECU/min 的 TEC 扰动出现率也是在 3 月和 9 月比较高，最大值分别为 1.79% 和 2.22%；在其他月份比较

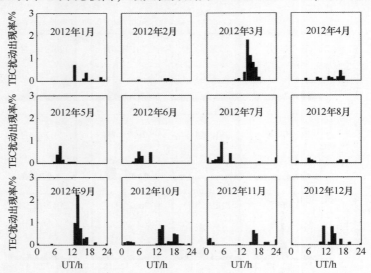

图 4-11 2012 年 1~12 月，月平均 ROTI>1.5 TECU/min 的 TEC 扰动出现率随时间的变化

小，特别是在 2 月和 8 月，出现率最大值分别为 0.11% 和 0.20%。ROTI>1.5 TECU/min 的 TEC 扰动主要出现于 14~16 UT。这就意味着中等以上的 TEC 扰动活动也主要发生在日落后到午夜前。

下面将 2~4 月作为春季，5~7 月作为夏季，8~10 月作为秋季，11 月、12 月和 1 月作为冬季，统计不同季节不同强度振幅闪烁和 TEC 扰动出现率随时间的变化，结果如图 4-12 所示。由图 4-12 可见，S_4>0.1（S_4>0.3）的闪烁出现率在春秋季比冬夏季高，特别是在春秋季的 14~17 UT（14~16 UT）最为显著。ROTI>0.5 TECU/min 和 ROTI>1.5 TECU/min 的 TEC 扰动出现率也是在春秋季比冬夏季显著，并且强扰动结束的时间也比弱扰动早 1h。

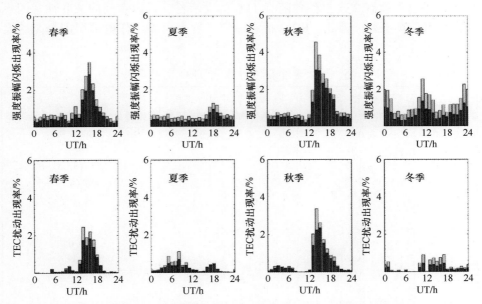

图 4-12　2012 年昆明站不同季节 S_4>0.1（黄色，上图）、S_4>0.3（红色，上图）、ROTI>0.5 TECU/min（黄色，下图）、ROTI>1.5 TECU/min（红色，下图）的 TEC 扰动出现率随时间的变化（见彩插）

4.2.4　扰动的关联分析

从上面的分析可以看出，引起 TEC 扰动的大尺度不规则体和引起 GNSS 信号振幅闪烁的小尺度不规则体经常同时出现，两者随地方时和季节的变化非常一致：出现率均在春秋季比冬夏季高，弱扰动在 3 月最多，强扰动在 9 月最多；电离层闪烁和 TEC 扰动主要出现于日落后到子夜期间，且强扰动比弱扰动结束早 1h。在电离层出现扰动时，S_4 和 ROTI 值均明显大于背景值且持续半小时至几小时不等，即 S_4 与 ROTI 随时间的变化均呈现出脉冲状的响应。

将 S_4 或 ROTI 明显大于背景值且持续时间达半小时及以上的一次观测称为电离层闪烁/TEC 扰动事件。对 2012 年昆明站电离层闪烁/TEC 扰动事件出现次数进行统计，结果如表 4-1 所列。由表 4-1 可见，2012 年昆明站共发生 39（17）次弱（强）电离层闪烁事件，对应有弱（强）TEC 扰动事件出现的有 28（11）次，占比为 71.79%（64.71%）。其中，在电离层扰动频发的 3 月、9 月和 10 月，两者占比分别达到 72.73%、88.89% 和 66.67%（83.33%、66.67% 和 66.67%）。统计分析表明，平均来说 2012 年昆明站每 3 次振幅闪烁事件发生时，就有 2 次事件伴随有 TEC 扰动事件，且两者间的关联性在闪烁频发的月份会更好。因此，ROTI 值在一定程度上可以用作电离层闪烁是否发生的指示剂。

表 4-1 S_4 闪烁事件及同时出现 TEC 扰动事件的统计

年/月	弱/强电离层闪烁事件出现次数	弱/强电离层闪烁事件和 TEC 扰动事件同时出现次数	两者比值/%
2012/01	0/0	0/0	0/—
2012/02	3/0	1/0	33.3/—
2012/03	11/6	8/5	72.73/83.33
2012/04	3/0	2/0	66.67/—
2012/05	1/0	0/0	0/—
2012/06	1/0	0/0	0/—
2012/07	1/1	1/0	100/0
2012/08	4/1	4/0	100/0
2012/09	9/6	8/4	88.89/66.67
2012/10	6/3	4/2	66.67/66.67
2012/11	0/0	0/0	—/—
2012/12	0/0	0/0	—/—
全年	39/17	28/11	71.79/64.71

本节的分析表明，在我国南方低纬地区，大尺度 TEC 扰动事件出现率具有明显的随时间变化特点，这些特点与共址的电波振幅闪烁出现率随时间的变化特点非常相似，这与以往的研究结果一致。徐继生对 2003 年至 2004 年多次闪烁事件的回归分析揭示，ROTI 与 S_4 指数正相关，两者相关系数高达 0.97[100]。尚社平发现 2003 年 7 月至 2005 年 6 月，海南站电离层闪烁活动与东南亚地区 TEC 起伏活动之间存在明显的相似性[101]。Basu 和熊波发现 ROTI 与 S_4 具有很好的一致性，可用来表征电离层闪烁的强弱[99,102]。

多重尺度电离层不规则体经常伴随出现也被观测所证实。Huang 发现 2010

年 12 月至 2014 年 4 月，电离层闪烁事件经常出现于我国赤道异常的北驼峰区域，期间观测到 512 次 TEC 耗尽和 460 次卫星失锁事件；TEC 耗尽与卫星失锁事件在太阳活动高年更容易出现，同时也常伴随有强闪烁事件[103]。黄林峰发现在闪烁事件多发的春秋季，TEC 耗尽和卫星信号失锁事件也伴随多发。在弱闪烁事件期间，伴随发生的 TEC 耗尽和卫星失锁事件比例都相对较低；在强闪烁事件期间，闪烁事件和 TEC 耗尽、卫星失锁事件具有良好的对应关系。无论在太阳活动高还是低月份，绝大部分强闪烁事件期间会伴随有对应 TEC 耗尽和卫星失锁的发生[104]。2010 年 10 月一次中等强度磁暴期间，胡连欢利用测高仪、GPS TEC/闪烁监测仪和 VHF 雷达均在子夜前观测到低纬地区电离层不规则体，表明不同尺度的电离层不规则体同时发生[105]。磁暴期间不同尺度电离层不规则体同时出现且形态特征比较相近，可能是由于不同尺度电离层不规则体的漂移速度在大小、变化趋势及时间范围上基本一致[106]。

此外，在密度耗尽区相邻区域伴随出现的电子密度增强、TEC 梯度等也与电离层闪烁密切相关。黄文耿分析赤道异常区 GPS 观测数据时发现，在日落后到子夜前后电离层垂直 TEC 出现大的涨落，电离层不规则体导致了 L 波段信号强的闪烁，同时还伴随有大而快速变化的 TEC 水平梯度[107]。他们认为在 S_4 指数缺乏时，TEC 梯度也可以作为一个重要的闪烁研究可选参数。Yang 发现 2013 年 11 月磁暴事件触发了赤道（Vanimo）台站上空的电子密度深度耗尽，在台站相邻的南部和北部区域观测到电子密度的增强。他们提出与 IMF Bz 南向翻转有关的东向快速穿透电场通过 $E×B$ 漂移将电离层等离子体抬升到较高的高度，然后等离子体沿磁力线运动到较低的纬度，引起 Vanimo 台站观测到闪烁和电子密度的南北向梯度[108]。

需要指出的是，尽管不同尺度的电离层不规则体经常同时出现，但是就具体事件来说也会存在差异。王国军研究结果发现，夜间 L 波段闪烁、VHF 波段闪烁和测高仪扩展 F 对应电离层中不同尺度的电子密度不规则体，这些不规则体通常可以共存在一起，但其持续和衰减的时间存在一定的差异[109]。胡连欢发现磁暴期间不同尺度的电离层不规则体在午夜前会伴随发生，但在午夜后，测高仪和 VHF 雷达观测到距离扩展 F 和 3 m 尺度回波，但没有明显的 TEC 扰动和电离层闪烁[105]。Zhang 分析 2011 年 12 月至 2012 年 11 月三亚站 GPS 闪烁与扩展 F 间的关联，发现在分季子夜前两者有很好的关联；但是在 6 月日落后到日出时段经常可以见到中等强度的扩展 F，但是没有 GPS 闪烁出现[110]。Li 指出，受太阳活动低年背景电离层和午夜后不规则体发生高度与强度等影响，GPS TEC 并不适合于研究太阳活动低年午夜后的电离层不规则结构[111]。

4.3 天地基 GNSS 测量电离层闪烁特征对比分析

近年来，天基 GNSS 掩星观测开始用于全球电离层闪烁研究。GNSS 掩星观测的突出优势有全球覆盖、垂直分辨率高、接收信号不受来自地面接收机周围环境的多径干扰等。它借助于搭载在卫星上的监测仪，临边接收 GNSS 卫星发射的信号。一次掩星观测期间，LEO 卫星可以看到 GNSS 卫星升起或降落的过程。由于大气折射指数的变化，GNSS 信号传播路径会发生弯曲。因此，GNSS 折射率剖面包含大气层和电离层的参数信息（如温度、压力、水蒸气和电子密度）。这些参数在反演计算过程中通常需要遮掩点附近球对称分布的假定。与这些观测值不同，闪烁指数能够直接测量获得[31]。

有学者开始利用 COSMIC 掩星观测的振幅闪烁指数 S_4 或 GPS L1 和 L2 频点信号的幅度和相位数据来研究全球 L 波段电离层闪烁、赤道 F 区不规则体和 Es 的气候学特征[28,31-33]。Brahmanandam 给出太阳活动低年（2008 年）期间，由 L1 通道信号的信噪比数据计算得到的 S_4 中值三维全球形态特征和它的季节变化[31]。Dymond 分析太阳活动极小年（2007 年）L 波段闪烁的月平均气候特征，发现与早期的地基观测非常一致[32]。Carter 分析了 EFI 出现率的季节/经度变化特征，揭示了太阳和地磁活动对 EFI 出现率时空变化的影响[33]。Yue 发现 EFI 出现率与电波信号的周跳、E_s 现象有很好的相关关系[28]。

也有学者用 COSMIC 掩星数据分析 E_s 的形成机制。Arras 给出由 CHAMP、GRACE-A 和 COSMIC 数据得到的全球 E_s 出现率变化，发现它有明显的季节变化，极大值出现于夏季的中纬地区。Arras 证实北半球中纬地区 E_s 出现率变化受到纬向风剪切的影响[34]。当中纬半日潮汐引起的纬向风剪切为负值时，E_s 出现率达到极大。Fytterer 利用 2006 年 12 月至 2010 年 11 月的 COSMIC 掩星数据，计算得到 E_s 出现率的每日 3 次潮汐震荡，发现它与 Collm 观测到的垂直风剪切 8h 震荡有很好的对应关系[35]。Chu 分析 2006 年 7 月至 2011 年 5 月 COSMIC 掩星数据，得到 E_s 的形态特性，发现 E_s 受到磁力线的影响，经常出现于夏季半球 10°~70°区域。模拟结果表明，E_s 出现率夏季极大（冬季极小）可能是受到中性风剪切引起的 Fe^+ 浓度汇聚的影响。E_s 随高度和时间的变化在中纬地区和低纬地区主要受半日潮汐和周日潮汐的影响[36]。

这些研究结果表明，COSMIC 掩星技术能够很好地遥感获得全球尺度的电离层闪烁、E_s、EFI 等不规则体特征。但是，掩星数据是否能够反映区域尺度的电离层闪烁特征还缺少研究。本章将联合利用长期的 GNSS 掩星和地基闪烁监测仪数据开展电离层闪烁的形态研究，包括其周日变化、季节变化以及随太阳和地磁活动的变化。

4.3.1 观测数据

1. COSMIC 掩星观测数据

COSMIC 是美国和中国台湾合作的卫星计划，它的一个很重要的科学目标就是开展地球大气层和电离层的常规观测。COSMIC 由 6 颗小卫星组成，于 2006 年 4 月 15 日发射升空。每颗卫星搭载有 3 套探测设备：GPS 掩星实验设备（GPS Occultation Experiment，GOX）、小型电离层光度计（Tiny Ionospheric Photometer，TIP）和三频信标机（Tri-Band Beacon，TBB），数据被广泛应用于气象预报、气候与全球变化研究以及空间天气监测和电离层研究。本节所用数据来自 GOX 设备，从 COSMIC 数据获取和分析中心（COSMIC Data Acquisition and Analysis Center，CDAAC）网站获取。观测文件记录了 S_4 指数的最大值，观测卫星的纬度、经度、高度、世界时和地方时，以及掩星遮掩点的纬度、经度、高度和地方时。图 4-13 给出了 2006 年至 2014 年，每年掩星观测数据点数随地方时的变化，LT 为地方时（Local Time）。

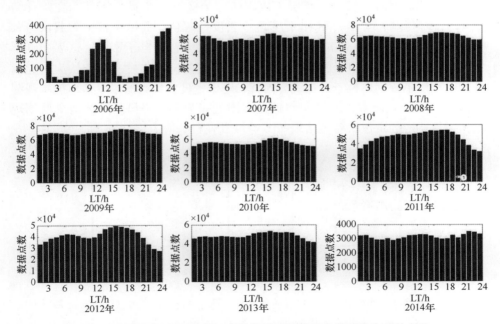

图 4-13　2006 年至 2014 年，每年掩星观测数据点数随地方时的变化

由图 4-13 可见，从 2007 年年初卫星完成部署开始，COSMIC 观测数据在

地方时覆盖上比较均匀。因此，本节选用 2007 年 1 月 1 日～2013 年 12 月 31 日掩星观测 S_4 指数的最大值（$S_{4\max}$）和相关的位置信息。

Ko 指出，COSMIC 星载 GPS 接收机并不直接测量 S_4 指数，它只记录由 L1 频点 50Hz 载噪比（CN0）数据得到的每秒钟信号强度波动的均方根值[112]。S_4 指数是 CDAAC 在数据传至地面后经后处理计算获得的，在计算过程中假定信号强度波动服从高斯分布。因此，CDAAC 提供的 S_4 指数并不是真实的观测值，后处理计算过程将会导致一些不可靠的 $S_{4\max}$。例如，在总共 9266536 个观测值中，大于 1.0、1.5 和 10 的 $S_{4\max}$ 数据点（百分比）分别达到 576912（6.23%）、126057（1.36%）和 4585（0.05%）。本节去除了 $S_{4\max}>1.0$ 的观测值。需要指出的是，本节用 $S_{4\max}$ 而不是整个电子密度剖面的 S_4 值，将导致计算得到的闪烁出现率偏高[28]。

观测到的闪烁现象实际是沿 GPS-LEO 卫星信号传播路径的积分效应，即

$$S_4 \propto L\sec\theta \delta N \tag{4-4}$$

式中：$L\sec\theta$ 为信号传播路径；δN 为电子密度的起伏。

因此，很难确定每次引起闪烁的电离层不规则体出现的精确位置。在分析大量的观测数据时，假定电离层不规则体位于遮掩点位置并不会改变统计结果[28]。根据文献［113］，S_4 正比于电子密度的起伏，而电子密度的起伏与背景电子密度同一量级。Whalen 发现 S_4 线性正比于背景电子密度，这表明电子密度的起伏也与背景电子密度成正比[114]。从这些论据出发，我们认为引起闪烁的电离层不规则体位于沿视线方向背景电子密度值最大的区域，即掩星观测的遮掩点。Dymond 仿真计算了将遮掩点附近作为引起掩星闪烁的电离层不规则体位置造成的定位误差，结果如图 4-14 所示[32]。

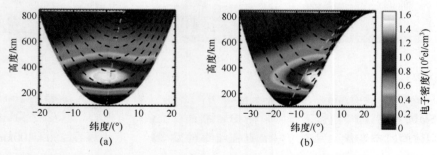

图 4-14 将遮掩点作为引起掩星闪烁的电离层不规则体位置造成的定位误差（见彩插）

由图 4-14 可见，将遮掩点作为引起掩星闪烁的电离层不规则体位置是合理的，只要遮掩点的高度与 F 区峰值高度相差不大即可[32,114-115]。Carter 发现

太阳活动极小年（2008 年）期间，掩星观测事件按遮掩点高度可大致分为 3 组：①150km 以下，强闪烁；②150~400km，$S_{4\max} \geq 0.3$；③所有高度上的弱闪烁[33]。第 1 组包含 E 区高度上 E_s 的贡献；第 2 组对应于 F 层底部，大部分的掩星闪烁出现于 19~01 LT，表明它可能与瑞利-泰勒不稳定性过程有关。

对于掩星观测来说，E 层不规则体对电离层闪烁现象有不可忽视的贡献。图 4-15 和图 4-16 分别给出了 2008 年不同月份，E 区和 F 区高度电离层闪烁随时间和纬度的变化其中 MLT 为磁地方时（Magnetic Local Time）。由图可见，E 区电离层闪烁主要出现在中纬地区夏季半球的白天，F 区闪烁主要出现在低纬地区春秋分季和冬季的夜间，两者存在明显差异。

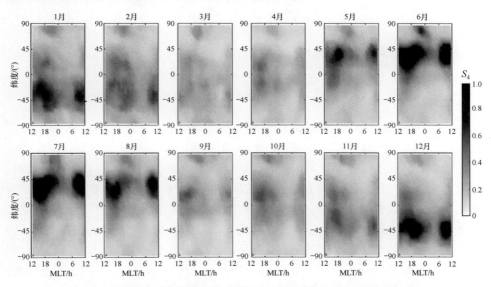

图 4-15　2008 年不同月份，E 区高度电离层闪烁随时间和纬度的变化

由于地基观测到的电离层闪烁主要由 R-T 不稳定性引起，因此，本章将忽略遮掩点高度低于 150km 的数据，以消除 E 区及其以下高度电离层不规则体的影响。在 400km 高度以上，电离层闪烁很少出现。王栖溪利用 2007 年 COSMIC 掩星 TEC 数据进行平滑滤波得到 TEC 扰动值 ΔTEC，用其研究 F 区不规则体的时空变化，发现较强 F 区掩星事件发生的高度主要在 250~400km 范围内[116]。由于电离层高度随太阳活动的增强而增加，2007 年至 2013 年平均的太阳活动水平较高，本章将遮掩点的高度上限取为 500km。

2. 地基闪烁监测仪数据

地基 ISM 由中国电波传播研究所研发。中国电波传播研究所在海口、广

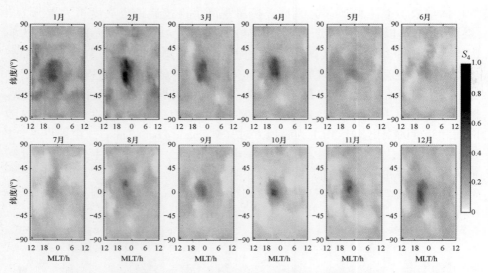

图 4-16 2008 年不同月份，F 区高度电离层闪烁随时间和纬度的变化

州、昆明、北京、苏州等地设有观测站，进行闪烁常规观测。其中，海口（20.0°N，110.3°E）、广州（23.1°N，113.4°E）和昆明（25.5°N，103.8°E）的纬度最低，位于磁赤道异常区附近，闪烁的出现频次和强度比其他台站要高。乍看起来，参与比较的 ISM 站越多，结果的可信度越高。实际上，参与对比分析的掩星观测数据需要覆盖一个较大的空间范围才能保证统计分析的数据量足够充分。海口、广州和昆明站位置非常接近（纬度跨度 5.5°，经度跨度 9.6°），因此与这 3 个地基 ISM 站对应的掩星数据覆盖的空间范围必然有很大一部分是互相重合的，数据分析结果也将是相同的。因此，这里选用海口站的 S_4 观测数据。海口站闪烁监测仪架设于 2003 年 7 月 15 日，此后有连续的观测数据。

2007 年至 2013 年，海口站闪烁数据持续时间比较长的缺失有 6 次，包括 2008 年 4 次（5 月 16 日至 6 月 2 日、8 月 1 日至 9 月 11 日、11 月 1 日至 12 日、12 月 1 日至 17 日）、2009 年 1 次（10 月 1 日至 8 日）和 2013 年 1 次（2 月 1 日至 22 日）。另外，有两段时间数据受干扰影响比较严重：一段是 2009 年 1 月初至 2011 年 5 月中旬，另一段是 2013 年 6 月中旬至 12 月底。受到干扰期间，所有卫星 S_4 观测值突然迅速增加，且出现和持续时间不定。

图 4-17 给出一例由未知干扰引起的 S_4 偏大的观测结果。图 4-17（a）为 2013 年 8 月 2 日白天，视在卫星（PRN=1、7、8、9、11 和 28）L1 频点的信号强度（SNR）观测结果。由图 4-17（a）可见，在 14~18 LT 期间，信号强度呈现非常快速的剧烈变化，峰-峰值起伏超过 10dB。图 4-17（b）给出了卫

星的观测仰角和 S_4 值。由图 4-17（b）可见，所有卫星的 S_4 值呈现出与仰角无关的非常相似的变化时序。例如，所有卫星在 14:09、14:38、15:15、15:39、15:58、16:09、16:17 和 17:02 突然增加（向上的箭头），在 14:22、14:43、15:05、15:35、15:51、16:35、16:55 和 17:04 突然下降（向下的箭头）。

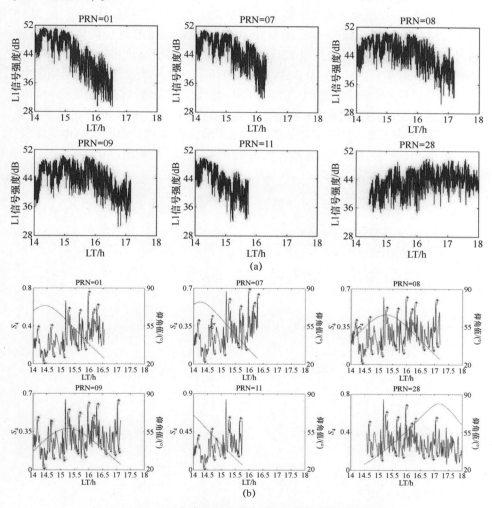

图 4-17　一例由未知干扰引起的 S_4 值偏大的观测结果

（a）2013 年 8 月 2 日白天，视在卫星 L1 频点的信号强度（SNR）观测结果；
（b）卫星的观测仰角和 S_4 值。

作为对比，图 4-18 给出了一例由电离层闪烁引起 S_4 值增加的观测结果。图 4-18（a）、图 4-18（b）分别为 2007 年 3 月 1 日夜间，可见卫星（PRN 为 18、22 和 30）的 L1 频点 SNR 以及 S_4 值和观测仰角随时间的变化。可见，不同卫星观测到的 SNR 和 S_4 曲线呈现出不同的变化趋势。其中，PRN = 18 和 PRN = 22 卫星观测到了电离层闪烁。对于 PRN = 18，卫星仰角在 21：00 为 67.2°，此后一直减小，在 22：45 时降低至 25.1°，此后卫星不可见。在 21：57 之前，SNR 曲线变化缓慢，S_4 值低于 0.06。然后，强电离层闪烁事件发生，信号强度呈快速剧烈起伏，在 22：09 信号强度峰-峰值起伏超过 10dB，S_4 指数达到 0.64。对于 PRN = 22，21～23 LT 期间卫星仰角始终大于 25°，信号幅度变化经历了 3 个不同的阶段。22：35 之前，SNR 曲线变化缓慢，信号强度峰-峰值起伏不超过 1.5dB，S_4 值低于 0.06。22：35～22：53 期间，SNR 呈快速显著变化，信号强度峰-峰值在 22：47 达到 5dB，S_4 达到最大值 0.17。此后，SNR 呈缓慢变化。对于 PRN = 30，整个观测期间 SNR 变化平缓，S_4 值不超过 0.06。

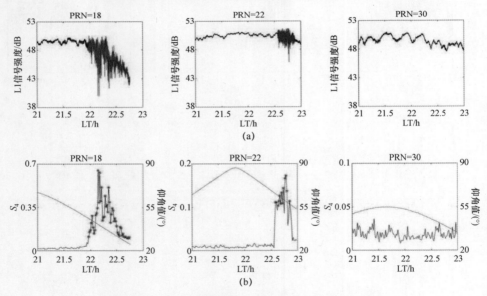

图 4-18　一例由电离层闪烁引起 S_4 值增加的观测结果
（a）2007 年 3 月 1 日夜间，视在卫星的 L1 频点 SNR 随时间的变化；
（b）2007 年 3 月 1 日夜间，视在卫星的 L1 频点的 S_4 值和观测仰角随时间的变化。

我们对受干扰影响严重的这两段时间的海口站 ISM 数据进行了检查，手动剔除了质量较差的数据。为消除地面低仰角观测时的多径和其他环境影响，舍弃了仰角小于 25°的观测数据。

3. 闪烁观测数据的处理

在分析地基 ISM 数据时，我们发现在电离层平静时，S_4 值通常很小，不会超过 0.1；当电离层闪烁出现时，S_4 迅速增加并超过 0.1，一次闪烁事件期间 S_4 最大值达到 0.15 以上。因此，我们将地基 ISM 的 S_4 闪烁阈值取为 0.1。

在利用 COSMIC 掩星全球观测数据分析海口站闪烁特征时，需要限定遮掩点的经纬度范围并定义闪烁事件是否发生的阈值。参考 Fytterer 和 Arras 在利用全球掩星观测数据与单站地基雷达（Collm, Germany）测量对比时的做法，将遮掩点经纬度范围限定为 70°E~160°E、10°N~30°N[34-35]。该经度范围对应于亚洲扇区，跨越 6 个时区。考虑到掩星观测的几何学，电离层穿透点的实际经纬度范围可能会更大。选择这样大的空间范围可能会对统计结果产生一些影响，后面将会讨论。

在比较两种观测手段的电离层闪烁特征时，COSMIC 掩星的闪烁阈值需要比地基 ISM 大。这是因为前者选用的是掩星事件期间闪烁指数的最大值，而后者选用的是所有可见卫星的 S_4 值。由于掩星观测低于 S_{4max} 的数据都被忽略，因此若选用相同的阈值，掩星观测的闪烁出现率必然会偏大。这里选 S_{4max} 阈值为 0.3。图 4-19 给出了 S_{4max} 阈值取 0.1、0.3、0.5 和 0.7 时，超过阈值的掩星观测数据点数。由图 4-19 可见，当 S_{4max} 阈值不小于 0.3 时，F 区闪烁出现率在约 250km 达到峰值。当高度大于或小于 250km 时，F 区闪烁出现率会明显低于这一峰值。随着阈值的增加，闪烁出现数目迅速降低。因此，挑取 S_{4max} 阈值为 0.3 可以代表绝大多数的电离层 F 区闪烁事件。

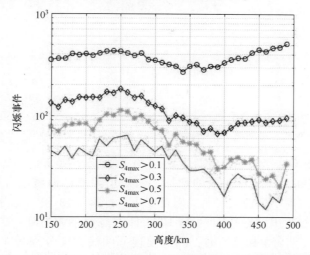

图 4-19　10°N~30°N、70°E~160°E 区域，掩星观测 S_{4max} 超过不同阈值的数据点数

4.3.2 观测结果

这里用闪烁出现率来研究海口站电离层 F 区不规则体的形态特征。2007年至2013年，两种手段所有可用数据均用来计算得到闪烁出现率。下面详细分析它的变化特征，包括平均的周日变化，以及对季节、太阳活动和地磁活动的依赖关系。闪烁出现率的时间间隔取为1h。

1. 周日变化

图 4-20 给出了 2007 年至 2013 年，遮掩点在 10°N～30°N、70°E～160°E、150～500km 高度范围内所有掩星数据得到的闪烁出现率周日变化。为便于比较，由海口站所有可用 ISM 数据得到的结果在图 4-20 中也一并给出。图 4-20 中，圆圈（菱形）代表由 COSMIC 掩星（地基 ISM）S_4 值超过 0.1、0.3、0.5 和 0.7（0.05、0.1、0.2 和 0.3）的百分比。

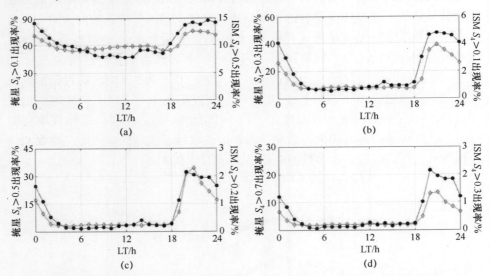

图 4-20 2007 年至 2013 年，遮掩点在 10°N～30°N、70°E～160°E、150～500km 高度范围的掩星和海口站 ISM 的数据得到的闪烁出现率的周日变化

由图 4-20 可见，无论阈值取为 0.1、0.3、0.5 还是 0.7，掩星闪烁出现率都是白天小夜间大。随着阈值的增加，闪烁出现率迅速减小。当阈值不小于 0.3 时，闪烁出现率呈现出明显的周日变化：日落（18 LT）后迅速单调增加，经 2~3h 达到极大值；此后直到 04 LT（日出前）单调下降；白天幅值较低。当阈值取为 0.3、0.4 和 0.5 时，闪烁出现率的极大值分别为 47.8%、32.3% 和 21.6%。地基 ISM 闪烁出现率也呈现出非常相似的周日变化。因此，S_{4max}

阈值取为 0.3 和 S_4 阈值取为 0.1，可以代表绝大多数的闪烁观测事件。但是，两种观测手段结果也略有不同：地基闪烁出现率在 21~24 LT 下降得比掩星结果更快；同时，闪烁出现率的极大值和极小值更小。

为分析 COSMIC 掩星闪烁出现率在白天出现次极大值的原因，将遮掩点经度范围缩小为 100°E ~ 120°E，S_{4max} 大于 0.3、0.4 和 0.5 的结果在图 4-21 给出。由图 4-21 可见，掩星闪烁出现率的白天次极大值消失了。考虑到图 4-21 中遮掩点的经度范围较宽，跨越 6h，因此，有可能白天的观测数据中混入了夜间的观测值，这将导致下午的闪烁出现率较高。因此，观测的白天掩星闪烁现象可能是受到夜间观测数据"污染"所致。类似地，21~24 LT 期间闪烁出现率下降缓慢也可能部分由于夜间数据中混入了白天的观测值。

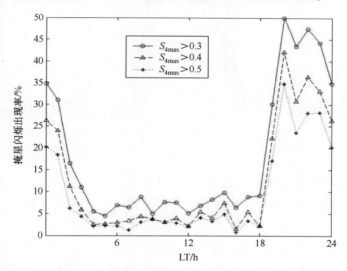

图 4-21　2007 年至 2013 年，遮掩点在 10°N ~ 30°N、100°E ~ 120°E、150~500km 高度范围的掩星观测闪烁出现率的周日变化

2. 季节变化

图 4-22 给出了不同季节闪烁出现率的周日变化。为便于比较，在图 4-22 和后面的分析结果中，两种观测手段的统计结果一并给出。这里将所有数据按时间分为 4 个季节：春季（2~4 月）、夏季（5~7 月）、秋季（8~10 月）和冬季（11 月、12 月和 1 月）。

总体来说，闪烁出现率在春秋季大，夏冬季小，且这种季节差异在地基 ISM 观测中更为明显。无论什么季节，掩星闪烁出现率都是夜间大，白天小。春季和秋季，闪烁出现率的极大值接近 59.4% 和 58.3%，分别出现于 22 LT 和

23 LT；冬季和夏季，闪烁出现率的极大值接近 34.2% 和 45.1%，分别出现于 21 LT 和 00 LT。在春季和秋季，地基 ISM 闪烁出现率的极大值为 7.3% 和 6.0%，都出现于 21 LT。同时，闪烁出现率的春秋分不对称性更加明显：除日出前后，春季的闪烁出现率全天都高于秋季。在夏季和冬季，闪烁出现率在日出前和日落时达到极小值；极大值为 1.43% 和 1.29%，出现于 00 LT 和 22 LT。

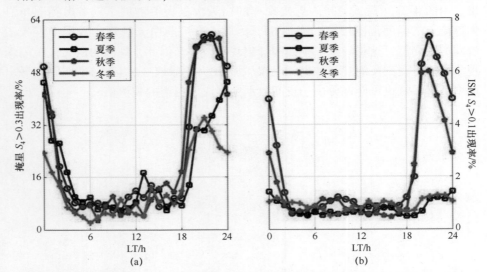

图 4-22　2007 年至 2013 年，遮掩点在 10°N～30°N、70°E～160°E、150～500km 高度范围的掩星和海口站 ISM 数据得到的不同季节闪烁出现率的周日变化
(a) COSMIC 掩星；(b) 地基 ISM。

图 4-23 给出了选用较窄的遮掩点经度范围（100°E～120°E）计算得到的不同季节闪烁出现率的周日变化，与图 4-22 非常相似。但是，当经度范围较窄时，不同季节闪烁出现率的周日变化也呈现出一些与图 4-22 不同的特征，如白天的出现率次极大值消失、子夜前闪烁出现率减小的更快等。此外，曲线中还出现了一些"零值"，这是由于该时间段内没有观测值所致。因此，在本章的初步研究中，将经度范围取为 70°E～160°E 是合理的。由于低纬地区电离层闪烁主要出现于夜间，因此，在下面研究闪烁对太阳活动和地磁活动的依赖关系时，将重点关注夜间（18～06 LT）的现象。

3. 随太阳活动的变化

图 4-24 给出了 2007～2013 年，$F_{10.7}$ 指数的月均值随时间的变化序列。将 1 年（12 个月）的 $F_{10.7}$ 指数进行平均，得到 2007 年至 2013 年的平均值分别为 73.1、69.0、70.5、80.0、113.2、120.0 和 122.5。由此可见，太阳

活动水平在 2007 年至 2009 年较低，2010 年至 2011 年逐渐增加，2012 年至 2013 年较高。

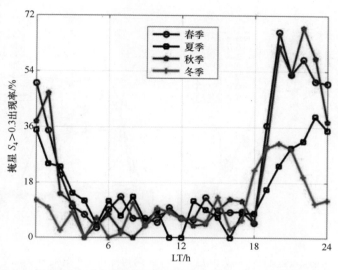

图 4-23　2007 年至 2013 年，遮掩点在 $10°N \sim 30°N$、$100°E \sim 120°E$、$150 \sim 500km$ 高度范围的掩星观测数据得到的不同季节闪烁出现率的周日变化

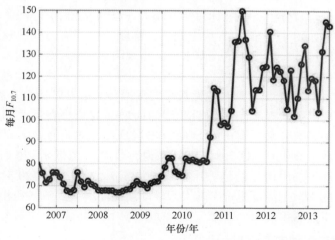

图 4-24　2007 年至 2013 年，$F_{10.7}$ 指数的月均值随时间的变化序列

图 4-25 给出了 2007 年至 2013 年，年平均闪烁出现率的周日变化。由图 4-25 可见，夜间 COSMIC 掩星闪烁出现率在 2011 年至 2013 年最大，2007 年和 2010 年次之，2008 年和 2009 年最低，因此电离层闪烁活动随太阳活动的

增强而增强；夜间地基 ISM 的闪烁出现率在 2011 年至 2013 年最高，2010 年次之，2007 年至 2009 年最低。

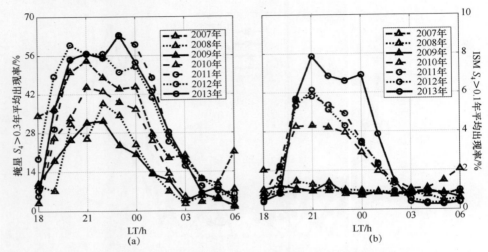

图 4-25　2007 年至 2013 年，年平均闪烁出现率的周日变化
(a) COSMIC 掩星；(b) 地基 ISM。

为进一步分析闪烁出现率随太阳活动的变化趋势对季节的依赖关系，下面将观测数据按季节分组，再统计每个季节月平均的闪烁出现率随 $F_{10.7}$ 月均值的变化，结果如图 4-26 所示。从上到下，圆圈依次为春、夏、秋、冬季的观测结果。由此可见，对于掩星观测来说，当太阳活动水平较低时，闪烁出现率变化较大；当 $F_{10.7}$ 指数达到并超过 80 时，闪烁出现率随太阳活动的增强而增强。图 4-26 中实线给出了两者线性最小二乘拟合的结果以及相关系数。

我们发现闪烁出现率随太阳活动增加而增强的趋势在秋季和春季最为显著，两者相关系数分别达到 0.738 和 0.677；这种增加的趋势在冬季最不显著，两者相关系数为 0.436。对于地基 ISM 来说，当 $F_{10.7}$ 值低于 120 时，闪烁出现率随太阳活动增加而增强的趋势比较明显；当 $F_{10.7}$ 值高于 120 时，闪烁出现率呈现较大的弥散。闪烁出现率随太阳活动增加而增强的斜率和相关系数都是在春秋季高于夏冬季。

4. 随地磁活动的变化

为考察电离层闪烁对地磁活动的依赖关系，我们依照世界数据中心（World Data Center）（日本）提供的 Kp 指数，从每个月的数据中挑选出地磁活动最平静的 10 天和最扰动的 5 天，分别代表地磁平静和扰动的情况，然后统计不同季节两种地磁活动情况下闪烁出现率的周日变化，结果如图 4-27 所示。图 4-27 中,从上到下依次为春、夏、秋、冬季的统计结果,其中圆点和圆圈分别代表地磁平静和扰动的情况。

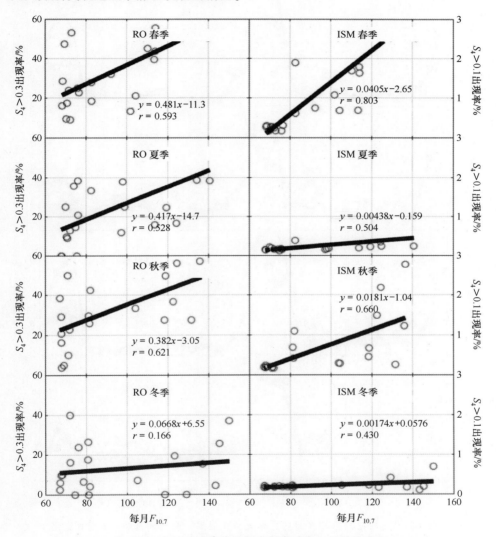

图 4-26 夜间不同季节闪烁出现率随太阳活动的变化

由图 4-27 可见,两种观测手段的观测结果都表明地磁活动对电离层闪烁有明显的控制作用:在春季和秋季,当地磁活动较强时,闪烁出现率会明显降低,尤其是日落后到子夜前;在夏季和冬季,闪烁出现率没有出现一致的变化趋势。

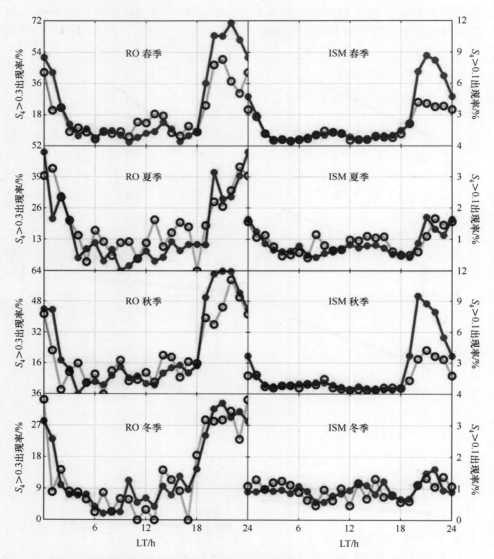

图 4-27 地磁活动平静（圆点）和扰动（圆圈）时闪烁出现率的周日变化

4.3.3 讨论

本节用 COSMIC 掩星和地基 ISM 两种手段的 S_4 数据对比分析了海口站电离层不规则体的出现特征。取遮掩点落在 10°N～30°N、70°E～160°E、150～500km 高度范围内的掩星观测作为海口站的数据。Dymond 指出，选用遮掩点作为引起闪烁的电离层不规则体位置造成的定位误差可达到10°（约为1000km）[32]。这里，选用闪烁出现率来研究不规则体的形态特征。掩星和地基ISM的闪烁阈值分别取为0.3和0.1。我们发现一些有趣的结果，具体如下。

1. 周日和季节变化

电离层闪烁的平均周日变化与文献［117-120］的结果一致，但是闪烁出现率极大值时间稍有差异。侍颢利用1999年至2005年中国地震局地壳形变监测网4个中低纬台站的GPS原始观测数据分析了电离层闪烁引起的载波周跳出现率的变化，发现周跳主要出现于19~02 LT，在22 LT左右达到极大[117]。周彩霞发现2004年昆明和海口GPS信号闪烁主要出现于20~03 LT，午夜附近发生最为频繁[118]。该作者还统计分析了我国昆明和海口站GPS卫星信号和西安站UHF卫星信号的电离层闪烁特性，发现西安站闪烁事件发生时间比昆明站推迟约1h，比海口站推迟约2h。尚社平发现2003年7月至2005年6月期间，海南地区L波段信号闪烁主要发生在日落后到午夜附近[119]。与这些结果相比，2007年至2013年海口站平均的闪烁出现率极大值时间提前几十分钟至1~2h，我们认为这可能与两个因素有关[120]。

首先，与引起闪烁的电离层不规则体的漂移运动和台站的相对位置有关。除当地产生之外，电离层不规则体一般在磁赤道区形成，然后在电磁场力的作用下，在沿磁力线向上抬升的同时，也会沿着磁力线朝南北方向扩散。因此，靠近磁赤道地区的台站会较早观测到电离层闪烁。此外，电离层不规则体还会东西向漂移运动，漂移速度通常在子夜前东向，子夜后西向[106]。海口站的纬度最低且位置相对靠西，因此，电离层闪烁出现的时间也早于广州站（23.2°N，113.3°E）、厦门站（24.5°N，118.1°E)[117]和昆明站（25.3°N，102.6°E)[118]。

其次，电离层闪烁出现时间随太阳活动变化。罗伟华发现瑞利-泰勒不稳定性线性增长率能在一定程度上反映赤道/低纬电离层不规则体和闪烁出现率的理论形态特征[121]。他们同时发现在太阳活动低年和高年，R-T线性增长率极大值出现的时间存在差异。在太阳活动低年，午夜后的线性增长率都为负值或接近于0，这意味着不规则体更易于午夜前出现，在午夜后较难生成和发展。在太阳活动高年午夜后，线性增长率的值可能为正，这意味着不规则体和闪烁可能在午夜后生成和发展。胡连欢发现在海南地区2005年春季和2004年秋季，最大闪烁出现率分别出现于21 LT和20 LT[122]。本章统计所用数据来自2007年至2013年，期间太阳活动水平较低，因此电离层闪烁出现的时间相对较早。

两种观测手段表明中国中低纬地区电离层闪烁出现率呈现明显的季节变

化：闪烁主要发生于春秋季节，在3~4月和9~10月尤为突出，这与以往的观测结果一致[102,117-120]。这是因为在我国扇区，春秋分附近晨昏线平行于磁力线，沿高度积分Pedersen电导率的经度梯度最大，东向电场和垂直漂移增加，R-T不稳定性增长率增大，有利于电离层不规则体的产生和发展。

地基观测电离层闪烁的春秋不对称非常明显，除日出前后，春季的闪烁出现率全天都高于秋季。1999年至2002年，DMSP卫星观测到不规则体（等离子体泡）随地理经度和季节的变化表明，在70°E~160°E区域，电离层闪烁的春秋分不对称性比较显著[123]。罗伟华发现在120°E经度区，R-T增长率呈现出显著的两分点不对称性，且这种不对称性随太阳活动变化：在太阳活动低年，不对称性较弱；在太阳活动高年，不对称性更加显著[121]。Brahmanandam发现2008年COSMIC掩星闪烁出现率在春季高于秋季，并且出现时间较早[31]。研究表明，闪烁春秋分不对称可能与积分电导率的春秋分不对称、跨赤道经向风以及背景电子密度的南北半球不对称性有关[97]。李国主认为，我国中低纬地区电离层闪烁春秋分不对称的主要原因是日落前后背景电离层电子密度和电离层高度日落增强的春秋分不对称性[120]。这里，我们认为，闪烁出现率的春秋分不对称性可能与东向漂移速度、热层经向风及等离子体密度的不对称性有关。

研究结果发现，不同季节，闪烁出现率极大值时间也不同。两种手段电离层闪烁出现率极大值时间的春、秋季节差异较小：掩星观测时间分别为22 LT和23 LT，地基观测时间都为21LT。胡连欢发现海南站2005年春季（2004年秋季）闪烁出现率在21 LT（20 LT）达到极大[122]。我们发现地基观测闪烁出现率极大值时间在夏季最晚（00 LT），春、秋季最早。这与太阳活动下降期间海南地区L波段闪烁极大值时间的季节变化一致[119]。这表明闪烁极大值时间与当地日落时间有关。掩星闪烁出现率极大值时间在冬季最早（21 LT），夏季最迟（00 LT）。两种观测手段的闪烁出现率极大值时间差异不超过2h。考虑到本章所选的遮掩点经度范围跨越6个时区，当考虑掩星观测的几何学时经度覆盖的时间范围更广，因此，这一时间差异是可以接受的。

2. 太阳活动和地磁活动的影响

两种手段观测的闪烁出现率均随太阳活动的增强而增强，且这种增加的趋势在春秋季比夏冬季显著。罗伟华发现在不同经度区，R-T不稳定性线性增长率的极大值均随太阳活动变化显著：随着太阳活动的增强，增长率逐渐增大；随着太阳活动的减弱，增长率逐渐减小；增长率在太阳活动峰年达到极大值，在太阳活动极小年达到极小值[121]。对比DMSP卫星在整个太阳活动周（1989年至2002年）和太阳活动极大年（1999年至2002年）观测的等离子体泡出现率随地理经度的变化，Gentile 发现电离层不规则体（电离层闪烁）的出现率随太阳活动的增强而增加[123]。Carter 发现在大部分经度扇区和季节，赤道不规则体的出现率随太阳活动的增强而增加[33]。这是由于 S_4 线性正比于背景电子密度，而背景电子密度随太阳活动的增强而增加[114]。

两种观测手段的夜间闪烁出现率随地磁活动的变化趋势一致：在春、秋季地磁扰动时，闪烁出现率会明显降低，尤其是子夜前；在夏、冬季，并没有出现一致的增强或减弱趋势。这表明，总体来说，在春、秋季的夜间，地磁活动对闪烁起到抑制作用；在夏冬季，地磁活动对电离层闪烁既有可能触发，也有可能抑制，作用机制可能更加复杂。

地磁活动对中国地区电离层闪烁的影响作用早有研究。侍颢发现在多数情况下，地磁活动表现为抑制作用[117]。闪烁主要发生于磁静日的春、秋分附近，也可能发生于夏冬季的磁扰/暴期间[16,119]。徐继生发现 2004 年 11 月强磁暴主相期间，武汉地区 L 波段振幅闪烁的活动性及强度显著增强，S_4 最大值接近 1.0[100]。王国军研究海南地区电离层各种类型扩展 F 在不同季节里对全年 9 个强磁暴的响应特征时发现：①在冬、夏季，磁暴对各种类型扩展 F 均有触发作用，但依赖于磁暴的相位和地方时；②在春、秋季，磁暴的触发对当天的扩展 F 有抑制作用[16]。Brahmanandam 发现磁静时 F 区 S_4 指数比磁扰时更强[31]。我们的观测结果与这些结果基本一致。

磁暴对赤道电离层不规则体的影响主要依赖于赤道纬向电场强度的变化。Carter 认为与地磁暴有关的赤道电场强度变化主要依赖于以下 3 类电场的相对强度：①快速穿透电场（Prompt Penetration Electric Fields，PPEFs）；②穿透电场（Penetration Electric Fields，PEFs）；③扰动发电机电场（Disturbance Dynamo Electric Field，DDEF）[33]。在磁暴的主相阶段，快速穿透电场占主导作用，方向与磁静时的电场方向相同，日间东向，夜间西向，在地磁扰动时引起等离子体日间（夜间）向上（下）漂移。因此，快速穿透电场在黄昏时会促进赤道等离子体泡的产生，子夜会抑制等离子体泡的产生。穿透电场一般出现在主相结束时和恢复相开始时，它与快速穿透电场的方向相反，日间西向，夜间东向。因此，穿透电场在黄昏时会抑制赤道等离子体泡的产生，子夜时会促进赤道等离子体泡的产生。在极区加热和赤道向风场的共同作用下，扰动发电机电场在低纬地区产生，它的作用类似于穿透电场。地磁暴对赤道扩展 F 起触发还是抑制作用主要取决于这 3 类电场的相对强度以及地方时。

这一结论也被中国区域的观测结果所证实。例如，王国军发现当强区域扩展 F（SSF）出现于磁暴主相阶段时，F 层底层高度 $h'F$ 有大幅升高，这表明磁层渗透电场对 SSF 的发生起到主要作用[16]。胡连欢分析了 2010 年 10 月 11

日磁暴期间我国中低纬度电离层不规则体的响应特征[105]。结果表明，这次磁暴触发了 11 日午夜前后两个时段低纬（三亚）电离层不规则体事件，而在较高的纬度地区（武汉及以北）并没有观测到电离层不规则体与闪烁。午夜前电离层不规则体的发生受磁暴主相期间快速穿透电场激发；午夜后电离层不规则体受磁暴恢复相的扰动发电机电场触发，该时段伴随行星际磁场北向翻转的过屏蔽穿透电场也可能是扰动源之一。李国主分析了 2002 年至 2006 年磁暴期间武汉和三亚地区的电离层闪烁发生情况，结果显示磁暴对赤道电离层不规则体的影响主要受控于 Dst 变化率，$dDst/dt$ 最大值的地方时对不规则体的产生起着主要作用：当该地方时接近日落时分时，磁暴的发生将有利于不规则体的产生，可能引起电波信号闪烁[120]。但实际情形可能更加复杂。李国主对 4 次相似磁暴事件中武汉地区电离层闪烁现象的分析表明，通过改变 Pedersen 电导率，E_s 的出现抑制了扩展 F 不规则体的产生；还研究了 2004 年 11 月特大磁暴期间，电离层不规则体的发展和变化特征[120]。他们提出，磁暴期间 20°N ~ 50°N 中国中低纬地区出现的电离层不规则体结构可能与行进式电离层扰动有关。地磁暴对电离层闪烁的影响机制需要开展个例分析，这将是以后的工作需要考虑的内容。

4.4 电离层不规则体参数特性分析

电离层不规则体是导致无线电波信号闪烁的主要原因。引起闪烁的电离层不规则体空间尺度可有几十厘米至几十千米，它们主要出现在 200~1000km 高度，特别是 250~400km 高度的夜间 F 层中，尤其在午夜前最为严重[24,124-125]。我国低纬地区发生的电离层闪烁与赤道扩展 F 密切相关。与赤道扩展 F 有关的不规则体按尺度通常可分为 3 类：小于百米尺度的为过渡尺度和短尺度，数百米至几千米的尺度为中尺度和中间尺度，十几千米到几百千米尺度的为大尺度。

大尺度不规则体，即等离子体泡，通过重力 R-T 不稳定性在晚间电离层底部生成。日落后，由太阳辐射引起的光电离过程基本消失，F 层底部和 E 层以分子离子为主，其复合率比以原子离子为主的 F 层较高区域大得多。因此，在 F 层底部将形成陡峭的向上的电离密度梯度，它的方向与重力相反。重力场中密度大的流体处于密度小的流体上部，电离层会呈现一种典型的不稳定平衡。当介面受到微扰时，原本的平衡状态会受到破坏，R-T 不稳定性增长起来。在 F 层底部生成的大尺度等离子体耗空，会在东向电场模作用下向上抬升，一直延伸到顶部电离层，并沿磁力线向南北半球扩散，遍及低纬地区。

Booker 指出，除卫星、火箭的当地测量外，闪烁数据是获得电离层不规则体起伏谱的主要信息来源。闪烁观测数据包含不规则体参数信息[25]。目前，闪烁功率谱分析用来获取不规则体的大小、形状、取向、位置、漂移速度等信息，以及它对信号散射强度的贡献，探究不规则体形成和演化的物理过程。

本节用功率谱分析法分析 2006 年中国电波传播研究所海口站闪烁监测数据，研究电离层不规则体的变化特性。

4.4.1 相位屏理论与闪烁功率谱分析

相位屏理论是电离层闪烁研究最早的理论方法，也是获得不规则体参数比较可靠的数学方法。在弱起伏条件下，相位屏理论已经在电离层不规则体参数反演和建模、闪烁预报中获得广泛应用[126]。

下面简单介绍相位屏理论。不失一般性，考虑随时间正弦变化的电波垂直入射到不规则层的 $z=0$ 平面上，且沿 $+z$ 方向传播，地面接收点位置为 $(\boldsymbol{\rho}, z)$。对于穿透电离层的星-地链路，无线电波频率远大于等离子体频率，且介质的起伏 $|\varepsilon_1| \ll 1$。假设不规则体的特征尺度远大于无线电波的波长，且变化的特征时间与电波周期相比长得多。那么，不规则层内的电场向量波动方程可简化为标量波动方程，即

$$\nabla^2 \boldsymbol{E} + k^2[1 + \varepsilon_1(\boldsymbol{r})]\boldsymbol{E} = 0, \qquad 0 < z \leqslant L \tag{4-5}$$

式中：$\boldsymbol{E}$ 为复向量电场分量；L 为不规则体厚度；$k^2 = k_0^2 <\varepsilon>$，$k_0$ 为自由空间的波数。

式（4-5）省略了波场对时间的依赖关系。经整理，可得波场 $\boldsymbol{E} = u(\boldsymbol{r}) \mathrm{e}^{-\mathrm{j}kz}$ 的复振幅 $u(\boldsymbol{r})$ 方程，即

$$-2\mathrm{j}k\frac{\partial u}{\partial z} + \nabla^2 u = -k^2 \varepsilon_1(\boldsymbol{r}) u, \qquad 0 < z \leqslant L \tag{4-6}$$

从式（4-6）出发，处理随机介质中波传播问题的抛物方程法基于如下假设。

（1）计算散射场相位时，菲涅耳近似成立，有 $z \gg l \gg \lambda$，l 是不规则体的特征尺度，λ 是信号的波长。

（2）前向散射近似，即电波被散射后基本上进入以传播方向为中心的很小角锥内，有 $<\varepsilon_1^2>z/l \ll 1$，$z$ 是波在随机介质中传播的距离。

（3）后向散射功率可忽略不计，有 $<\varepsilon_1^2>kz \ll 1$。

（4）相干波场在一个波长距离上的衰减很小，有 $<\varepsilon_1^2>kl \gg 1$。

当满足上述条件时，式（4-6）近似为抛物方程，即

$$-2\mathrm{j}k\frac{\partial u}{\partial z} + \nabla_\perp^2 u = -k^2 \varepsilon_1(\boldsymbol{r})u, \qquad 0 < z \leqslant L \tag{4-7}$$

式中：$\nabla_\perp^2 = \partial^2/\partial x^2 + \partial^2/\partial y^2$ 为横向拉普拉斯算子，描述无线电波在不规则体层内的衍射效应；等号右边的项描述信号在不规则体层内的随机相位偏移。式（4-7）的解由 $z=0$ 处的初始条件唯一确定。

在不规则体层以下，式（4-6）可近似为

$$-2\mathrm{j}k\frac{\partial u}{\partial z} + \nabla_\perp^2 u = 0, \qquad z > L \tag{4-8}$$

式（4-8）的初始条件由 $z=L$ 处式（4-6）的解给定。式（4-7）和式（4-8）是基本方程，以它们为基础发展形成连续随机介质中无线电波传播理论。

相位屏理论将电离层视为与电子密度不规则体有关的薄屏，信号通过该薄屏时只有相位受到调制作用，即

$$\varphi(\boldsymbol{\rho}) = k_0 \Delta \varphi = -\lambda r_e \Delta N_T(\boldsymbol{\rho}) \tag{4-9}$$

式中：r_e 为经典电子半径；$\Delta N_T(\boldsymbol{\rho})$ 为电子密度起伏。

在前向散射假设下，菲涅耳衍射结果为

$$u(\boldsymbol{\rho}, z) = \frac{\mathrm{j}kA_0}{2\pi Z} \iint \mathrm{e}^{-\mathrm{j}[\varphi(\boldsymbol{\rho}') + (k/2Z) \cdot |\boldsymbol{\rho}-\boldsymbol{\rho}'|^2]} \mathrm{d}^2\boldsymbol{\rho}' \tag{4-10}$$

式（4-10）满足前向散射条件下，波在不规则体层下传播的控制方程式（4-6）。式（4-10）是相位屏理论的出发点。在弱闪烁条件下，闪烁指数为

$$S_4^2 = \frac{<I^2> - <I>^2}{<I>^2} = \frac{<(uu^*)^2> - <uu^*>^2}{<uu^*>^2}$$

$$= 8\pi^2 r_e^2 \lambda^2 L \iint \left[1 - \frac{2k}{\kappa_\perp^2 L}\sin\left(\frac{\kappa_\perp^2 L}{2k}\right)\cos\frac{\kappa_\perp^2}{k}\left(z - \frac{L}{2}\right)\right] \cdot \Phi_{\Delta N}(\boldsymbol{\kappa}_\perp, 0) \mathrm{d}\boldsymbol{\kappa}_\perp$$

$$\tag{4-11}$$

式（4-11）表明，不规则体对振幅闪烁的贡献被方括号内的空间滤波函数加权。滤波函数具有菲涅耳振荡特性。当多重散射不重要时，尺度量级为第一菲涅耳带附近的不规则体对振幅闪烁起主要作用。不规则体空间波数谱采用 Shkarofsky 引入的幂律谱形式 $\Phi_{\Delta N} \sim \kappa_\perp^{-p}$，在其外尺度远大于菲涅耳带的情况下，由式（4-11）可以证明，即

$$S_4 \propto \lambda^{-(p+2)/4} \propto f^{-(p+2)/4} \tag{4-12}$$

由此可见，在同种条件下，不规则体更容易引起较低频率的电波信号发生振幅闪烁；随着电子密度起伏的增大，开始出现闪烁指数饱和现象，且这种饱和现象首先出现在较低的频率上。振幅闪烁指数对电波频率的这种依赖关系已经在许多观测实验中被证实。

通常"冻结场"假设成立，卫星信标信号经电离层传播至地面，接收机信号随时间的变化可以看作信标信号对"冻结"的不规则体空间变化的扫描过程。因此，可从地面接收到闪烁信号的时间频谱提取出不规则体的空间谱特征参数。采用自相关估计法，由每分钟的信号幅度数据计算功率谱密度，即

$$R_{xx}(m) = \frac{1}{N}\sum_{n=0}^{N-m-1}[x(n)-\bar{x}]\cdot[x(n+m)-\bar{x}], \quad 0 \leq m \leq L-1 \quad (4\text{-}13)$$

式中：$\bar{x}$ 为 $x(n)$ 的均值；$x(n)$ 为信号幅度时间序列，定义在区间 $0 \leq n < N-1$ 内，区间外为 0，N 为数据总数。

当信号采样率为 20（50）Hz 时，1min 的数据总数为 1200（3000），这时 N 取为 1024（2048）。L 为所求相关函数值的个数，一般 $N \gg L$。本节选用一种改进的周期图分析方法（welch 方法）进行功率谱分析。首先用最小二乘法对每分钟的信号幅度数据进行直线拟合来消除趋势项，然后加 512（1024）点的 hanning 窗，进行 1024（2048）点快速傅里叶变换，得到功率谱密度。图 4-28 给出了一个典型的功率谱曲线示例。

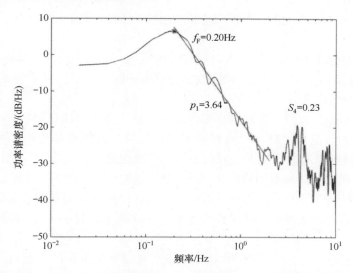

图 4-28　2006 年 3 月 12 日 2000 LT，海口站 PRN=15 卫星功率谱分析结果

由图 4-28 可见，闪烁信号功率谱主要包含低频、高频滚降和噪声 3 个部分。在低频与高频滚降部分之间，功率谱密度有一极大值，此极大值对应的频率为菲涅耳频率，用 f_F 表示。由于特征尺度小于第一菲涅耳尺度的不规则体对振幅闪烁起主要作用，因此，在频率小于 f_F 的低频段，功率谱曲线比较平坦或缓慢上升。当频率增大到某一值 f_c 后，对数坐标下的功率谱密度迅速线

性下降，即谱密度 $\Phi(f) \sim f^{-p_1}$，p_1 为闪烁谱指数，f_c 为滚降频率。当极大值无展宽时，一般有 $f_F = f_c$。图 4-28 中，f_F 约为 0.195Hz，p_1 为 3.64。由地面观测的闪烁谱指数 p_1 与不规则体电子密度起伏的三维谱指数 n 之间有如下关系：$p_1 = n-1$。这里，不规则体的三维谱指数 n 为 4.64。

不规则体漂移速度的计算依赖于下式，即

$$f_F = V_f / \sqrt{(2\lambda Z)} \tag{4-14}$$

式中：Z 为不规则体到接收机的有效距离。

将 F_2 层峰值高度作为电离层不规则体与信号传播路径相交的高度 H_r。考虑仰角的影响，Z 可以表示为

$$Z = (R_E + H_r) \cdot \cos\alpha - R_E \cdot \sin\beta \tag{4-15}$$

$$\alpha = \arcsin((R_E/(R_E + H_r)) \cdot \cos\beta) \tag{4-16}$$

式中：R_E 为地球半径，$R_E = 6400\text{km}$；$H_r = 400\text{km}$；β 为卫星仰角。

此时刻卫星仰角 β 为 44.5°，将有关数值代入式（4-14），得到不规则体的漂移速度为 89.7m/s。

本节对 2006 年海口站 GPS 闪烁监测仪数据进行功率谱分析，计算过程如下。

（1）挑选出 GPS 信号发生闪烁的时间序列：从时间连续、仰角高于 25° 的 GPS 卫星观测记录中，挑选出 $S_4 > 0.1$ 持续半小时或以上，且期间 S_4 最大值超过 0.2 的时间序列。

（2）剔除接收机周边环境多径的影响：将上述 S_4 时间序列与前 1~3 天或后 1~3 天的该卫星同时间段观测结果进行比较，若两者形态非常相似，则初步判断为接收机周边环境多径效应引起，予以剔除。

（3）剔除低仰角观测的影响：若上述 $S_4 > 0.1$ 的时间序列对应于 GPS 卫星刚开始出现或即将消失，则判断可能是受到低仰角观测的影响，予以剔除。

（4）若两次电离层闪烁事件发生的时间间隔不超过 30min，则视为同一次闪烁事件。

采用上述方法，对 2006 年海口站 GPS 观测数据进行统计分析，共挑选出 38 次电离层闪烁事件，对每次闪烁事件期间观测数据进行分析，得到电离层不规则体参数。首先对每分钟的信号幅度数据用 welch 算法进行功率谱分析；然后对每 5min 的功率谱序列进行平均，分析得到不规则体的闪烁谱指数和菲涅耳频率，经进一步转换，得到不规则体的三维谱指数和漂移速度。

这里需要指出的是，这里计算得到的电离层不规则体漂移速度并非真正的不规则体漂移速度，而是漂移速度和卫星运动速度的向量和在纬圈方向的投影，是"视在"速度。

4.4.2 数据分析结果

本节共得到 440 个海口站 GPS 卫星 5min 平均的闪烁功率谱样本，分析发现其对数功率谱随频率的变化呈现 3 种形态。

（1）在低频段以正幂律缓慢上升，达到极大值后，以负幂律快速下降（类型 1）。

（2）在低频段（$f < f_c$）平坦，高频段（$f > f_c$）快速下降（类型 2）。

（3）在高频部分呈现明显的"折断"（类型 3），即双幂律谱。

其中，类型 1、类型 2 和类型 3 的样本数分别有 88、112 和 240 个，占比分别为 20.0%、25.5% 和 54.5%。

图 4-29 给出了一个低频段以正幂律缓慢上升，达到极大值后，以负幂律快速下降的功率谱计算实例。2006 年 3 月 16 日 2012 LT，海口站 PRN = 18 卫星功率谱密度曲线在 0.21Hz 达到极大值；在低频段谱曲线以 $f^{1.16}$ 形式变化；在高频段，谱曲线近似为 $f^{-3.69}$，三维谱指数为 4.69。

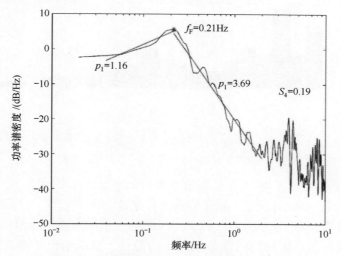

图 4-29 低频段以正幂律缓慢上升，达到极大值后，
以负幂律快速下降的功率谱计算实例

对低频段缓慢上升，高频段快速下降的功率谱序列，本节统计分析菲涅耳频率、谱指数和漂移速度的变化特征，图 4-30 给出了它们的分布。由图 4-30 可见，菲涅耳频率主要分布在 0.059~0.215Hz，以 0.06~0.16Hz 居多，均值为 0.12Hz；谱指数主要分布在 3.6~4.7，以 4.0~4.4 居多，均值是 4.21；漂移速度主要分布在 20~120m/s，以 25~90m/s 居多，均值是 53.73m/s。

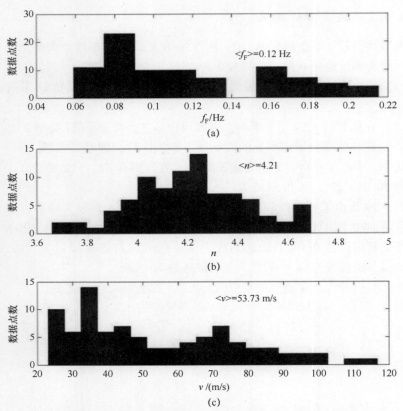

图 4-30　类型 1 功率谱曲线菲涅耳频率、谱指数和漂移速度的分布
（a）菲涅耳频率；（b）谱指数；（c）漂移速度。

图 4-31 给出了不规则体参数随地方时的变化。由图 4-31 可见，在 19～21.6 LT 期间，菲涅耳频率、谱指数和漂移速度均起伏较大，之后观测样本较少，基本分布在 0.1Hz、4.1Hz 和 50m/s 附近。总体来说，菲涅耳频率、谱指数和漂移速度都有比较弱的随时间减小的趋势，实线给出了两者线性拟合结果，线性多项式和相关系数也在图 4-31 中一并给出。

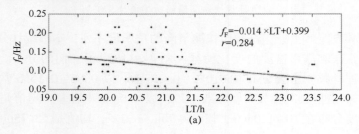

(a)

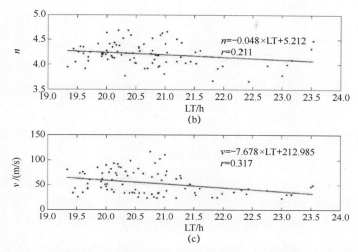

图 4-31 类型 1 功率谱曲线菲涅耳频率、谱指数和漂移速度随地方时的变化
(a) 菲涅耳频率；(b) 谱指数；(c) 漂移速度。

图 4-32 给出了它们随 S_4 的变化。由图 4-23 可见，在 $S_4<0.25$ 时，菲涅耳频率、谱指数和漂移速度观测样本较多，起伏也较大；在 $S_4>0.25$ 时，观测样本较少。总体来说，菲涅耳频率、谱指数和漂移速度都有比较弱的随 S_4 指数增加而增加的趋势，实线给出了两者线性拟合结果。由图 4-32 可见，这 3 个参数与 S_4 指数的线性相关性要略高于它们与地方时的线性相关性，尤其是谱指数和漂移速度。

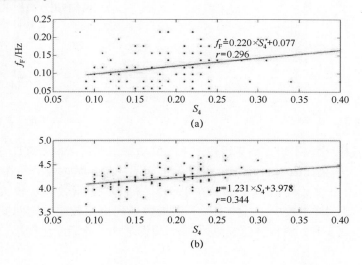

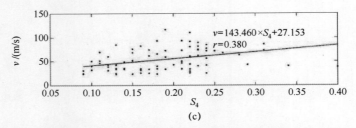

图 4-32 类型 1 功率谱曲线菲涅耳频率、谱指数和漂移速度随 S_4 的变化
(a) 菲涅耳频率；(b) 谱指数；(c) 漂移速度。

图 4-33 给出了一个低频段谱曲线比较平坦，高频段以负幂律快速下降的功率谱计算实例。2006 年 10 月 4 日 20:44 LT，海口站 PRN=17 卫星功率谱曲线在低频段比较平坦；在高频段功率谱曲线以 $f^{-3.16}$ 的形式下降，三维谱指数为 4.16。

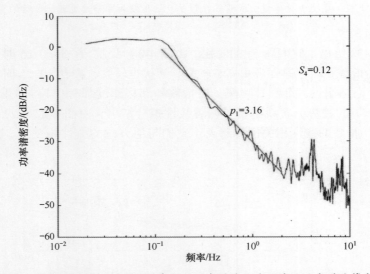

图 4-33 低频段曲线比较平坦，高频段以负幂律快速下降的功率谱计算实例

对低频段比较平坦，高频段快速下降的功率谱序列，本节统计分析谱指数变化特征，结果如图 4-34 所示。由图 4-34 可见，谱指数主要分布在 3.2~4.6，以 3.8~4.2 居多，均值是 3.99。在 19~21.5 LT，谱指数起伏较大；在 22~23.5 LT，观测样本较少。总体来说，谱指数呈现出比较弱的随时间下降的趋势。当 $S_4<0.3$ 时，谱指数随 S_4 的增加而缓慢增加，此后变化较小。

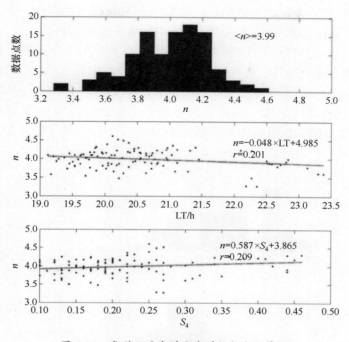

图 4-34 类型 2 功率谱曲线谱指数变化特征

图 4-35 给出了一个在高频部分呈明显折断的功率谱计算实例。2006 年 4 月 26 日 22∶24 LT，海口站 PRN＝1 卫星的双对数功率谱曲线在线性下降过程

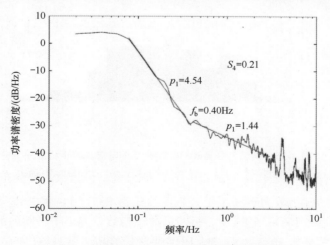

图 4-35 高频部分呈明显折断的功率谱计算实例

中下降速率突然改变，呈折断状。折断发生在频率 $f_b = 0.4$Hz 处，在 $0.06 \sim 0.4$Hz 频率范围，$\Phi(f) \sim f^{-4.54}$；在 $0.4 \sim 3$Hz 频率范围，$\Phi(f) \sim f^{-1.44}$。

对于高频"折断"的双幂律功率谱序列，本节统计分析折断频率和折断前后谱指数的变化特征，将折断前后的谱指数分别记为 n_1 与 n_2。图 4-36 给出了它们的分布。由图 4-36 可见，折断频率分布在 $0.2 \sim 1.3$Hz，主要分布在 $0.3 \sim 0.9$Hz，均值为 0.58Hz。折断前的谱指数主要分布在 $2.5 \sim 7$，以 $4 \sim 5.2$ 居多，均值为 4.65；折断后的谱指数主要分布在 $1.8 \sim 3.8$，以 $2.2 \sim 3.2$ 居多，均值为 2.72。

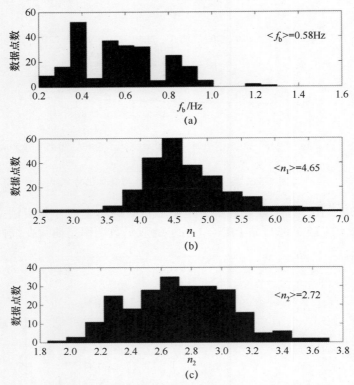

图 4-36 类型 3 功率谱折断频率与折断前后的谱指数分布
(a) 折断频率；(b) 折断前的谱指数；(c) 折断后的谱指数。

折断前的谱指数大于（小于）折断后的有 235（5）例，占类型 3 样本总数的 97.9%（2.1%）。这表明，折断后的谱指数普遍小于折断前的谱指数，这对应于张红波分析 2013 年海口站 UHF 频段信号功率谱时给出的第三类振幅闪烁功率谱，其特征为功率谱的高频段存在谱折断，在 1Hz 及更高频的功率谱密度增强较为明显,造成折断后,功率谱下降较为平缓[127]。这是 100～1000 m 尺度不规则体的多重强散射形成的,说明此时有更小尺度的不规则体与接近菲涅耳尺度的不规则体同时存在。

图 4-37 给出了折断频率、折断前后的谱指数随地方时的变化。由图 4-37 可见,折断频率有非常弱的随时间减小的趋势,折断前后的谱指数则呈现出随不同的时间变化趋势:前者随时间缓慢增加,后者缓慢下降。这表明随时间的增加,折断前的谱指数越来越大,折断后的谱指数越来越小。因此,高频段的能量对整个功率谱的贡献在减小,这意味着小尺度的不规则体可能随时间消失得更快。

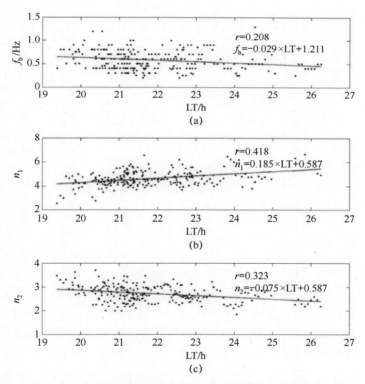

图 4-37　类型 3 功率谱折断频率与折断前后的谱指数随地方时的变化
（a）折断频率;（b）折断前的谱指数;（c）折断后的谱指数。

图 4-38 给出了它们随 S_4 的变化。由图 4-38 可见,折断频率、折断前后的谱指数有非常不显著的随 S_4 的变化趋势:折断频率随 S_4 增加而减小,谱指数随 S_4 增加而增加。

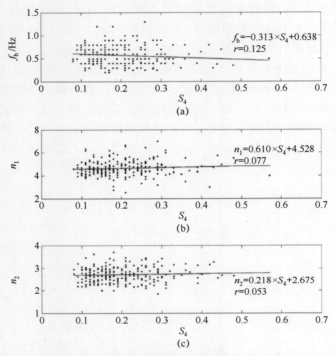

图 4-38 类型 3 功率谱折断频率与折断前后的谱指数随 S_4 的变化
(a) 折断频率; (b) 折断前的谱指数; (c) 折断后的谱指数。

4.4.3 讨论

本节对 2006 年海口站闪烁发生期间的幅度数据进行功率谱分析,发现其对数功率谱随频率的变化呈现出 3 种形态:在低频段以正幂律缓慢上升,达到极大值后以负幂律快速下降;在低频段 ($f < f_c$) 平坦,高频段 ($f > f_c$) 快速下降;在高频部分呈现明显折断,即双幂律谱。本节从功率谱曲线提取出闪烁有关的不规则体参数,分析其分布、随地方时和 S_4 的变化特征,发现以下规律。

(1) 3 种类型的功率谱指数分别主要分布在 4.0~4.4、3.8~4.2、4~5(折断前) 和 2.2~3.2(折断后),与以往的观测结果基本一致。Kersley 分析高纬地区 VHF 卫星信号振幅闪烁数据,得到功率谱指数多为 -4.5~-2.5,均值为 -3.6[128]。Basu 发现近磁赤道区 VHF 卫星信号振幅闪烁功率谱指数为 -4.5~-3,均值为 -3.5[129]。Basu 在 Ascension 岛观测到的功率谱指数为 -4.5~-4[130]。雷源汉分析 1985 年 12 月~1986 年 6 月武昌站 VHF 卫星信号,发现幅度弱闪烁功率谱斜率为-4.0~-2.5，均值为-3.1[131]。李国主分析2004年7月至2005月7月三亚站GPS数据发现，闪烁谱指数范围为1.0~6.4[120]。

(2) 漂移速度主要分布在25~90m/s范围，平均速度为52.73m/s，在闪烁发生初期起伏较大，同时有比较弱的随地方时增大而减小、随S_4增大而增大的趋势。这也与以往的观测结果较为一致。Woodman分析得到电离层漂移速度的典型日变化：白天以约50m/s的速度向西漂移，日落后向东漂移，速度可达130m/s[125]。低纬地区午夜电离层不规则体漂移速度多为100~120m/s[132]。朱劼得出武汉地区不规则体漂移速度随时间呈下降趋势，午夜前后速度由130m/s下降到40m/s[133]。陈艳红发现海南地区夜间不规则体纬向漂移速度为50~150m/s，在闪烁刚发生时起伏较大[134]。刘伟峰发现，2010年春季引起广州GPS信号闪烁的电离层不规则体漂移速度主要分布在50~160m/s，平均值为120m/s左右；与闪烁事件末期相比，漂移速度在初期起伏较大，且在末期明显有减小的趋势[135]。郦洪柯利用三亚站GPS短基线接收机阵和VHF相干散射雷达进行同时观测，发现在产生初期，不规则体以100~250m/s的速度东向漂移，且幅值起伏较大；在不规则体发展中后期，漂移速度降低到50~150m/s，并延续至午夜[136]。Liu用三亚地区短基线GPS接收机阵测量不规则体的纬向漂移速度，发现两分点时漂移速度变化模式相似，从日落后的150m/s缓慢下降至子夜附近的50m/s[137]。2004年至2005年三亚站在磁静日22 LT前，不规则体漂移速度变化幅度范围很大；22 LT后基本趋于一个恒定范围[120]。

(3) 本节观测到海口站超过半数的功率谱曲线都呈现折断现象，并且3种类型的谱指数都有随S_4增加而增加的趋势。许多学者也都观测到功率谱的折断现象，并发现闪烁谱指数有随S_4增加而增大的趋势[128-131]。李国主分析2004年至2005年三亚站数据发现，对于弱闪烁（$0.1 \leqslant S_4 < 0.3$），功率谱指数随S_4的增加而增加，其增长斜率为2.48；对中等以上闪烁强度（$S_4 \geqslant 0.3$），谱指数不再随S_4的增加而增加，而是逐渐趋于饱和[120]。龙其利发现1989年和1990年夏季新乡站数据存在功率谱折断现象；夜间闪烁功率谱高频下降部分有的是后期比前期陡峭，也有相反的情况存在[138]。不规则体消亡阶段的谱指数明显大于起始阶段[139-140]。甄卫民发现1990年海口站VHF闪烁功率谱指数在每次闪烁初期和末期差异较显著，多例闪烁的初期谱指数分布在2.2~2.9，末期分布在2.7~3.8[141]。

本节倾向于认为是在不规则体发展末期，小尺度不规则体随时间消失得更快所导致，这从折断前后的谱指数分别随时间缓慢增加和下降可以得到佐证。张红波指出，在起始阶段电离层不规则体厚度较小，同时存在千米尺度和米级尺度的电离层不规则体，导致谱指数较小；在充分发展阶段，电离层不规则体厚度较大，各级结构散射功率均有所增强，但是大尺度不规则体散射功率增强幅度高于小尺度不规则体，使得功率谱更陡，谱指数变大；在等离子体泡消亡阶段，小尺度不规则体常先消失，使得功率谱更陡[127]。Basu 发现在夜间不规则体产生初期，千米尺度和米级尺度的不规则体同时存在；在不规则体发展末期，千米尺度的不规则体依然存在，米级尺度的不规则体却首先消失[142]。郦洪柯发现 400 m 尺度电离层不规则体通常比 3 m 尺度不规则体存在时间要长[106]。

当然，也不排除与电离层暴等有关的其他机制。马淑英研究 1986 年 2 月强磁暴对我国武昌地区电波闪烁活动的影响，发现 8 日（暴时）闪烁幂律谱大都在约 500 m 尺度附近呈现出明显的"膝"，谱指数比平时大；以"膝"为界，较大尺度上的谱指数值在 2.6~3.6，平均值为 3.1，较小尺度上的谱指数平均为 5.1，且在同一谱图上有时出现不止一个"膝"；9 日的闪烁谱与 8 日有较大差异，但与非暴时的多数谱类似，大多未出现明显的"膝"，且谱指数较小，平均为 2.8；猜测引起这两日闪烁的电离层不规则体可能具有不同的起源机制[143]。

从相位屏理论出发，也可以得到引起闪烁的不规则体其他参数。周彩霞提出基于相位屏模型的电离层等效厚度分析方法[144]。陈仲生用数值计算方法研究了不规则体的结构与运动参量对闪烁功率谱的影响[145-146]。

需要说明的是，本节所用数据来自 2006 年 GPS 闪烁观测，期间太阳活动水平较低，电离层闪烁主要出现于子夜前。受观测样本限制，本节观测结果可能仅适用于太阳活动低年的我国低纬地区，在其他情况下可能并不成立。

本章小结

本章分析了引起振幅闪烁的小尺度不规则体和引起 TEC 扰动的大尺度不规则体的关联性、海口站电离层闪烁出现率的变化特性、不规则体参数的变化特征。本章的研究得出如下结果。

(1) 在我国南方低纬地区，大尺度 TEC 扰动的出现率明显随时间变化，这些变化与共址的电波振幅闪烁出现率随时间的变化非常相似：两者均在春秋季比冬夏季高，弱扰动在 3 月最多，强扰动在 9 月最多；两者均主要出现于日落后到子夜期间，且强扰动比弱扰动结束早 1 h。

(2) 多重尺度电离层不规则体经常伴随出现，且两者间的关联性在闪烁频发的月份会更好。因此，ROTI 值在一定程度上可以作为电离层闪烁是否发生的指示剂。

（3）研究表明，由 COSMIC 掩星和地基 ISM 两种手段得到的海口站闪烁出现率呈现出相似的随时间、季节、太阳活动和地磁活动变化规律，具体表现如下。

闪烁出现率呈现类似的周日变化：日落后迅速单调增加，经过 2~3 h 达到极大值；此后直到日出前单调下降；白天出现率非常低。海口、广州、厦门、昆明和西安站闪烁出现率极大值出现的时间稍有差异，这主要与引起闪烁的电离层不规则体的漂移运动和台站间的相对位置、太阳活动水平有关。通常来说，位置靠近磁赤道或者靠西的台站会较早观测到闪烁现象。在太阳活动低年，闪烁出现时间较早。

闪烁出现率呈显著的季节变化：闪烁主要发生于春秋季，在 3~4 月和 9~10 月尤为突出；地基观测电离层闪烁的春秋分不对称非常明显，除日出前后，春季的闪烁出现率全天都高于秋季；不同季节，闪烁出现率极大值时间也不同。

闪烁出现率随太阳活动的增强而增加，且这种增加的趋势在春秋季比夏冬季显著。

夜间闪烁出现率受地磁活动的影响：总体来说，在春秋季夜间，地磁活动对闪烁起到抑制作用；在夏冬季，地磁活动对闪烁既有可能触发，也有可能抑制，作用机制可能更加复杂。

（4）2006 年海口站闪烁发生期间，GNSS 信号的对数功率谱随频率的变化呈现出 3 种形态：在低频段以正幂律缓慢上升，达到极大值后以负幂律快速下降；在低频段平坦，高频段快速下降；在高频部分呈现双幂律谱。本章从功率谱曲线提取出不规则体参数，分析其变化特征，发现：3 种类型的功率谱指数分别主要分布在 4.0~4.4、3.8~4.2、4~5（折断前）和 2.2~3.2（折断后）。

漂移速度主要分布在 25~90m/s，平均速度为 52.73m/s，在闪烁发生初期起伏较大，同时有比较弱的随地方时增大而减小、随 S_4 增大而增大的趋势。

超过半数的功率谱曲线都呈现折断现象，且 3 种类型的谱指数都有随 S_4 增加而增加的趋势。本章认为这可能是由于在不规则体发展末期，小尺度不规则体随时间消失得更快所导致，这可以从折断前后的谱指数分别随时间缓慢增加和下降得到佐证。

第 5 章　电离层层析成像技术

5.1　引　言

　　LEO 卫星信标是电离层监测的重要手段之一。利用电离层层析成像 (Computerized Tomography, CT) 算法,LEO 卫星信标能够实现区域电离层电子密度的快速重构。针对 LEO 卫星信标的特点,本章提出了一种函数基模型与像素基模型组合的电离层 CT 新算法。选择差分相对电离层 TEC 作为输入数据源,先通过函数基模型法获取电离层电子密度初始分布,再利用像素基模型法对初始分布进行二次迭代重构。该方法可有效降低电离层 CT 对背景电离层模型的依赖,同时,能够实现电离层小尺度扰动结构的有效反演。利用数值仿真方法及低纬度电离层 CT 网的实测数据验证了本章提出的新算法的可行性和可靠性[147]。

　　电子密度分布是表征电离层状态变化的一个重要参数,研究其时空变化规律和特征对卫星通信、卫星导航、空间天气等领域具有重要的理论意义和应用价值。为了获得电离层电子密度时空分布的精细结构,美国伊利诺伊 (Illinois) 大学的 Austen 等在 1986 年首次提出了电离层 CT 的设想,即通过 LEO 卫星发射信标信号结合沿子午面分布的地面台链接收的方式实现对电离层电子密度的二维 CT 反演[37]。

　　20 世纪 80 年代末起,俄罗斯、西北欧、北美、中国和日本相继开展了基于极轨卫星的电离层 CT 试验,试验主要任务是监测电离层中纬槽等的时空变化[148-152]。

　　对于 LEO 卫星信标测量而言,要实现高精度的电离层电子密度 CT 反演,需要重点解决两方面的问题。

　　(1) 传统的电离层 CT 方法主要采用绝对 TEC 数据进行反演,而卫星信标的直接测量量为相对 TEC 数据。为此,有学者研究了基于两个或多个台站的相对 TEC 数据估计绝对 TEC 的方法,如双站法[11]、多站法[152] 等。但由于电离层存在较大的水平不均匀性,这些方法重构得到的绝对 TEC 往往存在较大误差[153],从而影响电离层 CT 的反演精度。

（2）LEO 卫星相对地面运动的角速度较快，一般 15~20min 以内即可实现一次电离层 CT，主要用于获取电离层内部的快速变化特征，对背景电离层的敏感度较高。传统 CT 方法通常直接将经验电离层模型的输出设定为背景初值，由于经验模型与真实电离层间存在的较大偏差，这同样也会导致 CT 的反演结果存在较大的误差[154]，无法较为"忠实"地反演出电离层的真实结构。

目前，主流的电离层 CT 方法主要分为两大类：像素基模型法和函数基模型法[50]。像素基模型法将待反演的电离层区域离散化为一系列小的像素，然后在选择的参考框架和反演时间内，假定每个像素内的电离层电子密度为一常量，并在此基础上进行电离层电子密度反演[155-158]。像素基模型法通常使用线性代数类迭代算法实现电离层 CT 反演矩阵的求解，如联合迭代重构算法（Simultaneous Iterative Reconstruction Technique，SIRT）、代数重构算法（Algebraic Reconstruction Technique，ART）、乘法代数重构算法（Multiplicative Algebraic Reconstruction Technique，MART）及相应的改进算法等[158-160]。在给定精度较高的迭代电子密度初值情况下，像素基模型法的优点是能够很好地重建出电离层大尺度和中等尺度结构，但缺点是方法本身对迭代初值的精度要求较高[155]。为克服像素基模型电离层 CT 方法存在的不足，函数基模型法开始被很多学者使用[48,52,154,161-162]。函数基模型法的特点是利用一组函数来描述电离层电子密度的空间分布特性，再通过求解基函数的权重系数来重构电离层电子密度的区域变化。函数基模型法常用非迭代类方法，如随机反演（Stochastic Inversion）、广义奇异值分解（Generalized Singular Value Decomposition，GSVD）、截断奇异值分解（Truncated Singular Value Decomposition，TSVD）等方法来求解反演方程，而无须给定背景初值[48-49,51,163]。相比像素基方法，函数基模型法需要求解的未知数较少，反演结果稳定性高。但该类方法的缺点是反演结果过于平滑，有时会"掩盖"一些电离层的中小尺度扰动结构特征[49]。

目前，我国正在发展自主的地震电磁监测试验卫星，该 LEO 卫星搭载了星载三频信标发射机（Tri-band Beacon Transmitter），可应用于对全球地震带区域的电离层 CT 测量。因此，本章针对 LEO 卫星信标的特点及现有电离层 CT 算法存在的不足，提出了一种函数基模型与像素基模型组合的电离层 CT 新算法。该算法首先采用函数基模型法反演获取平滑但精度较高的电子密度，再利用像素基模型法对函数基模型法的反演结果进行二次迭代重构。该算法一方面能有效降低电离层 CT 方法对背景电离层模型的依赖，同时也能满足电离层小尺度扰动结构的反演要求。

随着 GNSS 技术的飞速发展，如欧洲 Galileo 系统、中国 BDS 系统的建设，以及世界各国地面 GNSS 监测网的日益完善，近年来，基于 GNSS 的电离层 CT

技术也逐渐发展起来。相比 LEO 卫星，基于高轨 GNSS 卫星的电离层 CT 技术优点如下：

（1）地基站网密集，可观测卫星多，可以对电离层实现较好的空间覆盖，适合对大区域的电离层进行三维 CT。

（2）连续不间断观测，适合对电离层进行全天候监测。

（3）容易形成天地基联合电离层观测体系，从而获取更全面的电离层信息。

除地基 GNSS 外，天基掩星探测正成为电离层研究的重要数据来源。特别是 2006 年 COSMIC 星座建立以来，全球每天可获取 2500～3000 笔电离层掩星探测数据，由于掩星能够覆盖地基 GNSS 无法监测的广大海洋和沙漠等无人区，因此，其成为地基电离层监测的一种有效的补充手段。利用地面密集的 GNSS 台站，结合电离层三维 CT 技术，国内外研究人员获取了大量电离层水平和垂直方向的结构信息，相关研究结果有效丰富了对扰动期间电离层变化规律的认识。

受有限的扫描视角和有限数目且非均匀分布的地面接收机的影响，基于地基 GNSS 数据的电离层 CT 算法不同程度地存在着电子密度成像垂直分辨率不高的问题。随着电离层 CT 技术在理论和实验领域的不断发展，多手段联合电离层 CT 技术开始成为研究热点。Hajj 提出了地基和天基观测联合反演电离层电子密度的设想[164]。Rius 等首次尝试了结合地基台站接收 GPS 数据和 MET 卫星掩星数据的 CT 反演实验[165]；Dear 等提出采用地面测高仪和 GPS 数据联合反演电离层电子密度分布的方法[166]；在英国国防部的支持下，Bath 大学发展了利用基于 GNSS、极轨 LEO 卫星信标、TOPEX 海洋测高雷达等在内的多种手段测量数据电离层 CT 数据分析软件（Multi Instrument Data Analysis System，MIDAS）。MIDAS 利用模式化基函数（球谐函数与经验正交函数）进行电离层表征，同时利用奇异值分解（Singular Value Decomposition，SVD）的方法对表征函数的权重进行求解，以降低层析反演过程中由于数据稀疏性造成的求逆困难[52,162]。

由于存在反演矩阵求解过程中的不适定问题，电离层三维层析存在稳定性较差的问题。Ma 提出利用垂测联合 GPS 观测，结合神经网络的方法获取三维电子密度[167]；Yao 提出了组合型电离层 CT 算法，以解决单独使用函数基 CT 模型和像素基 CT 模型存在的阶数选择困难、反演参数多、计算效率低的问题[168]。肖锐等选择经验正交函数（Empirical Orthogonal Function，EOF）作为三维时变电离层 CT 算法的基函数，从而大大降低了三维层析需要求解的未知数数量，提升了算法的稳定性和时效性[7]；闻德保等针对 GPS 基电离层 CT 中的不适定问题，先后提出了多种解决方案，如改进的 ART 算法、选权拟合法等[41,159]。以上工作较好地提升了电离层三维层析的稳定性,但是也涉及实现算法过于复杂、算法中的最优化参数设置难以有效定量等问题。因此,要实现时空分辨率高的的电离层三维CT依然面临不少难题,解决这些难题需要更进一步的研究工作。

针对目前地基GNSS电离层CT存在垂直分辨率较低和算法稳定性不足的问题,本文提出了一种COSMIC掩星辅助地基GNSS的电离层三维CT改进的算法。该算法综合了天基掩星探测电离层垂直分辨率较高和地基GNSS电离层CT水平分辨率较高二者的优点,以COSMIC掩星电子密度剖面辅助驱动更新IRI模型,将驱动后的IRI模型作为背景电离层模型,再利用改进的MART算法进行CT,以提升地基GNSS电离层三维电子密度重构的精度。本文通过亚大区域实测数据的电离层三维成像结果对本章提出方法的有效性进行了验证。

5.2 基于卫星信标的电离层二维层析成像技术研究

5.2.1 卫星信标电离层层析成像原理

电离层TEC可以表示为沿信号传播路径上电子密度的积分,有

$$d_i = \text{rtec}_i + \delta_0 = \int_s N_e(\boldsymbol{r}) \mathrm{d}s \tag{5-1}$$

式中:d_i为第i个绝对TEC值;rtec_i为第i个相对TEC值;δ_0为由于相位模糊造成的未知TEC偏差;对于单个接收机一段连续观测而言,δ_0可以认为是恒定不变的[48];$N_e(\boldsymbol{r})$为随空间$\boldsymbol{r}$变化的电子密度值;s为接收机至LEO卫星的视线路径。

式(5-1)线性离散后可以表示为

$$\boldsymbol{T} = \boldsymbol{H}\boldsymbol{x} \tag{5-2}$$

式中:$\boldsymbol{T}$为绝对TEC观测向量;$\boldsymbol{H}$为积分算子矩阵;$\boldsymbol{x}$为电子密度向量,电离层CT即为求解式(5-2)得到电子密度向量$\boldsymbol{x}$的过程。

5.2.2 电离层层析成像新算法

由于LEO卫星信标测量得到的是相对TEC数据,若想利用绝对TEC数据实现电离层CT,首先需要估算δ_0,然后利用式(5-2)进行CT反演。由于估算δ_0一般存在较大误差,这势必会影响电离层CT的精度。为消除δ_0对电离层CT的影响,借鉴前人的经验[40],本章采用差分相对TEC的方法实现电离层CT成像。

对于某个接收机的一段连续测量的数据而言，可先选择一个参考值 rtec_0，再将其他观测值依次对该参考值相减，可得

$$r_i = d_i - d_0 = \text{rtec}_i - \text{rtec}_0 = \int_{s_i} N_e(r)\,\text{d}s - \int_{s_0} N_e(r)\,\text{d}s \tag{5-3}$$

式中：r_i 为差分相对 TEC 值。

式（5-3）线性离散化后可表示为

$$R = (H - H_0)N_e = Tx \tag{5-4}$$

式中：R 为差分相对 TEC 观测向量；H_0 为参考值 rtec_0 对应的积分算子矩阵；N_e 为电子密度向量。

为求解电子密度 N_e（简便起见，用向量 x 代替），先将需要反演的区域按一定的纬度、经度和高度间隔划分网格，每个网格内由一个唯一的电子密度值表示。采用级数展开法，电子密度可表示为

$$x = N_e(r) = \sum_{k=1}^{K} \alpha_k h_k(r) \tag{5-5}$$

式中：$r = (\varphi, \lambda, h)$ 为网格的空间位置；α_k 为权重系数；K 为最大展开阶数；$h_k(r)$ 为第 k 阶基函数（Basis Function）。

若选择像素基模型进行电离层 CT，则

$$h_k(r) = \begin{cases} 1, & \text{射线经过网格} \\ 0, & \text{其他} \end{cases} \tag{5-6}$$

像素基模型电离层 CT 法需要求解每个网格内的电子密度值，未知数较多，加上 LEO 卫星信标的观测数据较为稀疏，反演结果将严重依赖于给定的背景初值的精度。为降低背景初值对电离层 CT 结果的影响，本章选择函数基与像素基组合的方法进行电离层 CT，具体分为如下两步。

第 1 步：先利用球谐分析（Spherical Harmonic Analysis，SHA）和 EOF 组合的函数基模型法进行电离层 CT，即

$$h(r) = \sum_{j=1}^{J} \sum_{n=0}^{N} \sum_{m=0}^{n} \overline{P}_{nm}[\cos(\varphi)]\{S_{jnm}\sin(m\lambda) + C_{jnm}\cos(m\lambda)\}f_j(h) \tag{5-7}$$

式中：$\overline{P}_{nm}[\cos(\varphi)]$ 为连带勒让德函数（Associated Legendre Function）；φ、λ、h 分别为网格点的纬度、经度和高度值；f_j 为第 j 阶的 EOF 函数；J 为 EOF 函数的最大阶数；N 为 SHA 的最大阶数；S_{jnm} 和 C_{jnm} 为待求解的权重系数。

通过级数展开，式（5-7）可以表示为

$$x = By \tag{5-8}$$

式中：y 为基函数的权重系数 S_{jnm} 及 C_{jnm} 的集合；B 是由 SHA 和 EOF 函数构建的系数矩阵。

将式 (5-8) 代入式 (5-4),得到基于差分相对 TEC 数据的电离层 CT 反演方程,即

$$R = TBy = Ay \tag{5-9}$$

对于像素基模型法而言,函数基模型法的未知数会有较大减少,但矩阵 A 通常情况下依然是病态的。为了获得式 (5-9) 的稳定解,本章采用 TSVD 方法进行求解[169],计算过程为

$$A = USV^{T} = \sum_{i=1}^{n} u_i \sigma_i v_i^{T} \tag{5-10}$$

$$y = \sum_{i=1}^{q} \frac{u_i^{T} R}{\sigma_i} v_i \tag{5-11}$$

式中:$U = (u_1, u_2, \cdots, u_n)$,$u_i$ 为左正交矩阵;$V = (v_1, v_2, \cdots, v_n)$,$v_i$ 为右正交矩阵;$S = \text{diag}(\sigma_1, \sigma_2, \cdots, \sigma_n)$,$\sigma_i$ 为奇异值,$\sigma_1 \geq \sigma_2 \geq \cdots \geq \sigma_n \geq 0$;$q$ 为截断系数。

通过式 (5-11) 求解得到基函数权重 y 后,重新代入式 (5-8) 中便可得到电子密度的初始分布值。

第 2 步:将函数基模型的反演结果作为迭代初值,采用像素基模型的 ART 算法对式 (5-4) 进行第二次迭代重构,以获取更小尺度的电离层扰动结构,计算方法为

$$x^{q+1} = x^q + \lambda_q \frac{R_i - \langle t_i, x^q \rangle}{\| t_i \|^2} t_i \tag{5-12}$$

式中:q 为迭代轮次,具体迭代次序可按顺序或通过随机数的方法产生;$i = \text{mod}(q, L) + 1$,L 为矩阵 T 的行数;t_i 为矩阵 T 的第 i 行元素;R_i 为 R 的第 i 个元素;λ 为松弛因子。

ART 算法收敛较快,一般取迭代 10~20 轮即可,也可在具体执行过程中设置适当的迭代终止的阈值。通过以上两步反演,即可获得最终的电离层电子密度分布。

5.2.3 卫星信标数据处理

1. 数据来源

为利用 LEO 卫星信标实现电离层 CT 探测,2003 年起,我国台湾中央大学向美国 NWRA 公司购买了 ITS30S 型卫星信标接收机,在中国台湾、菲律宾、印尼等地各设立了 LEO 卫星信标接收站,建立了新的低纬电离层 CT 网(New Low-latitude Ionosphere Tomography Network,LITN)。通过接收 COSMIC、

COSMOS 2414、OSCAR、RADCAL、DMSP F15 等卫星发射的信标信号[170]，LITN 可对北半球 120°E 子午面附近部分中低纬度区域的电离层进行 CT 探测。通过对各站接收数据的连续性和数据质量的分析，选择 LITN 网的中坜（NCU）、嘉义（Jiayi）、车城（Checheng）3 个站的数据进行电离层 CT 反演，具体台站地理位置信息，如表 5-1 所列。

表 5-1　LITN 接收站地理位置信息

站点名称	纬度/°N	经度/°E	高度/m
NCU	24.968	121.187	162.0
Jiayi	23.566	120.460	114.0
Checheng	22.050	120.698	32.00

2. 等效轨道面投影

电离层二维 CT 是基于射线在二维平面（子午面）内分布的几何关系进行设计的，为了实现二维电子密度分布的成像，需要将实际采集的 TEC 数据等效到一个等效轨道面内[45]。

等效轨道面投影如图 5-1 所示，图中画出了一条射线 AB 从 LEO 卫星轨道上的 A 点指向接收台站 B，这条射线明显偏离了理想层析平面；中间一个过 C 点的子午面即是等效的轨道面，而 C 点是射线 AB 的星下点（星下点高度可取为 400km）。该等效平面上与卫星位置 A 及接收台站 B 相对应的点分别为 A' 和 B'，即 A 和 A' 的纬度及高度相同，B 和 B' 也如此。因此，射线 AB 在等效轨道面上的投影射线为 $A'B'$，其对应的 TEC 数据应等效为

$$\text{TEC}_{A'B'} = \text{TEC}_{AB} \frac{|A'B'|}{|AB|} \tag{5-13}$$

其中

$$|A'B'| = \sqrt{r_e^2 + r_s^2 - 2r_e r_s \cos(\theta_s - \theta_B)} \tag{5-14}$$

$$|A'B'| = \sqrt{r_e^2 + r_s^2 - 2r_e r_s (\sin\theta_s \sin\theta_B + \cos\theta_s \cos\theta_B \cos(\theta_s - \theta_B))} \tag{5-15}$$

式中：r_e 和 r_s 分别为地球半径和 A 点卫星的地心距；θ_s 和 θ_B 分别为 A 点卫星的纬度和台站的纬度。

处理过程中，每一次 LEO 卫星过境只需确定一个等效轨道面。设卫星轨道过境部分的平均经度为 $\bar{\lambda}_s$，平均高度为 $\bar{h}_s$，台链的平均经度为 $\bar{\lambda}_0$，则等效轨道面的经度可定为

$$\lambda = \bar{\lambda}_0 + h_0 / \bar{h}_s (\bar{\lambda}_s - \bar{\lambda}_0) \tag{5-16}$$

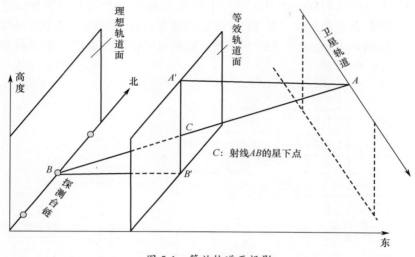

图 5-1 等效轨道面投影

5.2.4 计算结果与分析

1. CT 流程

基于实测数据的电离层 CT 需要按步骤先进行数据读取,然后进行数据质量管控,对数据质量进行判决,剔除不符合要求的观测数据,满足要求的数据进入下一轮处理,具体如下。

(1) 读取卫星信标接收机测量数据中的各频段差分的 I 和 Q 路值、TLE 星历、接收机坐标和观测时间等信息。

(2) 启动卫星轨道计算程序,利用 SGP4 库函数计算卫星坐标;经过相位连接计算得到电离层 TEC 数据,然后进行等效轨道面投影,得到等效的 TEC 数据。

(3) 计算各观测路径在离散化网格内的长度,读取 EOF 函数文件,结合球谐函数展开完成电子密度的表征,得到 CT 投影矩阵,结合 TEC 数据进行 CT。

(4) 利用 TSVD 正则化技术对 CT 方程进行求解,得到电离层电子密度值,再代入 ART 算法进行迭代输出 CT 得到的电离层电子密度(图 5-2)。

2. 模拟仿真验证

首先采用数值仿真方法验证本章电离层 CT 新算法的有效性。选择经度 120°E、纬度 10°N~50°N、高度 100~800km 的区域作为 CT 区域,其中沿纬度和高度方向上网格的间隔分别设定为 0.5°和 25km。每个卫星信标地面接收站对卫星的观测截止仰角设定为 15°，理想情况下，每个台站一次卫星过境期间的可观测时间约 15min。仿真时，观测所需的电子密度"真值"由国际参考电离层模型 IRI-2012 给出。

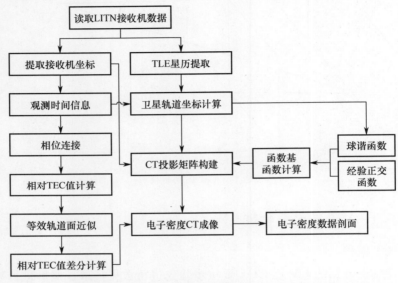

图 5-2　基于 LEO 卫星信标的电离层二维 CT 流程

利用积分方程计算出绝对 TEC，再将每个台站的绝对 TEC 值减去该站 TEC 的最小值，得到卫星信标测量的相对 TEC 数据。由于观测噪声和离散误差的存在，仿真过程中在相对 TEC 中加入了随机噪声。电离层 CT 过程中函数基模型采用了 15 阶 SHA 和 2 阶 EOF 函数。通过分析可知，此次仿真若采用像素基模型法，需要求解的未知数为 $81 \times 29 = 2349$；采用函数基模型法仅为 $(15+1)^2 \times 2 = 512$ 个，不足像素基模型法的 1/4。这有助于降低反演矩阵的条件数，从而增强 CT 反演的稳定性。在计算量上，新算法的计算量主要集中在反演矩阵的构建、截断奇异值分解及 ART 算法的迭代上，在普通的个人计算机（Intel Core I5 处理器，4GB 内存）上，3 个台站的观测数据利用 MATLAB 软件完成一次 CT 计算只需 2~3min。

为了验证电离层 CT 算法对在不同时间和空间的变化条件下的电子密度重构能力，选取 2012 年 5 月 1 日 00:00~21:00 LT 作为仿真时间，每间隔 3h 进行一次成像。图 5-3 给出了 IRI-2012 模型计算的"真实"电离层电子密度分布，从图中可以看出，电离层随着 LT 和纬度的变化特征，其主要表现为低纬度电子密度高于中纬度区域,白天高于夜间,其中夜间 00:00LT 前后电子密度值最小,白天 12:00 前后电子密度达到最大。

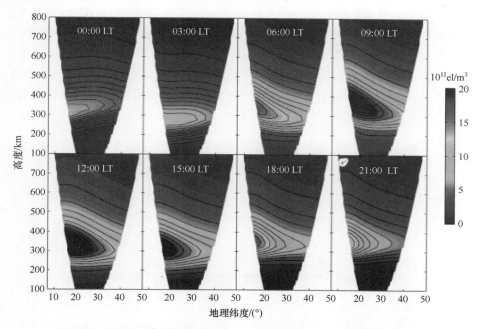

图 5-3　IRI-2012 模型计算的"真实"电离层电子密度分布(见彩插)

图 5-4 为电离层 CT 的反演结果,由于台站位置的限制,部分区域没有观测射线穿越,因此图中用空白显示。从图 5-4 中可以看出,本章的电离层 CT 较好地重构出了电子密度随时间和空间的变化规律,反演结果随 LT 与纬度的变化规律与真实值较为一致,但反演的峰值电子密度高度与真实值之间存在一定的偏差。经分析,造成该偏差的主要原因是由于卫星与地面接收机间缺乏水平射线,地基电离层 CT 的垂直分辨率较低[171]。

电离层 F_2 层峰值电子密度 N_mF_2 反演精度是验证电离层 CT 算法反演性能的重要指标。图 5-5 给出了电离层 CT 反演的 N_mF_2 与真实值之间的比较。其中,图 5-5(a)所示为真实的 N_mF_2 分布,从图中可以看出,与电子密度的变化规律相同,真实的 N_mF_2 呈现出随纬度的增加而逐渐减小的趋势,N_mF_2 在 12:00 LT 最大,在 00:00 LT 最小。图 5-5(b)为电离层 CT 反演结果,从图中可以看出,CT 反演的 N_mF_2 与真实值之间的一致性较好。图 5-5(c)为电离层 CT 反演相比真实值的绝对误差,从图中可以发现,20°N~24°N 的区域在 06:00 LT 和 18:00 LT 的反演误差要高于其他时段,最大误差约 $2×10^{11} el/m^3$,

且反演结果呈现出了类似的"双峰"结构。由于此区域处于磁赤道驼峰异常区北侧,且正好处于晨昏交替时刻,电离层一般存在较大的梯度变化,因此会引起较大的反演误差。而在 28°N~32°N 的区域则是正午(12:00 LT)前后反演误差最大,最大 N_mF_2 误差约 $3×10^{11}$ el/m^3,分析引起该误差的原因与该区域接收机与卫星间的射线普遍仰角相对较低,射线对反演的影响权重过小有关。对于整个仿真场景,电离层 CT 反演 N_mF_2 的绝对平均误差为 $0.89×10^{11}$ el/m^3,RMS 为 10^{11} el/m^3,相对百分比误差为 7.8%。仿真结果验证了本章的电离层 CT 方法的可行性。

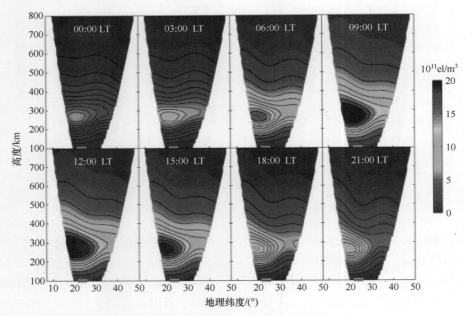

图 5-4 电离层 CT 的反演结果(见彩插)

应该指出的是,图 5-4 中给出的 IRI-2012 模型电子密度分布主要验证本章新 CT 算法对电离层时变特征的重构能力。由于 IRI-2012 模型是一个经验电离层模型(采用 URSI 作为模型的默认输入系数),只能反映电离层的平均变化状态,因此,与实际情况(一般情况 N_mF_2 14:00 LT 最大,06:00 LT 最小)会存在一定的偏差。此外,由于几何因素的限制,卫星信标地面观测站与 LEO 卫星间缺乏水平射线,基于 LEO 卫星信标的电离层 CT 的垂直分辨率是有限的。从仿真结果来看,本章新算法反演的峰值高度比真实值要系统地低约 100km。该系统偏差与观测视角、算法及仿真所用的电离层模型等很多影响因素有关,并非恒定值,因此,无法在利用实测数据进行电离层 CT 时对该偏差进行修正。

第 5 章 电离层层析成像技术 127

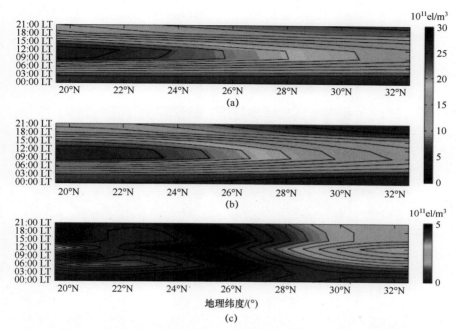

图 5-5 真实的电离层 N_mF_2 与电离层 CT 反演结果比较（见彩插）
(a) 真实的 N_mF_2 分布；(b) 电离层 CT 反演结果；(c) 电离层 CT 反演相比真实值的绝对误差。

受太阳、地磁、大气等多种影响因素的共同作用，电离层扰动状况时有发生。为验证本章算法对不同尺度电离层扰动结构的成像能力，选定一个有扰动的槽状电子密度分布模型进行 CT 反演，该扰动模型在 Chapman 函数的基础上通过添加高斯型电子密度耗尽因子和扰动因子来模拟电离层大尺度的"槽"结构和小尺度的增强扰动结构[45]。模型最大电子密度值、峰值高度和标高分别设定为 10^{12}el/m³、300km 和 60km，电子密度剖面如图 5-6（a）所示。由于像素基模型电离层 CT 算法需要在反演时先给定背景电子密度分布，为分析像素基算法对背景电离层模型的依赖性，给定两种不同的背景电离层电子密度值作为像素基模型法的迭代初值（以下分别简称为 CIT-1 和 CIT-2）。其中，CIT-1 给定的背景电子密度参数为最大电子密度值、峰值高度和标高，分别设定为 $8×10^{11}$el/m³、280km 和 60km；CIT-2 给定的背景电子密度参数则相应调整为 $8×10^{11}$el/m³、250km 和 40km。像素基模型法在两种不同条件下的 CT 反演结果分别如图 5-6（b）和（c）所示；函数基模型算法的 CT 反演结果（简称 CIT-3）如图 5-6（d）所示；本章算法的 CT 反演结果（简称 CIT-4）如图 5-6（e）所示。

从图 5-6 中的电离层 CT 结果来看，对于存在扰动变化的电离层而言，像

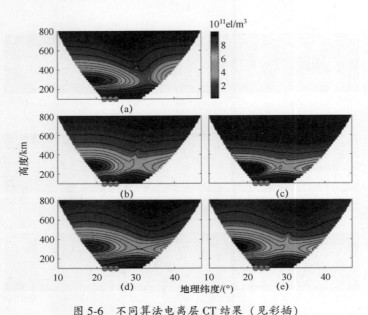

图 5-6　不同算法电离层 CT 结果（见彩插）
(a) 真实电离层电子密度分布；(b) 像素基算法 CIT-1 结果；(c) 像素基算法 CIT-2 结果；
(d) 函数基算法 CIT-3 结果；(e) 本章算法 CIT-4 结果。

素基、函数基及本章算法获取的 4 组电离层 CT 结果均较好地重构出了纬度 27°N～33°N 附近的大尺度电离层"槽"状结构，验证了电离层 CT 对于大尺度电离层结构的反演能力，但在 CT 反演精度及对纬度 30°N、高度 400km 处的电离层小尺度的增强扰动结构的重构方面，各种算法的表现差别较大。从图 5-6 (b) 和 (c) 的对比可以看出，即使迭代算法相同，但在输入不同的电离层背景电子密度的条件下，像素基模型法的反演结果也存在很大区别。图 5-6 (b) 中，由于设定的背景电离层模型参数与"真实"电离层结构较为接近。因此，其反演得到的峰值电子密度（1.06×10^{12} el/m³）与峰值高度（280km）均与"真实"分布更为接近，且在 30°N 附近区域也重构出了电离层的部分扰动特征；CIT-2 由于设定的背景电离层模型参数与"真实"电离层结构偏差较大，其 CT 反演效果则明显要差于 CIT-1 的表现。从图 5-6 (c) 中可以看出，CIT-2 反演的峰值电子密度相比真实值过高（约 1.4×10^{12} el/m³），而峰值高度（约 250km）则过低。对比结果表明，像素基模型法的反演精度在很大程度上依赖于背景电子密度值的准确性，其反演精度存在较大的不确定性；当背景电子密度值与实际的电离层状态存在较大偏差时，即使进行多轮次的 ART 迭代重构，CT 结果依然非常不理想；在利用实测数据进行电离层 CT

时，由于无法事先获知电离层的结构特征，通常只能使用经验电离层模型（如IRI）的输出值作为背景模型值，这势必会影响电离层CT的精度，这也正是像素基模型法的不足之处。另外，从图5-6（d）可以看出，函数基模型法能够较为真实地对电离层分布及较大尺度的"槽"状结构特征进行成像，重构的电离层峰值电子密度（0.95×10^{12}el/m³）和峰值高度（约280km）与"真实"值也非常接近。函数基模型法的优点在于无须设定背景电子密度分布即可实现CT反演，因此，算法的稳定性较强。但图5-6（d）的结果同时也印证了函数基模型法重构的电子密度剖面较为"平滑"的特点，其CT结果没有重构出电离层的较小尺度增强扰动结构。从图5-6（e）可以看出，本章新算法充分结合了像素基和函数算法的优点，不管是在大尺度"槽"状结构还是在小尺度增强结构上，反演结果均与图5-6（a）中的"真实"场景非常一致，仿真结果验证了新算法相比其他算法在重构电离层不均匀体结构方面的优越性。

3. 实测数据验证

利用LITN网NCU、Jiayi、Checheng 3个台站的实测数据进行电离层CT，CT算法采用与5.4.2节数值仿真时相同的参数设置。由于LEO卫星轨道高度和卫星数目的限制，LITN网暂时不能进行全天候连续地电离层CT，因此，本章主要对卫星过境期间的夜间黎明前时段和白天午后时段的CT结果进行讨论。

图5-7所示为2012年5月9日的白天下午时段（08:27UT转换为当地时即16:27LT）电离层CT结果，横轴上三角形表示参与CT反演的台站所在的地理纬度，白线代表用于CT精度验证时采用的中国台湾花莲（23.9°N，121.6°E）的动态式电离层探测仪（Dynasonde）的位置。从图5-7中可以看出，CT算法较为清晰地重构出了白天磁赤道北驼峰区域的特征，重构的峰值区域分布在16°N~19°N。随着纬度的增加，电子密度表现出先增加再逐渐下降的变化趋势。其中，驼峰区最大电子密度值约2×10^{12}el/m³，而驼峰区南侧及北侧的最大电子密度为$1.5\times10^{12}\sim1.6\times10^{12}$el/m³，相比峰值区有20%的下降。另外，峰值电子密度高度在驼峰区南侧与北侧均相比驼峰区也出现了不同程度的降低。

图5-8所示为2012年5月9日的夜间黎明前时段（20:02UT，即5月10日04:02LT）电离层CT结果。从图5-8可以看出，与白天不同，在夜间较高纬区域的电离层电子密度要高于较低纬区域，其峰值出现在33°N~35°N附近，电子密度值约为3×10^{11}el/m³；当纬度高于33°N时，电子密度开始逐渐减小。通过图5-7及图5-8的比较可以看出，随着时间的变化，峰值电子密度呈现出

从白天的低纬区域逐渐向夜间的更高纬度区域移动的趋势。以上电离层 CT 结果与电离层其他观测手段观测到的变化规律是基本吻合的[158-159]。

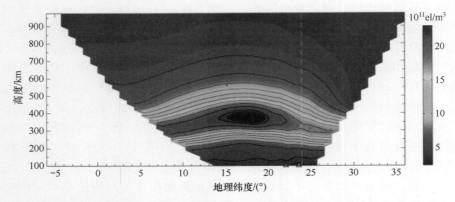

图 5-7　2012 年 5 月 9 日 08∶27 UT（16∶27 LT）的电离层 CT 结果（见彩插）

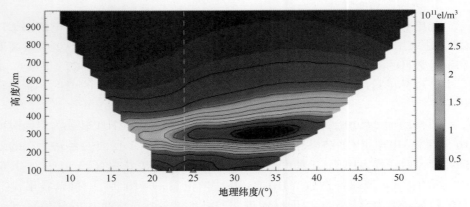

图 5-8　2012 年 5 月 9 日 20∶02UT（04∶02LT）的电离层 CT 结果（见彩插）

由于结合了函数基模型与像素基模型的优点，本章算法能够较好地反演出电离层扰动结构。图 5-9 所示为 2012 年 5 月 8 日 19∶29 UT（03∶36LT）卫星信标地面接收站获取的相对 TEC 测量值及电离层 CT 结果。其中，图 5-9（a）所示为 NCU、Jiayi、Checheng 3 个台站测量的电离层相对 TEC 值，图中横坐标表示卫星星下点地理纬度值；图 5-9（b）为电离层 CT 结果。从图 5-9（a）可以看出，在整个卫星过顶期间，当卫星处于较低纬度时，电离层 TEC 的相对变化较小。以 NCU 站的测量结果为例，卫星纬度由 5°N 变化到 20°N 期间，电离层 TEC 的相对变化仅为不到 2.5TECU；而在 20°N~45°N 期间，相对 TEC 的变化则增加到约 12.5TECU。从电离层 TEC 变化的形态分析来看，卫星与地面接收机信号穿越区的电离层电子密度应该满足低纬较小而高纬较高的变化特征。对比图 5-9（b）可以看出，电离层 CT 的反演结果与 TEC 推断的电子密度变化趋势是一致的。另外，值得注意的是，当卫星位于 41°N 和 46°N 附近时，NCU 站测量到了卫星信号传播路径上 TEC 的两处小"凸起"结构（图 5-9 中圆圈处位置），由于斜 TEC 反映的是信号穿越区域电子密度的积分情况，因此，只要该区域的电离层出现了较为明显的增强情况，对应 3 个台站的电离层 TEC 一般会出现一一对应的扰动特征。由此可以推断，NCU 站接收的信号路径经过了两处电离层电子密度的扰动增强区。通过计算 NCU 站在 300km 左右的电离层穿刺点，得到这两处电子密度增强的位置约为 30.8°N 和 34.3°N，而图 5-9（b）给出的 CT 结果非常准确地重构出了在 31°N 和 34°N 的两处电离层电子密度增强的特征。反演结果验证了本章算法重构电离层小尺度扰动特征的可行性。

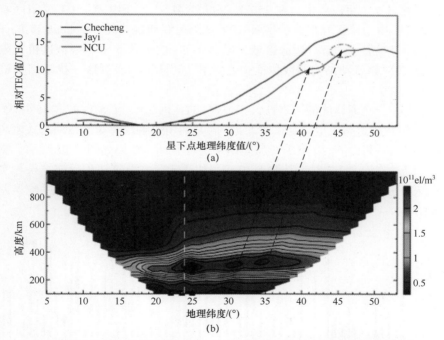

图 5-9　2012 年 5 月 8 日 19：36 UT（03：36 LT）卫星信标 TEC 测量值及电离层 CT 结果（见彩插）

（a）LITN 地面卫星信标接收机相对 TEC 测量值；（b）电离层 CT 结果。

在对图 5-9 的分析过程中，选择 NCU 站的数据为例分析斜 TEC 的增强与反演 N_e 小尺度增强间的对应关系，主要原因在于 NCU 站观测的电离层斜 TEC 的采样点数最多，观测时间最长。而 Checheng 站点卫星星下点 41°N 附近观测的斜 TEC 数据同样出现了类似的增强，计算其 300km 左右的电离层穿刺点，反推得到这处电子密度增强的位置也为 30.8°N，这与 NCU 站的分析结果非常一致。然而，由于 Checheng 站并未获取卫星星下点 45°N 更往北后的电离层斜 TEC 数据，因此，只通过 Checheng 站的数据无法进一步验证 NCU 站反演的第二个扰动增强结构。另外，对 Jiayi 站而言，由于其观测数据覆盖的区域太小（13°N ~25°N），其接收的 LEO 信标信号并未穿越对应的两处增强区域，因此，无法通过其观测的电离层斜 TEC 分析得到电离层的增强结构。

此外，值得注意的是，在图 5-9（a）第二个虚圈所示的 TEC 凸起结构之后约 5°同样也出现了一个扰动结构，但图 5-9（b）的 CT 结果中并没有反映出该扰动特征，分析其原因，主要在于 NCU 站该 TEC 凸起结构的星下点位置约 50°N，计算该扰动结构对应 350km 高度的对应的信号穿刺点位置应为纬度 41°。从图 5-9 中可以看出，在 350km 高度处 41°已处于电离层 CT 反演区域的边缘位置，由于该区域仅有少量 NCU 的观测射线通过，而 Checheng 和 Jiayi 站均无观测射线通过这部分边缘区域，电离层 CT 的视角非常有限，这极大限制了 CT 算法对该扰动结构的成像能力，导致 CT 算法无法对这一扰动结构进行清晰的成像。

为进一步验证算法的可靠性，本节对 LITN 网 2012 年 5 月 1 日~5 月 31 日共计 66 组数据进行了电离层 CT 反演，同时利用中国台湾花莲站动态式电离层探测仪探测获得的 N_mF_2 数据对反演结果进行验证，结果如图 5-10 所示，图中横轴对应时刻均为 UT 时。从图 5-10 中可以看出，本章算法的反演结果与实测结果较为一致，计算 N_mF_2 的最大绝对误差为 6.1×10^{11} el/m³，绝对平均误差为 1.6×10^{11} el/m³，RMS 为 2.3×10^{11} el/m³，相对百分比误差约为 16.2%。

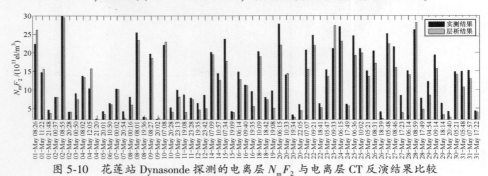

图 5-10 花莲站 Dynasonde 探测的电离层 N_mF_2 与电离层 CT 反演结果比较

5.2.5 小结

LEO 卫星信标作为一种电离层探测的有效手段，可用于电离层电子密度的快速成像，从而满足空间科学研究及空间信息系统对精细化电离层电子密度参量的需求。本章针对 LEO 卫星信标的特点，提出了一种新的电离层 CT 方法。该算法的特点主要表现如下。

（1）无须估算电离层绝对 TEC 值，直接利用差分相对 TEC 数据进行电离层 CT 反演。

（2）利用基于 SHA 及 EOF 的函数基模型与像素基模型组合的方法进行电离层 CT，同时综合将 TSVD 和 ART 算法用于 CT 反演矩阵的求解，有效降低了传统电离层 CT 方法对背景电离层模型的依赖，提升了电子密度反演的稳定性。

仿真结果表明：电离层 CT 结果与"真实"电子密度分布较为吻合，整体上 CT 得到 N_mF_2 的绝对平均误差为 0.89×10^{11} el/m³，RMS 为 10^{11} el/m³，相对误差为 7.8%。利用 LITN 网的实测数据对东经 120°子午面部分中低纬度区域进行了电离层 CT 反演，其中白天数据重构得到了清晰的电离层磁赤道异常区北驼峰的结构，且发现夜间电离层峰值有从低纬向更高纬度移动的趋势；通过与实测的 TEC 结果的比较分析，验证了本章算法对电离层的较小尺度扰动结构的重构能力。对 2012 年 5 月期间电离层 CT 反演结果的统计表明：本章算法反演的 N_mF_2 最大绝对误差为 6.1×10^{11} el/m³，绝对平均误差为 1.6×10^{11} el/m³，RMS 为 2.3×10^{11} el/m³，相对误差约为 16.2%。仿真实验和实测数据的 CT 验证了本章算法的可靠性。

必须指出的是，由于地面观测站与卫星间缺乏水平射线，基于 LEO 卫星信标的电离层 CT 的垂直分辨率较为有限[163,171]，本章峰值高度（h_mF_2）的反演精度相比经验电离层模型（如 IRI 模型）并没有明显的提高。融合地基垂测仪、天基无线电掩星等数据进行多手段联合 CT 是提高成像垂直分辨率的重要途径[67,157,172]。此外，由于 LEO 信标卫星及地面卫星信标接收台站较少，这使得单独使用 LEO 卫星信标难以对区域电离层进行全天候不间断的监测。随着 GPS、GLONASS、BDS 和 Galileo 等 GNSS0 的发展，地基和天基 GNSS 电离层探测日益完善，电离层三维 CT 开始更多地依赖地基 GNSS 和 GNSS/LEO 掩星的测量数据，因此，下一节将对此开展进行进一步的探索研究。

5.3 基于 GNSS 和掩星数据联合的电离层三维层析成像

5.3.1 掩星辅助地基 GNSS 电离层三维层析成像

1. CT 方程离散化

地基 GNSS 电离层三维 CT 主要是指通过一系列 GNSS 卫星和地面接收机

间无线电信号传播路径上的积分 TEC 测量来重构区域内三维电离层电子密度分布。地面 GNSS 接收机获得的 TEC 可以表示为沿信号传播路径上电子密度的积分,有

$$d_i = \int_s N_e(\boldsymbol{r}) \mathrm{d}s \tag{5-17}$$

式中: d_i 为总电子含量; $N_e(\boldsymbol{r})$ 为沿传播路径随时间和空间变化的电子密度; s 为地面接收机至卫星的视线路径。

将反演区域按照经度、纬度和高度方向划分为 N 个网格,采用级数展开型算法,利用一组空间基函数 $h_k(\boldsymbol{r})$ 将电子密度分布离散化,有

$$N_e(\boldsymbol{r}) = \sum_{k=1}^{K} a_k h_k(\boldsymbol{r}) \tag{5-18}$$

式中: a_k 为权重系数。

由于 a_k 不随时间而变化,因此,有

$$\begin{aligned} d_i &= \sum_{n=1}^{N} N_e(\boldsymbol{r}) \Delta s_{in} = \sum_{n=1}^{N} \sum_{k=1}^{K} [a_k h_k(\boldsymbol{r})] \Delta s_{in} \\ &= \sum_{k=1}^{K} a_k \sum_{n=1}^{N} h_k(\boldsymbol{r}) \Delta s_{in} = \sum_{k=1}^{K} \sum_{n=1}^{N} g_{ik} \Delta s_{in} \end{aligned} \tag{5-19}$$

在给定基函数的具体形式后,根据相应射线的几何位置可以确定 g_{ik}。基函数包括像素基函数和函数基函数两大类。本章采用像素类基函数,其将空间离散为有限数目的网格,将网格中的电子密度当作常数分布。若网格内有无线电信号传播路径通过,则基函数设定为 1,否则为 0,即

$$h_k(\boldsymbol{r}) = \begin{cases} 1, & \text{射线通过该网格} \\ 0, & \text{射线不通过该网格} \end{cases} \tag{5-20}$$

因此,CIT 问题可以转换为求解下列线性方程组的问题,即

$$\boldsymbol{d} = \boldsymbol{AX} \tag{5-21}$$

式中:向量 $\boldsymbol{d}$ 由 TEC 观测数据 d_i 组成;待求向量 $\boldsymbol{X}$ 由待定的基函数权重 a_k 组成;投影矩阵 $\boldsymbol{A}$ 由基函数加权的第 i 条信号传播路径在第 j 个网格内投影相对于参考路径的增量 g_{ik} 组成。

采用 CT 算法求得基函数权重,便可得到电子密度的分布[163]。

2. 乘法代数迭代算法的改进

1) 传统 MART 算法

对于线性方程组的求解,常用的较为稳定可靠的算法为 MART。MART 算法收敛速度快,而且其解可以保证是正值,这恰好满足重构的电离层电子密度须大于零的要求。MART 算法的迭代方式如下。

（1）利用电离层模型计算的电子密度值作为背景场初值 $X^{(0)}$，且
$$X_j^{(0)} > 0, j = 1, 2, \cdots, n \tag{5-22}$$
（2）基于实测的电离层数据，背景场初值按照以下迭代方式求解，即
$$X_j^{(k+1)} = X_j^{(k)} \left(\frac{d_i}{\langle X^{(k)}, a_i \rangle} \right)^{\frac{\lambda_k a_{ij}}{\|a_i\|}} \tag{5-23}$$

式中：i 为 TEC 路径编号；j 为网格编号；$X_j^{(k+1)}$ 和 $X_j^{(k)}$ 分别为迭代 $k+1$ 次和 k 次的第 j 个网格的电子密度；a_{ij} 为第 i 条路径在第 j 个网格内的投影；$\|a_i\|$ 为第 i 条路径总长；d_i 为第 i 条射线路径的总电子含量；λ 为松弛因子，在迭代过程中一般设定 λ 为一个固定的常数。

式（5-23）的迭代顺序为 $i = \mathrm{mod}(k, m) + 1$，$m$ 为 CT 采用的 STEC 观测值总数。

2）改进 MART 算法

由以上可以看出，MART 算法在迭代过程中，方程的迭代顺序、迭代轮次、松弛因子的具体取值均会对 CT 的最终结果造成一定的影响。松弛因子与 MART 算法的收敛速度直接相关，其取值影响收敛时的震荡幅度和收敛所需的迭代次数。传统 MART 在松弛因子的取舍、迭代顺序如何给定等方面存在较大的随意性，使得 CT 结果存在稳定性较差的问题。为消除 MART 算法的不稳定性，本章对乘法代数迭代算法进行相应的改进，迭代分两步实现，每一步的松弛因子取值不同，具体实现方法如下。

（1）取较大的松弛因子进行迭代，λ_k 一般取值 3.0。当迭代过程中截止阈值满足 tol<10^{-8} 时，停止迭代，阈值计算方法为
$$\mathrm{tol} = \frac{1}{N} \sum_{j=1}^{N} | (X_j^{(k+1)} - X_j^{(k)}) / X_j^{(k+1)} | \tag{5-24}$$

（2）将步骤（1）获取的最终 X 值替换 $X^{(0)}$ 作为迭代初值，再采用式（5-23）进行二次迭代，此时可取较小的松弛因子 $\lambda_k = 0.9$ 再次迭代 10 轮即可。

（3）改进 MART 算法的迭代顺序，原 MART 算法通常按照 $i = \mathrm{mod}(k, m) + 1$ 的顺序进行迭代，这是为消除固定迭代次序对电离层电子密度反演精度的影响，采用随机数的方法确定迭代顺序。

3）实测数据驱动的电离层背景场初值

大量研究表明，背景初值对三维 CT 的影响结果非常大，因此，给出一个更为合理的背景初值的估计将在一定程度上提高 CT 的精度。传统的电离层 CT

方法一般选择经验电离层模型输出的电子密度值作为背景场，其中最为常用的模型即 IRI[173-174]。由于地基 GNSS 用于三维 CT 的垂直分辨率较低，因此，如何提高背景初值在高度方向上的分辨率即成为提升地基 GNSS 三维 CT 精度的关键。本章提出将 COSMIC 掩星数据辅助地基 GNSS 的电离层三维 CT，其基本思路是利用 COSMIC 掩星数据驱动更新 IRI 模型，以提高 CT 时采用的背景初值——IRI 模型的电子密度峰值高度（h_mF_2）的精度。

采用 COSMIC 数据中心 CDAAC（COSMIC Data Analysis and Archive Center）发布的电子密度剖面数据对 IRI 模型进行驱动更新，利用 IRI-2016 模型中的 SDMF2 模型[175]作为峰值高度 h_mF_2 的计算选项。SDMF2 模型计算 h_mF_2 的公式如下：

$$h_mF_2(\lambda,\mu,\text{UT}_i,\text{month},F_{10.7A}) = A(\lambda,\mu,\text{UT}_i,\text{month}) \\ \cdot \ln F_{10.7A}(\text{month}) + B(\lambda,\mu,\text{UT}_i,\text{month}) \quad (5\text{-}25)$$

$$A(\lambda,\mu,\text{UT}_i,\text{month}) = \\ \frac{h_mF_{2\text{HSA}}(\lambda,\mu,\text{UT}_i,\text{month}) - h_mF_{2\text{LSA}}(\lambda,\mu,\text{UT}_i,\text{month})}{\ln F_{F10.7A}^{\text{HSA}}(\text{month}) - \ln F_{F10.7A}^{\text{LSA}}(\text{month})} \quad (5\text{-}26)$$

$$B(\lambda,\mu,\text{UT}_i,\text{month}) = h_mF_{2\text{HSA}}(\lambda,\mu,\text{UT}_i,\text{month}) \\ - A(\lambda,\mu,\text{UT}_i,\text{month}) \cdot \ln F_{F10.7A}^{\text{HSA}}(\text{month}) \quad (5\text{-}27)$$

$$h_mF_{2\text{mod}}(\lambda,\mu,\text{UT}_i,\text{month},F_{10.7A}) = \sum_{n=0}^{3}\left[a_n\cos(n\frac{2\pi}{T}\text{UT}_i) + b_n\sin(n\frac{2\pi}{T}\text{UT}_i)\right] \quad (5\text{-}28)$$

式中：$(\lambda,\mu,\text{UT}_i,\text{month},F_{10.7A})$ 分别为经度、修正的磁倾斜磁纬度、世界时、月份和太阳 $F_{10.7A}$ 指数；HSA 和 LSA 分别为太阳活动高年和活动低年；$T=24\text{h}$；a_n 和 b_n 为模型的展开系数。

由此看出，太阳 $F_{10.7A}$ 指数是 SDMF2 模型 h_mF_2 大小的重要控制因素之一。如图 5-11 所示为 2013 年 3 月，不同地理位置（经度 120°，纬度 −60°~60°）在不同 $F_{10.7A}$ 指数输入条件下 SDMF2 模型输出的 h_mF_2 值比较，其中左上角显示为纬度 20°点处电离层 h_mF_2 与 $F_{10.7A}$ 指数间的变化关系。从图 5-11 中可以看出，太阳 $F_{10.7A}$ 指数是 SDMF2 模型 h_mF_2 大小的重要控制因素之一，h_mF_2 与 $F_{10.7A}$ 指数直接线性相关，二者呈单调递增关系，即 $F_{10.7A}$ 指数越大，则 h_mF_2 越大，反之亦然。因此，通过线性搜索算法可以找到一个最优的 $F_{10.7A}$ 指数，使得模型的 h_mF_2 输出值与掩星观测值间的误差最小。

本章研究利用 Brent 算法获取最佳的 $F_{10.7A}$ 指数 $\hat{F}_{10.7A}$，使得模型输出的 $h_mF_{2\text{mod}}(\hat{F}_{10.7A})$ 与掩星观测数据 $h_mF_{2\text{mes}}$ 间的均方差最小，即

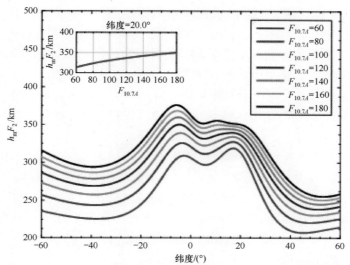

图 5-11　2013 年 3 月，不同地理位置在不同 $F_{10.7A}$ 指数输入条件下 SDMF2 模型输出的 h_mF_2 值比较（见彩插）

$$(\widehat{F}_{10.7A}) = \mathrm{argmin} \sum_{i=1}^{M} (h_mF_{2\mathrm{mod},i}(F_{10.7A}) - h_mF_{2\mathrm{mes},i})^2 \quad (5\text{-}29)$$

$$\widehat{F}_{10.7A} = \mathrm{argminVar}(h_mF_{2\mathrm{mod}}(F_{10.7A}) - h_mF_{2\mathrm{mes}}) \quad (5\text{-}30)$$

式中：M 为 COSMIC 掩星电子密度剖面数量。

在电离层 CT 过程中，我们设定的时间分辨率为 15min，在此时间窗口内落在成像区域内的 COSMIC 掩星事件非常少。为保证 COSMIC 数据能最大程度上修正背景模型，在 CT 时，我们选择将一天内"落在"成像区域内的所有 COSMIC 掩星测量的 h_mF_2 数据进行数据吸收，以获取一个最优的 $\widehat{F}_{10.7A}$ 值。最后将最优化得到的 $\widehat{F}_{10.7A}$ 替换 IRI 模型默认调用的 $F_{10.7A}$ 指数作为输入参数，从而重构得到全新的电离层三维电子密度，即

$$N_{e\mathrm{BackModel}} = N_{e\mathrm{IRI\text{-}SDMF2}}(\mathrm{Year}, \mathrm{doy}, \mathrm{UT}, \varphi, \lambda, h, \widehat{F}_{10.7A}) \quad (5\text{-}31)$$

式中：$N_{e\mathrm{BackModel}}$ 为三维电子密度值；Year 为年；doy 为年积日；UT 为世界时；φ、λ 分别为地理纬度和经度；h 为高度。

将 $N_{e\mathrm{BackModel}}$ 作为 MART 算法的初始背景场，再次利用 GNSS 的观测数据进行 CT，从而获得最终的三维电子密度分布。

5.3.2　电离层三维层析成像投影矩阵的构建

1. 卫星轨道坐标的计算

构建投影矩阵 A 是实现电离层 CT 的前提，投影矩阵是由接收机和卫星的

相对位置决定的。由于接收机位置一般是固定已知的，因此，在构建矩阵 A 之前，首先需要确定卫星轨道坐标。确定卫星轨道坐标主要有两种方式：①采用 RINEX 广播星历计算卫星坐标；②采用 SP3 精密星历计算卫星坐标。本章主要利用 RINEX 广播星历计算卫星坐标。

由 RINEX 星历计算卫星轨道坐标的方法如下：卫星在近地点时刻 t_p 时刻的轨道长半轴表示为 A，偏心率为 e，近地点角距为 ω，升交点赤经 Ω_0，轨道倾角为 i。

（1）计算卫星运行的平均角速度 n，即

$$n_0 = \sqrt{GM/A^3} = \sqrt{u}/(\sqrt{A})^3, \quad u = GM = 3.986005 \times 10^{14} \mathrm{m^3/s^2} \quad (5\text{-}32)$$

$$n = n_0 + \Delta n \quad (5\text{-}33)$$

（2）计算归化时间 t_k。卫星时钟与 GPS 的时间偏差为

$$\Delta t_s = a_0 + a_1(t - t_{oc}) + a_2(t - t_{oc})^2 \quad (5\text{-}34)$$

一阶相对论修正项为

$$\Delta t_R = F e_s \sqrt{a_s} \sin(E_k) = \frac{2 R_s V_s}{c^2} \quad (5\text{-}35)$$

式中：$F = \dfrac{-2\sqrt{\mu}}{c^2} = -4.442807633 \times 10^{-10} \mathrm{s/(m)^{1/2}}$，$\mu = 3.986005 \times 10^{14} \mathrm{m^3/s^2}$；$c$ 为光速；e_s 为卫星轨道偏心率；a_s 为轨道长半轴；E_k 为卫星轨道的偏近点角。经过传输时间修正后发射时刻的 GPS 时间为

$$t = t_c - \Delta t_s - \Delta t_R + T_{GD} \quad (5\text{-}36)$$

$$t_k = \begin{cases} t_c - t_{oe} - 604800, & t_c - t_{oe} > 302400 \\ t_c - t_{oe} + 604800, & t_c - t_{oe} < 302400 \end{cases} \quad (5\text{-}37)$$

式中：t_c 为经过传播时延修正的发射时刻的 GPS 时间。

（3）计算卫星的平近点角 M，即

$$M = M_0 + n t_k \quad (5\text{-}38)$$

式中：M_0 为星历中给出的参考时刻 t_{oe} 的平近点角。

（4）计算观测时刻偏近点角 E，即

$$E = M + e_s \sin E \quad (5\text{-}39)$$

超越方程用迭代法求解，首先令 $E = M$，求出新的 E，然后代入求解，收敛很快。

（5）计算真近点角 ν，即

$$\nu_1 = \cos^{-1}\left(\frac{\cos E - e_s}{1 - e_s \cos E}\right), \quad \nu_2 = \sin^{-1}\left(\frac{\sqrt{1 - e_s^2} \sin E}{1 - e_s \cos E}\right) \quad (5\text{-}40)$$

$$\nu = \nu_1 \text{sign}(\nu_2) \tag{5-41}$$

计算升交距角 ϕ，$\phi = \nu + \omega$，式中 ω 为导航电文中给出的近地点角距。

（6）计算摄动修正项 $\delta\phi$、δr、δi

$$\begin{cases} \delta\phi = C_{uc}\cos(2\phi) + C_{us}\sin(2\phi) \\ \delta r = C_{rc}\cos(2\phi) + C_{rs}\sin(2\phi) \\ \delta i = C_{ic}\cos(2\phi) + C_{is}\sin(2\phi) \end{cases} \tag{5-42}$$

式中：$\delta\phi$、δr、δi 分别为升交点角距 ϕ、卫星矢径 r 和轨道倾角 i 的摄动量；C_{uc} 和 C_{us}、C_{rc} 和 C_{rs}、C_{ic} 和 C_{is} 分别为它们的正余弦调和修改项的幅度。

（7）升交点角距、卫星矢径和轨道倾角摄动修正如下：

$$\begin{cases} \phi_k = \phi + \delta\phi \\ r_k = r + \delta r \\ i_k = i + \delta i + i\text{dot}(t - t_{oe}) \end{cases} \tag{5-43}$$

计算观测时刻升交点经度 Ω_k，即

$$\Omega_k = \Omega_0 + \dot{\Omega}(t - t_{oe}) - \Omega_e t = \Omega_0 + (\dot{\Omega} - \Omega_e) \tag{5-44}$$

式中：Ω_0、$\dot{\Omega}$ 和 t_{oe} 可由导航电文读取；Ω_e 为地球自转角速度。

（8）计算卫星在轨道平面坐标系中的坐标（x 轴指向升交点），即

$$\begin{cases} x_k = r_k \cos\phi_k \\ y_k = r_k \sin\phi_k \\ z_k = 0 \end{cases} \tag{5-45}$$

式中：$r_k = a_s(1 - e_s\cos E_k)$，$E_k$ 为卫星轨道的偏近点角。

（9）计算卫星在地球坐标系中的坐标，即

$$\begin{bmatrix} X \\ Y \\ Z \end{bmatrix} = \begin{bmatrix} x_k \cos\Omega_k - y_k \cos i_k \sin\Omega_k \\ x_k \sin\Omega_k + y_k \cos i_k \cos\Omega_k \\ y_k \sin i_k \end{bmatrix} = \begin{bmatrix} r_k \cos\phi_k \cos\Omega_k - r_k \sin\phi_k \cos i_k \sin\Omega_k \\ r_k \cos\phi_k \sin\Omega_k + r_k \sin\phi_k \cos i_k \sin\Omega_k \\ r_k \sin\phi_k \sin i_k \end{bmatrix} \tag{5-46}$$

2. 电离层 CT 投影矩阵的构建

获取卫星轨道坐标后，根据接收机所在位置即可构建投影矩阵。通常的做法是先将 CT 区域在地理球坐标系下按照经度、纬度和高度方向划分为多个网格，然后通过卫星-接收机间的直线方程依次计算射线穿越网格内的经度、纬度和高度面的交点，再计算交点与交点在不同网格内的几何截距，最后将所有路径计算得到的几何截距集合得到投影矩阵。

我们在球立方体坐标系 Cube-sphere 下实现投影矩阵的构建。在笛卡儿坐

标系下,通过坐标旋转,将反演区域的中心点定为 $(R_E, 0, 0)$,其中 R_E 为地球半径。因此,立方体球坐标系下任意一点的坐标由3个变量 ε、η、r 决定,其中立方体球坐标系坐标变量与笛卡儿坐标系 (X, Y, Z) 之间的转换关系如图 5-12 所示,即

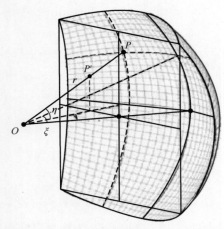

图 5-12 立方体球坐标系坐标变量与笛卡儿坐标系之间的转换关系

$$\begin{cases} \dfrac{y}{x} = \tan\xi \\ \dfrac{z}{x} = \tan\eta \\ r = \sqrt{x^2 + y^2 + z^2} \end{cases} \tag{5-47}$$

对于 CT 网格中的任意一个节点来说,其在立方体球坐标系下对应的坐标为 ξ_α,η_β,r_γ,可表示如下:

$$\begin{cases} \xi_\alpha = \alpha\Delta\xi \\ \eta_\beta = \beta\Delta\eta \\ r_\gamma = r_0 + \gamma\Delta r \end{cases} \tag{5-48}$$

GNSS 卫星与接收机间传播路径直线方程可以表示为

$$\boldsymbol{M}(l) = (x, y, z) = \boldsymbol{M}_0 + l\boldsymbol{e} = (x_0, y_0, z_0) + l(e_x, e_y, e_z) \tag{5-49}$$

式中:l 为射线到起始点 (x_0, y_0, z_0) 的长度。

为求出射线在网格内的路径长度,首先需要计算射线与网格3个面的交点。对于第一种面,设定 $\xi = \xi_\alpha$,此时计算得到

$$l = \frac{x_0\tan(\xi_\alpha) - y_0}{e_y - e_x\tan(\xi_\alpha)} \tag{5-50}$$

对于第二种面，$\eta = \eta_\beta$，此时计算得到

$$l = \frac{x_0 \tan(\eta_\beta) - z_0}{e_z - e_x \tan(\eta_\beta)} \tag{5-51}$$

对于第三种面，$r = r_\gamma$，此时计算得到

$$l = -(x_0 e_x + y_0 e_y + z_0 e_z) \pm \sqrt{(x_0 e_x + y_0 e_y + z_0 e_z)^2 - (x_0^2 + y_0^2 + z_0^2 - r_\gamma^2)} \tag{5-52}$$

由此可得到一组长度列表 $\{l_c\}$。若将网格内的电子密度视为恒定值，电离层 CT 方程可以表示为

$$d_i = \sum_j G_{ij} \rho_j \tag{5-53}$$

此时，几何算子 G_{ij} 即可通过 $G_{ij} = l_{c+1} - l_c = l_{j+1} - l_j$ 得到，代表第 i 个射线在第 j 个网格内的长度值。

若将网格内的电子密度视为其周围网格点的插值，此时网格矩阵内的元素要有所变化，有

$$\begin{aligned}
\rho(\boldsymbol{r}) &= \rho(\xi, \eta, r) \\
&= \sum_{\alpha\beta\gamma} \rho_{\alpha\beta\gamma} \left(1 - \frac{|\tan(\xi - \xi_\alpha)|}{\tan(\Delta\xi)}\right)\left(1 - \frac{|\tan(\eta - \eta_\beta)|}{\tan(\Delta\eta)}\right)\left(1 - \frac{|r - r_\gamma|}{\Delta r}\right) \\
&= \sum_{\alpha\beta\gamma} \rho_{\alpha\beta\gamma} \left(1 - \frac{|(y - \tan(\xi_\alpha)x)|}{\tan(\Delta\xi)(x + \tan(\xi_\alpha)y)}\right) \\
&\quad \cdot \left(1 - \frac{|(z - \tan(\eta_\beta)x)|}{\tan(\Delta\eta)(x + \tan(\eta_\beta)z)}\right) \\
&\quad \cdot \left(1 - \frac{\sqrt{x^2 + y^2 + z^2} - r_\gamma}{\Delta r}\right) = \sum_{\alpha\beta\gamma} \rho_{\alpha\beta\gamma} f_{\alpha\beta\gamma}(\boldsymbol{r})
\end{aligned} \tag{5-54}$$

式中：$\rho_{\alpha\beta\gamma}$ 为在网格节点 $\alpha\beta\gamma \equiv j$ 处待反演的电子密度值；$f_{\alpha\beta\gamma}(\boldsymbol{r})$ 为笛卡儿坐标系下的函数，其中定义 $\xi_{\alpha-1} < \xi_\alpha < \xi_{\alpha+1}$、$\eta_{\beta-1} \leqslant \eta_\beta \leqslant \eta_{\beta+1}$、$r_{\gamma-1} \leqslant r_\gamma \leqslant r_{\gamma+1}$。

在直角坐标系下，沿着射线路径的积分点坐标为

$$x = x_0 + l e_x, \quad y = y_0 + l e_y, \quad z = z_0 + l e_z \tag{5-55}$$

因此，函数 $f_{\alpha\beta\gamma}(\boldsymbol{r})$ 可以替换为

$$\begin{aligned}
f_{\alpha\beta\gamma}(\boldsymbol{r}) &= f_{\alpha\beta\gamma}(l) \\
&= \left(1 - \frac{1}{\tan(\Delta\xi)}\left|\frac{(y_0 - \tan(\xi_\alpha)x_0) + (e_y - \tan(\xi_\alpha)e_x)l}{(x_0 - \tan(\xi_\alpha)y_0) + (e_x - \tan(\xi_\alpha)e_y)l}\right|\right) \\
&\quad \cdot \left(1 - \frac{1}{\tan(\Delta\eta)}\left|\frac{(z_0 - \tan(\eta_\beta)x_0) + (e_z - \tan(\eta_\beta)e_x)l}{(x_0 - \tan(\eta_\beta)y_0) + (e_x - \tan(\eta_\beta)e_z)l}\right|\right)
\end{aligned}$$

$$\cdot \left(1 - \frac{\left|\sqrt{(x_0^2 + y_0^2 + z_0^2) + 2(x_0 e_x + y_0 e_y + z_0 e_z) + l^2} - r_\gamma\right|}{\Delta r}\right) \quad (5\text{-}56)$$

由于表达式中绝对值的存在，式（5-56）中每个括号内的值均保持同一种正负状态。对于同一网格而言，式（5-56）中的绝对值符号可以省略，因此，积分算子可以表示为

$$d_i = \sum_c \int_{\text{ray}(i)\text{incell}c} f_{\alpha\beta\gamma}(l) \, \mathrm{d}l \quad (5\text{-}57)$$

式中：c 为对临近 $\alpha\beta\gamma \equiv j$ 的所有节点进行累积。

对于射线 i 通过的网格点 c 而言，其积分形式可以表示为

$$\int_{l_c}^{l_{c+1}} \left(\frac{a_1 + b_1 l}{c_1 + d_1 l}\right) \left(\frac{a_2 + b_2 l}{c_2 + d_2 l}\right) \left(\frac{\sqrt{a_3 + b_3 l + c_3 l^2} + d_3}{\Delta r}\right) \mathrm{d}l \quad (5\text{-}58)$$

式中：a、b、c 系数由式（5-58）计算得到。

这样就在立方体球坐标系下得到了电离层 CT 投影矩阵内各元素计算的解析表达式。可以看到，第二种处理方式矩阵的构建要比第一种复杂，但是这样做有两个优点。

（1）其内在的连续性保证了相邻三维网格间电子密度间变化的连续性，这有利于一些需要电子密度连续性的工程应用，如短波通信三维射线追踪等。

（2）这样处理得到的投影矩阵中的非零元素相比第一种方式要更少，有利于降低矩阵的条件数，从而提升 CT 方程求解时的稳定性。相比于地理坐标系，利用立方体球坐标系能够得到电离层 CT 中几何算子的解析表达式，从而有利于投影矩阵的高效、快速和精确的构建。

5.3.3 电离层层析成像及精度验证数据来源

1. 地基 GNSS 数据

选择亚大（亚洲-大洋洲）区域 40 个左右地基 GNSS 台站的数据参与电离层 CT 成像，数据由 http://www.unavco.org/data/gps-gnss 下载，台站的地理位置分布如表 5-2 所列。下载数据格式为 GNSS 测量中普遍采用的标准数据格式 RINEX（Receiver Independent Exchange Format）。

在进行电离层 CT 反演之前，首要任务是利用地基 GNSS 观测文件获取电离层 TEC 信息。在计算 TEC 前，首先利用 Bernese 软件对 RINEX 文件进行数据预处理。Bernese 软件是瑞士伯尔尼大学天文研究所针对 GNSS 高精度测绘研制的一款经典软件，该软件广泛应用于 GPS 数据后处理领域中。本章首先利用 Bernese 软件对 RINEX 格式文件中 GNSS 的观测数据进行周跳和异常值的

探测，并采用双频载波相位观测数据平滑码伪距；最后平滑处理后的观测数据仍以 RINEX 格式的文件输出。这样处理可较好剔除 GNSS 数据中的部分异常观测值，从而提升电离层 CT 的质量。

表 5-2 GNSS 台站地理位置分布

台站代号	地理纬度/(°)	地理经度/(°)	台站代号	地理纬度/(°)	地理经度/(°)
aira	31.824	130.600	mobs	−37.829	144.975
alic	−23.670	133.886	ntus	1.346	103.680
badg	51.770	102.235	park	−32.999	148.265
bako	−6.491	106.849	pert	−31.802	115.885
bngm	26.119	89.665	pimo	14.636	121.078
ccj2	27.068	142.195	pngm	−2.043	147.366
cedu	−31.867	133.810	shao	31.100	121.200
chan	43.791	125.444	smst	33.578	135.937
cnmr	15.230	145.743	stk2	43.529	141.845
coco	−12.188	96.834	tid1	−35.399	148.980
cusv	13.736	100.534	tow2	−19.269	147.056
darw	−12.844	131.133	twtf	24.954	121.164
gmsd	30.556	131.016	ulab	47.865	107.052
guam	13.589	144.868	urum	43.808	87.601
hob2	−42.805	147.439	usud	36.133	138.362
hutb	10.610	92.532	wuhn	30.532	114.357
karr	−20.981	117.097	xmis	−10.450	105.688
lhaz	29.657	91.104	yarr	−29.047	115.347
mcil	24.290	153.979	yssk	47.030	142.717
mizu	39.135	141.133			

利用意大利 Gran Sasso 太空研究所研制的 GNSS TEC 数据处理软件对各台站的 RINEX 观测数据进行处理，从而计算得到电离层 TEC 信息。GNSS_2016 软件通过读取 GNSS 观测数据及相应 GNSS 卫星的星历，可输出卫星编号、观测时刻、卫星仰角、方位角、穿刺点经纬度及倾斜路径上的 TEC 值。目前，该软件已嵌入国际理论物理研究中心（International Centre of Theoretical Physics，ICTP）全球电离层 TEC 在线计算网站中，可为相关访问用户提供电离层 TEC 在线计算服务。其网址为 http://t-ict4d.ictp.it/nequick2/gps-tec-calibration-online，

软件的详细介绍及使用方法可参考该网站。

2. COSMIC 掩星数据

目前,搭载了掩星接收机可用于电离层观测的卫星包括 CHAMP、GRACE 和 COSMIC 等,其中 COSMIC 卫星在电离层研究领域发挥了重要的作用。作为目前最为成功的气象、电离层和气候星座观测系统,COSMIC 星座(由 6 颗卫星组成)每天可以提供全球范围内超过 2500 笔以上的大气和电离层资料,并且数据可每 3h 更新一次。从时间和空间覆盖性而言,COSMIC 数据是目前电离层成像极佳的掩星数据来源之一。本章选择利用 COSMIC 卫星发布的 ionPrf 类型的掩星数据辅助地基 GNSS 进行 CT。COSMIC 数据下载自美国大学大气研究联合会(University Coperation for Research,UCAR)的 CDAAC(COSMIC Data Analysis and Archival Center)数据处理中心。

3. 电离层垂测数据

作为电离层探测传统的手段之一,电离层垂测是电离层不可或缺的观测数据来源之一。在电离层 CT 研究中,通常利用垂测数据对层析结果进行检验。垂测数据下载自空间物理交互式数据资源网(The Space Physics Interactive Data Resource,SPIDR),网址为 http://spidr.ngdc.noaa.gov。SPIDR 最早是由 1995 年国际全球观测与信息网(International Global Observation and Information Network,GOIN)项目的演示验证系统建立的。目前,该网是世界数据中心日地空间物理框架内的一个标准数据源。SPIDR 的发展一共经历了 4 个阶段的版本,其中包括利用开源工具对版本 1.0 与 2.0 的重新开发。SPIDR 作为一个分布式数据库及应用服务网络,其通过网络为用户灵活提供可选择/可视化/全球范围/长期的空间天气历史数据。目前,SPIDR 存储的数据包括太阳活动、太阳风、地磁、电离层、宇宙射线、地基射电天文望远镜、NOAA/NASA/DMPS 等卫星的遥测和图像数据等。SPIDR 的数据库及服务由美国、俄罗斯、中国、日本、澳大利亚等国提供。目前,站网的全球注册用户超过 2 万。SPIDR 的用户主要来自大学、科研机构、政府等。除空间物理领域外,SPIDR 数据在多个领域应用广泛,其中包括地震学、GPS 测量、海啸预警等[176]。

SPIDR 的电离层垂测数据在全球电离层研究中应用非常广泛。本章选择亚大区域 6 个台站的电离层垂测数据对电离层 CT 的 f_oF_2 结果进行精度评估与验证,其中 3 个台站位于北半球,3 个台站位于南半球,台站的纬度基本横跨了低纬和中纬区域。由于部分数据缺失,这里选择了 JJ433、IC437 两个台站的 h_mF_2 数据进行分析,垂测台站的地理位置如表 5-3 所列。本章选取 CT 精度验证的垂测参数主要为 f_oF_2 和 h_mF_2。

表 5-3 用于精度验证的 SPIDR 垂测站地理位置

序 号	台站代号	地理纬度/(°)	地理经度/(°)
1	JJ433	33.500	126.530
2	IC437	37.140	127.540
3	KB548	48.500	135.100
4	TO536	35.700	139.500
5	OK426	26.300	127.800
6	DW41K	−12.500	131.000
7	PE43K	−31.950	115.850
8	HO54K	−42.900	147.300

5.3.4 电离层层析成像结果与讨论

1. CT 流程与场景设置

在基于实测数据的电离层三维 CT 过程中，按照设定的反演时间和成像区域，综合利用 GPS 双频信标数据和 COSMIC 掩星剖面数据进行反演，具体流程如下。

（1）设定的反演参数包括反演区域、网格间距、反演时刻等。

（2）由 GNSS 卫星星历（包括广播星历或者 SP3 格式的精密星历），按照 5.3.2 节的方法计算得到卫星坐标；由接收机的 RINEX 星历获取接收点的坐标；按照卫星-接收机几何关系，按照 5.3.2 节描述的方法求解射线在网格内的截距构造 CT 投影矩阵。

（3）利用 RINEX 格式的 GNSS 双频数据依次进行预处理剔除数据误差，再利用载波相位平滑伪距的方法剔除卫星和接收机 DCB 误差，从而获得按一定规则排列的电离层绝对 TEC 数据集合。

（4）由 COSMIC 掩星驱动 SDMF2 模型，获取最优化 $F_{10.7A}$ 指数，输入 IRI-2016 模型中获取背景场初值，结合已经构建的投影矩阵、电离层绝对 TEC 数据，通过改进的 MART 算法对线性方程组 $d = AX$ 进行求解。改进的 MART 算法可以满足电子密度非负的物理约束并使得方程组快速收敛。

（5）输出重构出的电子密度三维分布，并按照一定时间间隔绘制电子密度分布等值线轮廓图。

图 5-13 给出了基于实测数据的电离层三维 CT 反演流程。

选择 2013 年第 60 至 87 日地基 GNSS 和 COSMIC 掩星数据进行电离层三维

CT。设定经度 85°E~155°E、纬度 50°S~55°N、高度 100~1000km 为 CT 区域，经纬度和高度间隔 1°×1°×10km。为更好地获得电离层随时间的变化，每 15min 的数据进行一次 CT。

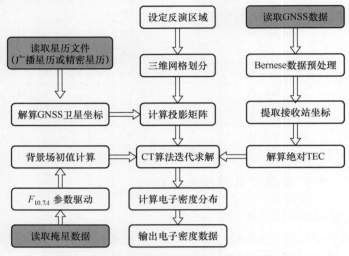

图 5-13　基于实测数据的电离层三维 CT 反演流程

2. 实测数据 CT 结果分析

1）电离层 TEC 变化分析

分别在南北半球各选取 4 个不同纬度区域的台站的电离层 TEC 进行分析，分别是北半球的 chan、shao、twtf、pimo 站和南半球的 bako、xmis、karr、yarr 站。分析前首先把这些台站观测到的不同 GNSS 卫星的绝对 TEC 在穿刺点位置进行投影，再通过加权计算获得各台站顶部的电离层垂直 TEC 分布。图 5-14 所示为 2013 年 060d 8 个地基 GNSS 上空实测的垂直 TEC 分布，图 5-15 所示为同一时间地点由 IRI 模型输出的垂直 TEC 分布，图 5-16 所示为实测值与 IRI 模型值的差值。从图 5-14~图 5-16 中可以看出，在磁赤道驼峰区附近台站的垂直 TEC 相比其他台站要大一些，南北半球存在一定的差异，这与驼峰区的分布基本一致；从 TEC 的日变化来看，当地时午后 14:00~16:00 LT 期间电离层最大，夜间 02:00~06:00 LT 最小，实测结果与电离层区域特征及日变化特征基本一致。从二者的差值来看，对于低纬区域（如 twtf、bako 站等）而言，白天正午前后，实测 VTEC 值相比 IRI 模型要偏高，白天其他时间要偏低，夜间基本与 IRI 模型持平；中纬区域（如 chan、yarr 站）实测值相比 IRI 模型偏差较小，差值基本在零值上下浮动。

第 5 章 电离层层析成像技术

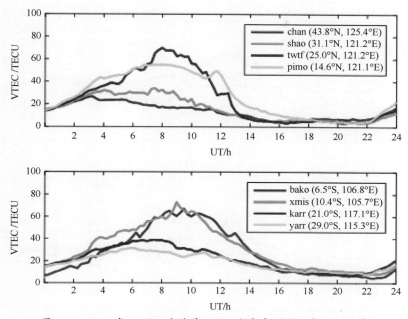

图 5-14 2013 年 060d 8 个地基 GNSS 上空实测的垂直 TEC 分布

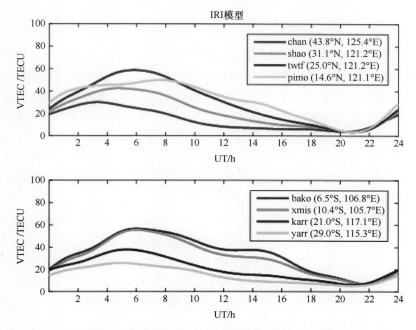

图 5-15 2013 年 060d 8 个台站 IRI 模型输出的垂直 TEC 分布

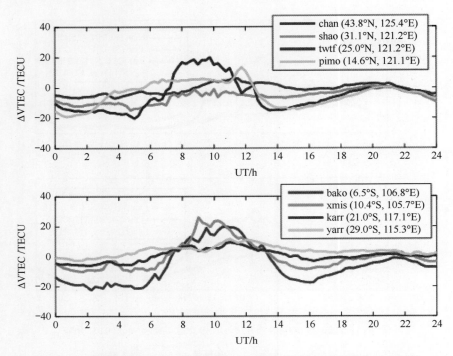

图 5-16 2013 年 060d 8 个台站的垂直 TEC 与 IRI 模型的差值 ΔTEC 分布

图 5-17 所示为利用电离层 CT 技术获取的电离层 TEC 地图分布，每幅图的时间跨度为 2h。从图 5-17 中可以清晰地看出亚大区域电离层 TEC 的时间和空间变化规律，其中南北半球磁赤道两侧驼峰区的典型结构清晰可见，电离层的日变化规律也非常明显。图 5-18 所示为 CT 的电离层 TEC 地图与 IRI 模型差值 TEC。从图 5-18 中可以看出，白天 00:00~06:00UT 时刻，15°N~35°N 区间和 10°S~30°S 区域内，CT 得到的 TEC 值相比 IRI 模型要偏低些；10°S~15°N 区域则恰恰相反，CT 得到的 TEC 值相比 IRI 模型要偏高。其他区域实测值相比 IRI 模型偏差较小。

2) 电离层电子密度变化分析

基于 44 个地基 GNSS 台站的电离层实测数据，利用改进的 MART 算法获取了亚大区域电离层三维电子密度分布。图 5-19 所示为 2013 年 060d 00:00~00:15UT 时刻 CT 获得的三维电子密度剖面图。从图 5-19 中给出的结果来看，GNSS 三维 CT 较好地反映了电离层的纬度-经度-高度方向的空间分布特征。

第 5 章 电离层层析成像技术 149

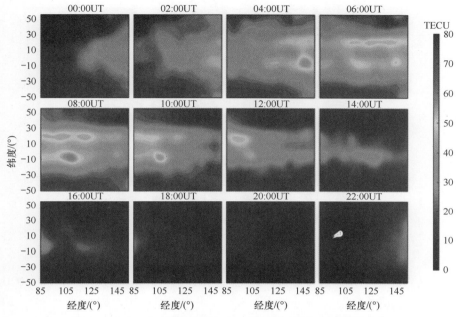

图 5-17 2013 年 060d 00：00～24：00UT 电离层 TEC 地图分布

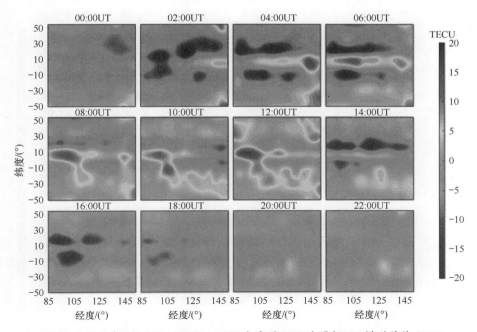

图 5-18 2013 年 060d 00：00～24：00UT 电离层 TEC 地图与 IRI 模型差值 ΔTEC

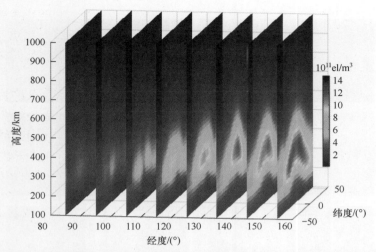

图 5-19　2013 年 060d 00:00~00:15UT 时刻 CT 获得的三维电子密度剖面图

为方便对 CT 结果进行分析，设定时间间隔为 2h，按整点时刻（00:00UT、02:00 UT，依此类推）给出电离层 CT 的切片的时序图。图 5-20 所示为 2013

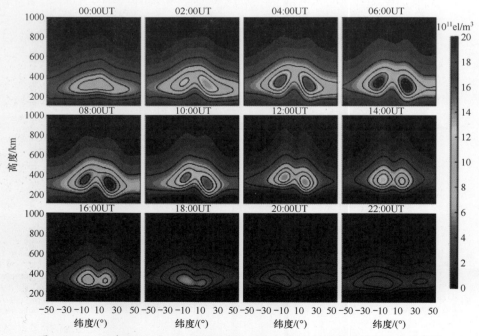

图 5-20　2013 年 060d 由 IRI 模型给出的经度 120° 的电子密度剖面切片时序图

年 060d 东经 120°IRI 模型的电子密度纬度-高度方向的电子密度时序切片，图 5-21 所示为同一条件下电子密度三维 CT 结果，图 5-22 所示为 CT 值与 IRI 模型间的差值。从 IRI 模型输出结果与 CT 结果对比来看，CT 成像结果与 IRI 模型存在较大差别，这说明 GNSS 实测数据对背景场的电子密度进行了有效的驱动更新。特别是从电离层 CT 与 IRI 模型电子密度剖面的差值 ΔN_e 分布可以看出，南北半球的低纬区域，白天正午前后，CT 的电子密度相比 IRI 模型要偏高，但白天其他时间要偏低，夜间电子密度则基本与 IRI 模型持平；中纬区域 CT 结果则普遍相比 IRI 模型偏差较小，电子密度主要的差异区域集中在 200~500km 区域。CT 的结果与电离层 TEC 的变化规律基本一致，验证了本章电离层三维 CT 结果的有效性。

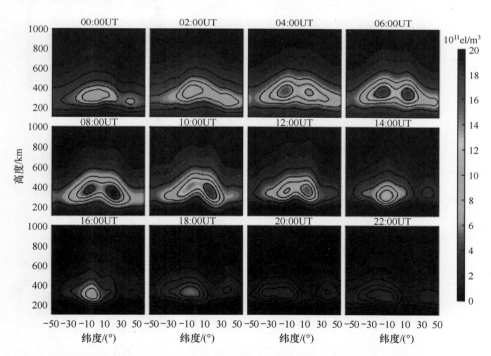

图 5-21 2013 年 060d 由电离层 CT 给出的经度 120°的电子密度剖面切片时序图

为定量分析电离层 CT 的精度，首先给出电离层 CT 前后的电离层倾斜 TEC 的误差分析结果。其具体分析流程如下。

(1) 按照实际得到的 GNSS 卫星-地面接收站位置，利用 CT 前背景场（IRI-2016 模型）电子密度值进行积分，得到模型的电离层 TEC 值，即

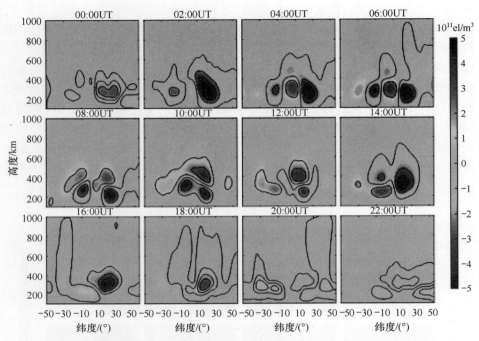

图 5-22　2013 年 060d 经度 120° 电离层 CT 与 IRI 模型电子密度剖面的差值 ΔN_e 分布

$$\text{TEC}_{\text{MOD}} = \int_s N_e(\boldsymbol{r}, \text{ IRI}) \text{d}s \tag{5-59}$$

（2）按照同样的 GNSS 卫星–地面接收站位置，利用电离层 CT 的电子密度值进行积分，得到 CT 后的电离层 TEC 值，即

$$\text{TEC}_{\text{CIT}} = \int_s N_e(\boldsymbol{r}, \text{ CIT}) \text{d}s \tag{5-60}$$

（3）比较 CT 前后电离层 TEC 的绝对平均误差 μ_{TEC} 和标准差 STD_{TEC}，即

$$\mu_{\text{TEC}} = \frac{1}{N} \sum_{i=1}^{N} |A_i| \tag{5-61}$$

$$\text{STD}_{\text{TEC}} = \sqrt{\frac{1}{N-1} \sum_{i=1}^{N} |A_i - \mu|^2} \tag{5-62}$$

式中：$A_i = \text{TEC}_{\text{GNSS}}(i) - \text{TEC}_{\text{MOD(CIT)}}(i)$，为 CT 前后 TEC 的误差值。

图 5-23 所示为 2013 年 060d~087d 电离层 CT 成像前后 TEC 绝对平均误差及标准的比较。图 5-23（a）所示为电离层 CT 前背景电离层模型相比 GNSS 实测值的绝对平均误差与标准差变化。从图 5-23（a）中可以看出，绝对平均误差与标准差间存在较好的一致性，其中绝对平均误差主要变化区域集中在

8~13TECU，均值约 10TECU；标准差相比绝对平均误差略小，分布区域在 7~10TECU，均值约 8TECU。图 5-23（b）所示为电离层 CT 后的结果相比实测值的绝对平均误差与标准差变化。从图 5-23（b）中可以看出，平均误差与标准差均相比 CT 前有明显下降，其中绝对平均误差主要变化区域集中在 0.6~1TECU，均值约 0.7TECU；标准差分布区域在 0.5TECU 上下轻微浮动。从 TEC 的对比结果可以看出，CT 后得到的 TEC 精度相比成像前有明显提升，验证了本章三维 CT 算法的有效性。

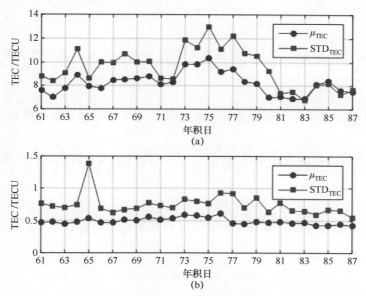

图 5-23　2013 年 060~087d 电离层 CT 前后 TEC 绝对平均误差及标准差的比较
(a) CT 成像前；(b) CT 成像后。

同样地，利用电离层垂测数据对电离层 CT 结果进行精度验证，垂测台站具体信息见 5.3.3 节。图 5-24 所示为亚太区域 6 个垂测台站的电离层 f_oF_2 比较，图中从上到下依次为 KB548、TO536、OK426、DW41K、PE43K、HO54K 的垂测 f_oF_2 观测值、电离层 CT 前及电离层 CT 后的 f_oF_2 时序分布。电离层 CT 的 f_oF_2 由各相邻网格内电子密度插值后转换得到，其中 KB548 站的垂测只有部分日期有垂测数据，其他日期数据缺失。从图 5-24 中可以看出，电离层 CT 结果较好地重构出了电离层 f_oF_2 的变化状态。

为进一步定量给出本章算法的 f_oF_2 重构精度，表 5-4 列出了电离层 CT 前后 f_oF_2 的绝对平均误差和均方根误差对比。从表 5-4 中的结果可以看出，CT 前，电离层 f_oF_2 的绝对平均误差在 0.8~1.2MHz 变化，标准差在 0.6~0.9MHz 变化；CT 后，绝对平均误差下降为 0.6~1.0MHz，标准差则下降至 0.4~0.9MHz。关于 6 个台站的平均绝对误差，CT 前后分别为 1.03MHz 和 0.78MHz，而标准差则分别为 0.76 MHz 和 0.61 MHz。由此可以看出，经过三维 CT，电离层 f_oF_2 误差有明显降低。

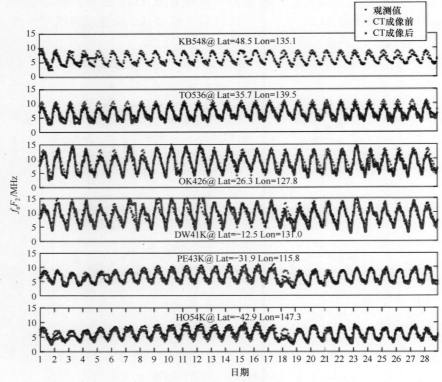

图 5-24 亚大区域 6 个垂测台站的电离层 f_oF_2 比较

表 5-4 电离层 CT 前后 f_oF_2 的绝对平均误差和均方根误差对比

垂测站名称	CT 成像前/MHz		CT 成像后/MHz	
	$\mu_{f_oF_2}$	$\mathrm{STD}_{f_oF_2}$	$\mu_{f_oF_2}$	$\mathrm{STD}_{f_oF_2}$
KB548	0.93	0.85	0.88	0.81
TO536	1.20	0.75	0.71	0.70
OK426	1.19	0.73	0.69	0.51
DW41K	1.20	0.92	0.96	0.74
PE43K	0.85	0.69	0.72	0.44
HO54K	0.83	0.62	0.73	0.49
平均	1.03	0.76	0.78	0.61

同样地，图 5-25 所示为电离层 CT 前后 h_mF_2 误差分布直方图。从图 5-25 中可以看出，CT 后，电离层 h_mF_2 误差 Δh_mF_2 值更加符合均值为零的正态分布，其中 CT 前 h_mF_2 绝对平均误差和标准差分别为 19.1km 和 19.7km；CT 后则分别下降为 11.6km 和 14.0km。可以看出，与传统电离层三维 CT 方法不同，通过加入掩星数据辅助 CT，本算法除能提升 f_oF_2 精度外，同时也能明显提升 h_mF_2 的重构精度。

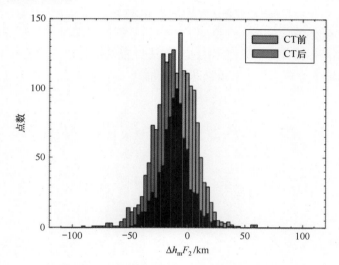

图 5-25　电离层 CT 前后 h_mF_2 误差分布直方图

本 章 小 结

LEO 卫星信标作为一种电离层探测的有效手段，可用于电离层电子密度的快速成像，从而满足空间科学研究及空间信息系统对精细化电离层电子密度参量的需求。本章针对 LEO 卫星信标的特点，提出了一种新的二维电离层 CT 方法。该算法的特点主要表现如下。

（1）无须估算电离层绝对 TEC 值，直接利用差分相对 TEC 数据进行电离层 CT 反演。

（2）利用基于 SHA 及 EOF 的函数基模型与像素基模型组合的方法进行电离层 CT，同时综合将 TSVD 和 ART 算法用于 CT 反演矩阵的求解，有效降低了传统电离层 CT 方法对背景电离层模型的依赖，提升了电子密度反演的稳定性。

由于地面观测站与卫星间缺乏水平射线，基于 LEO 卫星信标的电离层 CT 的垂直分辨率较为有限，本章峰值高度（h_mF_2）的反演精度相比经验电离层模型（如 IRI 模型）并没有明显的提高。融合地基垂测仪、天基无线电掩星等数据进行多手段联合 CT 是提高成像垂直分辨率的重要途径，针对单独使用地基 GNSS 进行电离层三维 CT 的不足，本章提出了一种 COSMIC 掩星辅助地基 GNSS 的电离层三维 CT 方法，基于 44 个地基 GNSS 台站及 COSMIC 电离层掩星数据实现了亚大区域（亚洲/大洋洲）电离层三维 CT。对 CT 结果获取的 TEC 和电子密度的形态学分析验证了方法的可靠性；同时，与垂测台站的实测数据的对比结果表明，本章提出的 CT 算法可有效提升电离层 f_oF_2 和 h_mF_2 的重构精度，验证了三维 CT 结果是真实可靠的。

第6章　基于数据吸收技术的电离层TEC地图重构

6.1　引　言

无线电信号穿越电离层时，由于电离层中存在大量带电粒子，信号的传播路径会发生弯曲，传播速度也会发生明显变化，从而引起无线电信号的电离层延迟效应。在卫星导航系统中，电离层延迟是不可忽视的误差来源之一[177]。对于 GNSS 信号来说，天顶方向延迟时最大可达 50m，在低仰角条件下更是超过 150m，如不加以修正，将会导致观测值精度的严重下降[178]。随着 GNSS 测量精度要求的不断提高，为了尽可能消除电离层延迟的影响，提高单频接收机用户的定位精度，首先需要构建精确的 TEC 地图，从而达到任意传播路径上电离层延迟修正的目的，同时也有利于研究电离层的结构和变化特征[179]。

在 TEC 地图构建方面，国内外开展了大量的研究工作。1987 年，Klobuchar 在 Bent 模型的基础上提出了一种简单快速，适合 GPS 单频接收机用户的 8 参数电离层修正模型，即 Klobuchar 模型。Klobuchar 模型考虑了电离层在周日尺度上的周期和振幅变化，基本上反映了中纬区域电离层的变化特性，在一定程度上保证了电离层误差修正的可靠性。但在高纬和低纬赤道地区，由于电离层变化规律非常复杂，导致该模型修正效果不佳。研究表明，Klobuchar 模型仅能改正电离层影响的 50%[180]。1992 年，美国喷气动力实验室（Jet Propulsion Laboratory，JPL）基于 GPS 的观测数据，采用 8 阶球谐函数展开的方法，首次给出了全球电离层 TEC 地图[181]。在全球及区域大量的 GPS 观测数据的基础上，美国喷气动力实验室、欧洲定轨中心、欧洲空间局（European Space Agency，ESA）、加拿大能源、矿山与资源中心（EMR）及西班牙加泰罗尼亚理工大学（Universitat Politècnica de Catalunya，UPC）等机构基于 IGS 的全球 GPS 观测站数据，基于三角网格双三次曲线插值法、球谐函数法和双层 CT 层析法等算法，实现了全球 TEC 地图的重构并提供在线（Global Ionospheric Map，GIM）数据产品[182-183]。GIM 给出的电离层 TEC 地图依赖于相对分布较为密集的全球数百个 IGS 台站的 GNSS 数据，因此可以重构出丰富的电离层时空变化特征，但 GIM 的 TEC 重构需要解算的重构系数较多。例如，CODE 采用 15 阶球谐函数法构建 2h 分辨率的 TEC 地图，因此，一天的重构系数为 13×256＝3328 个（每天 13 个时段，每个时段 15 阶次的球谐函数系数为 16×16＝256 个），这使得导航系统运控中心向用户播发修正系数时需极大地增加通信带宽的占有量，这对于系统的运行是非常大的负担（Klobuchar 模型一天仅需播发 8 个修正参数）；同时，对于 GNSS 而言，其建立的监测台站不会超过 20 个，在全球范围内分布非常稀疏，因此这也导致导航系统单频用户采用 GIM 的 TEC 地图重构方法修正电离层延迟误差是不可行的。

为提升电离层的修正精度，同时不增加需要播发的电离层修正系数的数量，欧洲 Galileo 卫星系统在 NeQuick 模型的基础上提出了实时观测数据吸收的 NeQuick 模型（NeQuick G），该模型通过实时数据驱动有效电离水平因子——A_z 指数的方法实现 GNSS 单频修正。NeQuick G 通过一天 24h 观测值与模型输出的 TEC 最优化得到，然后通过拟合 A_z 指数与修正磁倾角（modip）之间的 2 次线性关系得到 3 个修正系数，即可实现全球电离层 TEC 地图的重构，从而满足单频用户的电离层延迟误差需求。研究结果表明，NeQuick G 模型的误差修正精度提升到了 70%[184]，相比 Klobuchar 模型精度有较为明显的提升。然而，分析表明，NeQuick G 模型的 A_z 指数模型过于简化 A_z 指数与 modip 之间的关系，从而限制了模型精度的进一步提升。德国航天中心 Jakowski 针对卫星导航电离层修正的需求，利用 CODE 1998 年至 2007 年的 GIM 数据，构建了一个全新的全球 TEC 模型 NTCM-GL（Global Neustrelitz TEC Model，NTCM-GL）。该模型利用 12 个参数表述了电离层随年、季节、月及 LT 等时间变化和磁纬度、驼峰位置等空间变化[185]。后续根据导航系统的需要，该模型又在 NTCM-GL 的基础上进行了简化，提出了适合卫星导航单频修正应用的 9 参数 NTCM-BC 模型精度验证结果表明该模型能有效提升电离层 TEC 单频修正精度；Zhang 对 NTCM-BC 模型的驼峰区域位置公式进行了修正，形成了 MNTCM-BC 模型，提升了模型对电离层 TEC 变化描述的准确性[187]。

在本章研究中，我们将数据吸收技术分别引入 NeQuick 模型和 NTCM-BC 模型中，利用实测的 GNSS 数据对模型进行驱动更新，使得 NeQuick 模型输出的 TEC 参数与观测值间的误差最小，从而重构得到全球电离层 TEC 地图。基于模拟仿真和实测数据验证了本方法的可靠性和有效性，同时对两种模型数据吸收后重构的 TEC 地图误差的时间和空间变化规律进行了分析。

6.2　基于数据吸收的全球 TEC 地图重构

6.2.1　NeQuick 模型

在 GNSS 监测站数量有限且全球分布较为稀疏的条件下，仅仅利用 GNSS 台站获取的 TEC 值插值重构全球 TEC 地图是非常不实际的，需要考虑引入更多的约束条件。为此，欧洲 Galileo 系统在 NeQuick 模型中引入了有效电离水平因子——A_z 指数的概念。A_z 指数可以看作 NeQuick 模型的太阳辐射量的日变化。由于 NeQuick 模型中已考虑了电离层随时间和空间的变化规律，无需通过增加修正系数来描述复杂的电离层变化特征，因此有效降低了 TEC 重构时的修正系数数量，为单频导航用户电离层延迟修正奠定了良好的基础。

利用数据吸收理论，通过限定 GNSS 监测站的过去 24h 内实际测量的 TEC 值与模型输出的 TEC 值之间的平方误差最小获取 A_z 指数，具体表述为

$$\hat{A}_z = \mathop{\mathrm{argmin}}\limits_{\substack{A_z \geqslant A_{z\min} \\ A_z < A_{z\max}}} \sum_i^n |\mathrm{TEC}_{\mathrm{measured}} - \mathrm{TEC}_{\mathrm{NeQuick}}(A_z)|_i^2 \tag{6-1}$$

式中：n 为该站一天内的 TEC 观测量；$\mathrm{TEC}_{\mathrm{measured}}$ 为 GNSS 实测 TEC 值；$\mathrm{TEC}_{\mathrm{NeQuick}}(A_z)$ 为输入参数为 A_z 时 NeQuick 模型输出的 TEC。

利用数据吸收算法可以求解 A_z。Galileo 系统认为 A_z 指数可用修正的地磁倾角的二阶多项式表示，即

$$A_z = a_0 + a_1 \mu + a_2 \mu^2 \tag{6-2}$$

式中：a_0、a_1、a_2 为未知的多项式的系数；μ 为修正的地磁倾角，$\tan \mu = I / \sqrt{\cos \varphi}$，$I$ 为用户位置的真实磁倾角，φ 为用户所在的地理纬度。

解出所有 GNSS 监测站的 A_z 指数后，利用线性最小二乘拟合即可确定模型的多项式系数。通过输入全球任意网格点的 μ 即可获取该网格点处的 A_z 指数，进而代入 NeQuick 模型中重构出全球电离层 TEC 地图，即

$$\mathrm{TEC}_{\mathrm{Recon},i} = \mathrm{TEC}_{\mathrm{NeQuick}}(\mathrm{year}, \mathrm{month}, \mathrm{UT}, A_{z\mathrm{Recon}}(\mu_i)) \tag{6-3}$$

式中：$\mathrm{TEC}_{\mathrm{Recon},i}$ 为第 i 个网格点的重构 TEC 值；μ_i 为该网格点的修正磁倾角；year 为输入年份；month 为月份；UT 为世界时；$A_{z\mathrm{Recon}}(\mu_i)$ 为利用式（6-2）计算的 A_z 指数。

特别应该指出的是，A_z 指数的建议搜索范围限定为 $A_{z\min} = 64$，$A_{z\max} = 193$。然而，有研究表明，可以将 A_z 指数扩展到更宽的范围内，以适应不同太阳活

动高低年及暴时电离层急剧变化的需求[184,188],因此,本章设定的范围扩大至 10~250。

6.2.2 NTCM-BC 模型

NTCM-BC 模型[186]对全球电离层垂直 TEC 的时空变化进行建模,将电离层 TEC 的变化分解为 3 部分,即

$$\mathrm{TEC}_{\mathrm{model}}^{\mathrm{vert}} = F_1 F_2 F_3 \tag{6-4}$$

式中,F_1 描述了电离层随 LT 的变化,其中包括日、半日和 1/3 日 3 个谐波成分。V_D、V_{SD}、V_{TD} 分别表示 3 个谐波成分的角相位;$\cos\chi^{**}$ 和 $\cos\chi^{***}$ 表示 TEC 与太阳天地角 χ 之间的依赖性;φ 表示地理纬度;δ 为太阳赤经。各参量计算方法如下:

$$F_1 = \cos\chi^{***} + \cos\chi^{**}(c_1\cos V_D + c_2\cos V_{SD} + c_3\sin V_{SD} + c_4\cos V_{TD} + c_5\sin V_{TD}) \tag{6-5}$$

$$V_D = 2\pi\frac{\mathrm{LT}-14}{24}, \quad V_{SD} = 2\pi\frac{\mathrm{LT}}{12}, \quad V_{SD} = 2\pi\frac{\mathrm{LT}}{8} \tag{6-6}$$

$$\cos\chi^{***} = \cos(\varphi - \delta) + 0.4 \tag{6-7}$$

$$\cos\chi^{**} = \cos(\varphi - \delta) - \frac{2}{\pi}\varphi\sin\delta \tag{6-8}$$

$$\delta = \frac{23.45}{\zeta}\sin\left(2\pi\frac{284+\mathrm{doy}}{365}\right) \tag{6-9}$$

式中,$\zeta = 180/\pi$;doy 为年积日。

F_2 项描述了 TEC 对地磁纬度 φ_m 的依赖性,即

$$F_2 = 1 + c_6\cos\varphi_m \tag{6-10}$$

$$\varphi_m = \arcsin(\sin\varphi_N^{yy}\sin\varphi + \cos\varphi_N^{yy}\cos\varphi\cos(\lambda - \lambda_N^{yy})) \tag{6-11}$$

式中:φ_N^{yy} 和 λ_N^{yy} 为北极磁极点的纬度和经度坐标。

由于地磁极点会随时间变化而变化,因此 φ_N^{yy} 和 λ_N^{yy} 不是固定的常数,一般可通过 IGRF 获得。

F_3 项则利用高斯函数描述了 TEC 与磁赤道两侧的驼峰区位置之间的联系,即

$$F_3 = c_7 + c_8\exp\left\{-\frac{(\zeta\varphi_m\varphi_{c1})^2}{2\sigma_{c1}^2}\right\} + c_9\exp\left\{-\frac{(\zeta\varphi_m\varphi_{c2})^2}{2\sigma_{c2}^2}\right\} \tag{6-12}$$

NTCM-BC 模型北侧和南侧驼峰区位置 φ_{c1} 和 φ_{c2} 分别设置为 16°N 和 10°S,而对应的高斯半峰宽 σ_{c1} 和 σ_{c2} 分别设定为 12°和 13°。Zhang 等对 σ_{c1} 和 σ_{c2} 进行了改进[187],计算公式为

$$\sigma_{c1} = \sigma_{c2} = 18 - 8 \times \cos\left(2\pi \frac{LT - 14}{24}\right) \quad (6\text{-}13)$$

将垂直 TEC(VTEC)转换为倾斜 TEC(STEC),可采用以下投影函数:

$$\frac{STEC}{VTEC} = M(E) = [1 - (R_e \cos E/(R_e + h_1))^2]^{-1/2} \quad (6\text{-}14)$$

式中:R_e 为地球半径;E 为观测仰角;$h_1 = 400\text{km}$ 为电离层薄层高度。

6.2.3 数据吸收方法

为实现 NeQuick 模型和 NTCM 模型的数据吸收,主要需要对式(6-1)和式(6-4)进行最优化求解,按照第 3 章介绍的数据吸收理论,基于最小二乘算法实现目标函数极小化,即

$$\min F(x) = \sum_{i=1}^{n} f_i^2(x) \quad (6\text{-}15)$$

运用线性最小二乘对式(6-15)进行求解,采用一阶泰勒(Taylor)多项式,在点 $x^{(k)}$ 对函数 $f_i(x)$ 进行展开,即

$$\varphi_i(x) = f_i(x^{(k)}) + \nabla f_i(x^{(k)})^T (x - x^{(k)}) = \nabla f_i(x^{(k)})^T x - [\nabla f_i(x^{(k)})^T x^{(k)} - f_i(x^{(k)})],$$
$$i = 1, 2, \cdots, n \quad (6\text{-}16)$$

把式(6-16)作为非线性最小二乘问题,先求解得到 x 的第 $k+1$ 次近似,再从 $x^{(k+1)}$ 出发重复迭代,直到误差满足迭代终止条件为止。分别定义为

$$A_k = \begin{bmatrix} \nabla f_1(x^{(k)}) \\ \nabla f_2(x^{(k)}) \\ \vdots \\ \nabla f_n(x^{(k)}) \end{bmatrix} = \begin{bmatrix} \frac{\partial f_1(x^{(k)})}{\partial x_1} & \frac{\partial f_1(x^{(k)})}{\partial x_2} & \cdots & \frac{\partial f_1(x^{(k)})}{\partial x_m} \\ \vdots & \vdots & & \vdots \\ \frac{\partial f_n(x^{(k)})}{\partial x_1} & \frac{\partial f_n(x^{(k)})}{\partial x_2} & \cdots & \frac{\partial f_n(x^{(k)})}{\partial x_m} \end{bmatrix} \quad (6\text{-}17)$$

$$f^{(k)} = \begin{bmatrix} f_1(x^{(k)}) \\ f_2(x^{(k)}) \\ \vdots \\ f_n(x^{(k)}) \end{bmatrix} \quad (6\text{-}18)$$

由线性最小二乘理论,有

$$x^{(k+1)} = x^{(k)} - (A_k^T A_k)^{-1} A_k^T f^{(k)} \quad (6\text{-}19)$$

经过多轮迭代后得到的 $x^{(k+1)}$ 即为最优化的驱动参数。

对于 NeQuick 模型数据吸收,数据吸收对应的极小化函数为

$$f_i(A_z^{(k)}) = |\text{TEC}_{\text{measured}} - \text{TEC}_{\text{NeQuick}}(A_z^{(k)})|_i \quad (6\text{-}20)$$

对于 NTCM-BC 模型,数据吸收对应的极小化函数为

$$f_i(\boldsymbol{C}^{(k)}) = |\text{TEC}_{\text{measured}} - \text{TEC}_{\text{NTCM-BC}}(\boldsymbol{C}^{(k)})|_i \qquad (6-21)$$

式中：$\boldsymbol{C}^{(k)} = (c_1^{(k)}, c_2^{(k)}, \cdots, c_9^{(k)})$，其中 $c_i(i=1, 2, \cdots, 9)$ 为 NTCM-BC 模型系数。

式（6-20）中，A_z 与 $\text{TEC}_{\text{NeQuick}}$ 无法用简单的线性关系描述，因此基于 NeQuick 模型的数据吸收归结为非线性最小二乘问题；式（6-21）中 NTCM-BC 模型中 $\boldsymbol{C}^{(k)}$ 与 TEC 存在明显的线性关系，因此，NTCM-BC 模型数据吸收是线性最小二乘问题。

对于 NeQuick 模型，数据吸收主要是获取最优化 A_z 指数，由于需要求解的系数只有 A_z 一个值，因此该方程的求解是单维的，$\partial f(A_z^{(k)})/\partial A_z$ 无法用解析式表示，需要利用离散化近似公式简化。按照式（6-17），有

$$\boldsymbol{A}_k^{\text{NeQuick}} = \begin{bmatrix} \nabla f_1(x^{(k)}) \\ \nabla f_2(x^{(k)}) \\ \vdots \\ \nabla f_n(x^{(k)}) \end{bmatrix} = \begin{bmatrix} \dfrac{\partial f_1(A_z^{(k)})}{\partial A_z} \\ \vdots \\ \dfrac{\partial f_n(A_z^{(k)})}{\partial A_z} \end{bmatrix} \approx \begin{bmatrix} \dfrac{f_1(A_z^{(k)} + \mathrm{d}A_z) - f_1(A_z^{(k)})}{\mathrm{d}A_z} \\ \vdots \\ \dfrac{f_n(A_z^{(k)} + \mathrm{d}A_z) - f_n(A_z^{(k)})}{\mathrm{d}A_z} \end{bmatrix}$$
$$(6-22)$$

$$\boldsymbol{f}_{\text{NeQuick}}^{(k)} = \begin{bmatrix} f_1(A_z^{(k)}) \\ f_2(A_z^{(k)}) \\ \vdots \\ f_n(A_z^{(k)}) \end{bmatrix} = \begin{bmatrix} |\text{TEC}_{\text{measured}} - \text{TEC}_{\text{NeQuick}}(A_z^{(k)})|_1 \\ |\text{TEC}_{\text{measured}} - \text{TEC}_{\text{NeQuick}}(A_z^{(k)})|_2 \\ \vdots \\ |\text{TEC}_{\text{measured}} - \text{TEC}_{\text{NeQuick}}(A_z^{(k)})|_n \end{bmatrix}_{n \times 1} \qquad (6-23)$$

由迭代公式可以获得

$$A_z^{(k+1)} = A_z^{(k)} - ((\boldsymbol{A}_k^{\text{NeQuick}})^{\mathrm{T}} \boldsymbol{A}_k^{\text{NeQuick}})^{-1} (\boldsymbol{A}_k^{\text{NeQuick}})^{\mathrm{T}} \boldsymbol{f}_{\text{NeQuick}}^{(k)} \qquad (6-24)$$

利用式（6-24）即可获得 NeQuick 模型的最优化 A_z 因子。

对于 NTCM-BC 模型，数据吸收主要是获取 9 个模型系数 c_i，$i = 1, 2, \cdots, 9$。由于需要求解的系数有 9 个值，因此，这个方程的求解是多维的，即

$$\boldsymbol{A}_k^{\text{NTCM}} = \begin{bmatrix} \nabla f_1(x^{(k)}) \\ \nabla f_2(x^{(k)}) \\ \vdots \\ \nabla f_n(x^{(k)}) \end{bmatrix} = \begin{bmatrix} \dfrac{\partial f_1(\boldsymbol{C}^{(k)})}{\partial c_1} & \dfrac{\partial f_1(\boldsymbol{C}^{(k)})}{\partial c_2} & \cdots & \dfrac{\partial f_1(\boldsymbol{C}^{(k)})}{\partial c_9} \\ \dfrac{\partial f_2(\boldsymbol{C}^{(k)})}{\partial c_1} & \dfrac{\partial f_2(\boldsymbol{C}^{(k)})}{\partial c_2} & \cdots & \dfrac{\partial f_2(\boldsymbol{C}^{(k)})}{\partial c_9} \\ \vdots & \vdots & \ddots & \vdots \\ \dfrac{\partial f_n(\boldsymbol{C}^{(k)})}{\partial c_1} & \dfrac{\partial f_n(\boldsymbol{C}^{(k)})}{\partial c_2} & \cdots & \dfrac{\partial f_n(\boldsymbol{C}^{(k)})}{\partial c_9} \end{bmatrix}_{n \times 9} \qquad (6-25)$$

第 6 章 基于数据吸收技术的电离层 TEC 地图重构

$$f_{\text{NTCM}}^{(k)} = \begin{bmatrix} f_1(\boldsymbol{C}^{(k)}) \\ f_2(\boldsymbol{C}^{(k)}) \\ \vdots \\ f_n(\boldsymbol{C}^{(k)}) \end{bmatrix} = \begin{bmatrix} |\text{TEC}_{\text{measured}} - \text{TEC}_{\text{NTCM}}(\boldsymbol{C}^{(k)})|_1 \\ |\text{TEC}_{\text{measured}} - \text{TEC}_{\text{NTCM}}(\boldsymbol{C}^{(k)})|_2 \\ \vdots \\ |\text{TEC}_{\text{measured}} - \text{TEC}_{\text{NTCM}}(\boldsymbol{C}^{(k)})|_n \end{bmatrix}_{n \times 1} \quad (6\text{-}26)$$

其中,式 (6-25) 中的矩阵元素按以下方式求解:

$$\frac{\partial f(\boldsymbol{C}^{(k)})}{\partial c_1} = \cos\chi^{**} \cos V_{\text{D}} F_2 F_3 \quad (6\text{-}27)$$

$$\frac{\partial f(\boldsymbol{C}^{(k)})}{\partial c_2} = \cos\chi^{**} \cos V_{\text{SD}} F_2 F_3 \quad (6\text{-}28)$$

$$\frac{\partial f(\boldsymbol{C}^{(k)})}{\partial c_3} = \cos\chi^{**} \sin V_{\text{SD}} F_2 F_3 \quad (6\text{-}29)$$

$$\frac{\partial f(\boldsymbol{C}^{(k)})}{\partial c_4} = \cos\chi^{**} \cos V_{\text{TD}} F_2 F_3 \quad (6\text{-}30)$$

$$\frac{\partial f(\boldsymbol{C}^{(k)})}{\partial c_5} = \cos\chi^{**} \sin V_{\text{TD}} F_2 F_3 \quad (6\text{-}31)$$

$$\frac{\partial f(\boldsymbol{C}^{(k)})}{\partial c_6} = \cos\varphi_{\text{m}} F_1 F_3 \quad (6\text{-}32)$$

$$\frac{\partial f(\boldsymbol{C}^{(k)})}{\partial c_7} = F_1 F_2 \quad (6\text{-}33)$$

$$\frac{\partial f(\boldsymbol{C}^{(k)})}{\partial c_8} = F_1 F_2 \exp\left\{-\frac{(\zeta\varphi_{\text{m}}\varphi_{\text{c1}})^2}{2\sigma_{\text{c1}}^2}\right\} \quad (6\text{-}34)$$

$$\frac{\partial f(\boldsymbol{C}^{(k)})}{\partial c_9} = F_1 F_2 \exp\left\{-\frac{(\zeta\varphi_{\text{m}}\varphi_{\text{c2}})^2}{2\sigma_{\text{c2}}^2}\right\} \quad (6\text{-}35)$$

以上公式的模型系数与 NTCM-BC 模型相同。由迭代公式,同样可以获取最优化 9 个模型参数,即

$$\boldsymbol{C}^{(k+1)} = \boldsymbol{C}^{(k)} - ((\boldsymbol{A}_k^{\text{NTCM}})^{\text{T}} \boldsymbol{A}_k^{\text{NTCM}})^{-1} (\boldsymbol{A}_k^{\text{NTCM}})^{\text{T}} \boldsymbol{f}_{\text{NTCM}}^{(k)} \quad (6\text{-}36)$$

将数据吸收后获得的最优化 9 个模型参数代入式 (6-4),即可重构出全球 TEC 地图。

6.3 模拟仿真验证

6.3.1 模拟仿真验证流程

为验证本章全球 TEC 地图重构方法的有效性,将 CODE 发布的 GIM 数据

作为真实的背景电离层分布，采用模拟仿真方法对 NeQuick 和 NTCM-BC 模型重构的全球 TEC 地图的精度进行验证。其具体步骤如下。

（1）设定监测站与测试站两类站址，其中监测站的数据用以构建全球 TEC-地图，测试站的数据用以评估全球 TEC 地图的重构精度；参考 Galileo 系统的监测站设置，本章的站点设置如图 6-1 所示。图 6-1 中，三角形为监测站，星形为测试站。从图 6-1 中可以看出，用于建模的监测台站在全球区域内分布是非常稀疏的。

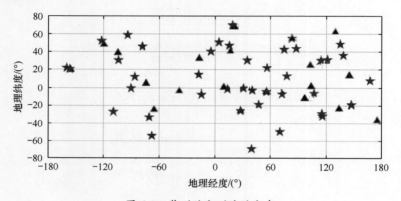

图 6-1 监测站和测试站分布

（2）基于样条插值法，利用 GIM 网格点数据插值得到监测站和测试站上空全天所有穿刺点的 TEC 值，将这些值设定为观测"真值"。

（3）利用数据吸收技术，利用测站模拟数据驱动 NeQuick 模型，计算得到 20 个监测站对应的 A_z 指数和 NTCM-BC 模型的 9 个系数。

（4）计算 20 个监测站的修正磁倾角，拟合得到二阶多项式的 3 参数；计算 41 个测试站的修正磁倾角，根据 3 参数计算每个测试站上空的 A_z 指数。

（5）分别利用 NeQuick 模型和 NTCM-BC 模型重构每个测站上空的 TEC 分布。

（6）将测试站重构的 TEC 值与对应站的 TEC"真值"进行比较，验证模型精度。

分别对全球 TEC 地图模型重构的绝对平均误差、标准差和均方根误差进行统计分析。定义 mTEC 与 rTEC 分别为电离层 TEC 的重构值与真实值，令 $\delta = |m\text{TEC} - r\text{TEC}|$，则重构 TEC 误差的绝对平均误差、标准差和均方根误差为

$$\text{ME} = \frac{1}{n}\sum_{i=1}^{n}\delta_i \qquad (6\text{-}37)$$

$$\mathrm{STD} = \sqrt{\left(\frac{1}{n-1}\sum_{i=1}^{n}(\delta_i - \mathrm{ME})^2\right)} \qquad (6\text{-}38)$$

$$\mathrm{RMS} = \sqrt{\langle \delta^2 \rangle + \mathrm{STD}^2} \qquad (6\text{-}39)$$

基于 GIM 数据模拟的 TEC 地图重构流程如图 6-2 所示。

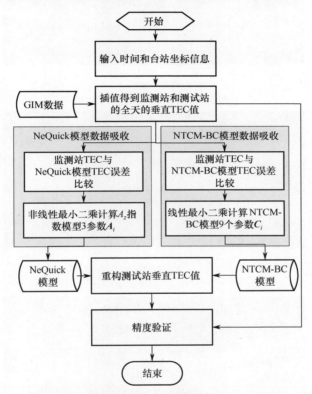

图 6-2 基于 GIM 数据模拟的 TEC 地图重构流程

6.3.2 模拟仿真验证结果

分别选择 2008 年、2010 年、2012 年和 2014 年 4 个不同的太阳活动年份和 4 个典型季节（春分、夏至、秋分、冬至）的 GIM 数据，对数据吸收方法的精度进行验证评估。图 6-3 所示为 2008 年 3 月 20 日 00∶00 UT 时刻全球电离层 TEC 地图重构对比结果。从对比结果可以看出，经过数据吸收后的 NTCM-BC 模型和 NeQuick 模型给出的 TEC 值与 GIM 给出的 TEC "真值" 在变化形态上非常一致。这一方面验证了 NeQuick 模型和 NTCM-BC 模型能够较好地描述电离层的时空变化特征；另一方面也验证了本章数据吸收方法的有效性。

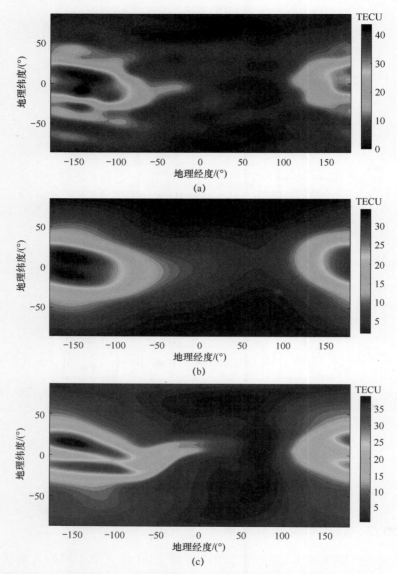

图 6-3 2008 年 3 月 20 日 UT00:00 时刻全球电离层 TEC 地图重构对比结果
(a) CODE GIM；(b) NTCM-BC 模型；(c) NeQuick 模型。

图 6-4 所示为 2008 年至 2014 年 GIM 与 NTCM-BC 模型及 NeQuick 数据吸收重构的全球 TEC 地图的散点对比结果，其中横坐标代表 GIM 插值得到的监测站对应点的 TEC，纵坐标表示对应模型重构的监测站上空的 TEC，其中

NTCM-BC 模型重构结果与 GIM 模型的相关系数 $R=0.94$，$\text{TEC}_{\text{NTCM-BC}} = 0.89 \times \text{TEC}_{\text{GIM}} + 2.5$；NeQuick 模型重构结果与 GIM 模型的相关系数 $R=0.95$，$\text{TEC}_{\text{NeQuick}} = 0.93 \times \text{TEC}_{\text{GIM}} + 0.92$。从对比结果来看，两个模型重构结果与 GIM 均非常一致，表明观测数据较好地"吸收"到了模型中。

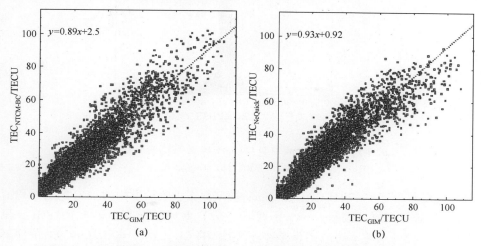

图 6-4 2008 年至 2014 年测试站 TEC_{GIM} 与数据吸收重构 TEC 散点对比结果
(a) GIM 与 NTCM-BC；(b) GIM 与 NeQuick。

进一步地，统计两个模型数据吸收后 TEC 的重构误差，结果如图 6-5 所示。从图 6-5 中可以看出，NTCM-BC 模型数据吸收后重构的 TEC 绝对平均值为 3.94TECU，累计概率为 68%条件下（1σ）对应的误差小于 6.19TECU，累计概率为 95%条件下对应的误差小于 11.91TECU，累计概率为 99.9%条件下

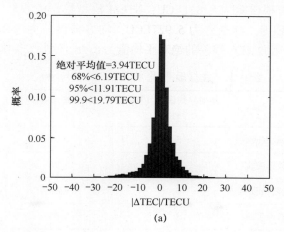

(a)

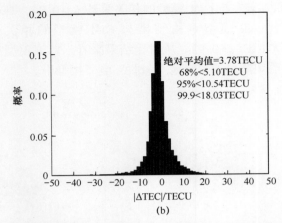

图 6-5 NTCM-BC 模型和 NeQuick 模型 TEC 误差统计结果
(a) NTCM-BC 模型；(b) NeQuick 模型。

对应的误差小于 19.79TECU；NeQuick 模型数据吸收后重构的 TEC 绝对平均值为 3.78TECU，累计概率为 68%条件下（1σ）对应的误差小于 5.10TECU，累计概率为 95%条件下对应的误差小于 10.54TECU，累计概率为 99.9%条件下对应的误差小于 18.03TECU。从误差统计结果来看，本章的 TEC 重构结果与 GIM 真值非常接近，其中 NeQuick 模型结果较 NTCM-BC 模型误差稍小，但二者精度非常接近。

表 6-1 列出了两个模型的误差统计结果。同时，为了方便对比，标准同时给出了无数据吸收的 NeQuick 模型的精度对比，其中 NTCM 模型数据吸收前（采用 NTCM-GL 模型）TEC 残差的绝对平均值为 5.50TECU，标准差为 8.47TECU，均方根误差为 8.84TECU；NTCM 模型数据吸收后 TEC 残差的绝对平均值为 3.94TECU，标准差为 5.92TECU，均方根误差为 5.93TECU。NeQuick 模型不进行数据吸收 TEC 残差的绝对平均值为 6.48 TECU，标准差为 9.18TECU，

表 6-1 数据吸收重构 TEC 误差统计结果

模型		绝对平均误差（ME）/TECU	标准差（STD）/TECU	均方根误差（RMS）/TECU
NTCM 模型	无数据吸收	5.50	8.47	8.84
	数据吸收	3.94	5.92	5.93
NeQuick 模型	无数据吸收	6.48	9.18	10.31
	数据吸收	3.78	5.63	5.66

均方根误差为 10.31TECU；NeQuick 模型数据吸收后 TEC 残差的绝对平均值为 3.78TECU，标准差为 5.63 TECU，均方根误差为 5.66TECU。对比结果表明，数据吸收后 NTCM 和 NeQuick 模型的误差相比不进行数据吸收均有明显降低，验证了通过数据吸收能够有效改善 NeQuick 模型及 NTCM 模型的精度。

6.4 实测数据验证

6.4.1 实测数据来源

与 6.3.1 节相同，选用 20 个监测站作为全球 TEC 地图重构的 GNSS 数据来源。但为更为全面评估 TEC 地图的重构精度，不用 41 个测试台站的数据，而是采用 Madrigal 全球高分辨率 TEC 对模型的精度进行评估验证，流程如图 6-6 所示。Madrigal 有着全球大范围的地面设备作为支撑，能够管理和提供

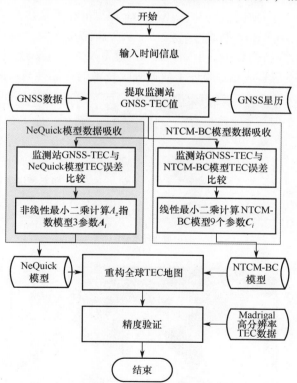

图 6-6 基于实测数据的全球 TEC 地图重构流程

各种形式的存档的、实时的地球空间物理的在线数据,是一个功能强大的数据服务网站[189]。Madrigal TEC 来源于全球数千个地基 GNSS 实测数据,具有高精度、高时空分辨率的特点,其时间分辨率为 5min,空间分辨率为 1°×1°,在空间物理研究领域应用非常广泛。为此,选择 Madrigal TEC 数据产品对模型数据吸收后重构的 TEC 结果进行全面评估。

6.4.2 精度验证结果

图 6-7 给出了 Madrigal TEC、NTCM-BC 模型及 NeQuick 模型对应于 Madrigal 全球离散网格点的电离层 TEC 重构对比结果。从对比结果可以看出,经过实测数据吸收后的 NTCM-BC 模型和 NeQuick 模型给出的 TEC 值与 Madrigal 实测结果基本一致,但两个模型在白天低纬区域的重构结果有一定的差别。

图 6-8 所示为 Madrigal TEC 与数据吸收的重构 TEC 对比结果。其中 NTCM-BC 模型重构结果与 Madrigal 测量值相关系数 $R=0.89$,线性拟合结果为 $TEC_{NTCM-BC} = 0.78 \times TEC_{Madrigal} + 3.1$;NeQuick 模型的相关系数 $R=0.90$,线性拟合结果为 $TEC_{NeQuick} = 0.99 \times TEC_{Madrigal} + 2.5$。从分析结果来看,虽然仅仅吸收了 20 个地基 GNSS 监测站的数据,但 NTCM-BC 模型及 NeQuick 模型与 Madrigal TEC 数据的一致性还是非常好,验证了数据吸收技术的可靠性与有效性。

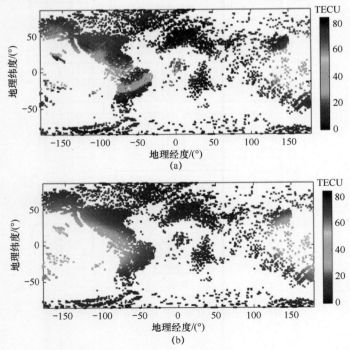

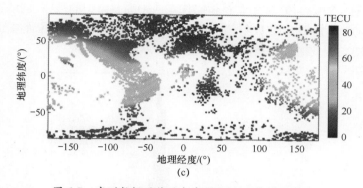

图 6-7 实测数据吸收后电离层 TEC 重构对比结果
(a) Madrigal TEC；(b) NTCM-BC 模型；(c) NeQuick 模型。

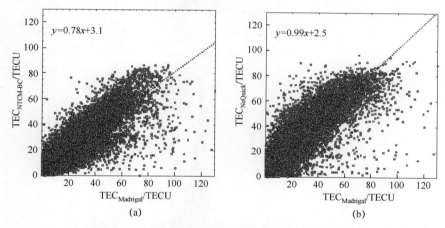

图 6-8 Madrigal TEC 与数据吸收的重构 TEC 对比结果
(a) Madrigal 与 NTCM-BC；(b) Madrigal 与 NeQuick。

同样地，按照前叙的精度验评估方法，图 6-9 给出了 NTCM-BC 模型及 NeQuick 模型 TEC 重构误差的统计直方图。NTCM-BC 模型数据吸收后 TEC 残差的绝对平均值为 3.67TECU，标准差为 5.60 TECU，均方根为 5.60TECU；累计概率为 68%条件下（1σ）对应的误差小于 5.61TECU，累计概率为 95%条件下对应的误差小于 11.02TECU，累计概率为 99.9%条件下对应的误差小于 18.46TECU。NeQuick 模型数据吸收后 TEC 残差的绝对平均值为 4.28TECU，标准差为 6.11 TECU，均方根为 6.50TECU；累计概率为 68%条件下（1σ）对应的误差小于 8.29TECU，累计概率为 95%条件下对应的误差小于 14.18TECU，累计概率为 99.9%条件下对应的误差小于 22.31TECU。从实测对比结果来看，NTCM-BC 模型要整体略优于 NeQuick 模型的数据吸收效果，分析认为，NeQuick 的驱动参数仅为 3 个，仅是 NTCM-BC 模型驱动参数数目（9个）的 1/3，因此对模型精度的提升造成了一定的限制。

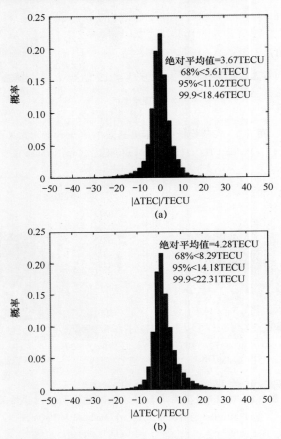

图 6-9　NTCM-BC 模型及 NeQuick 模型 TEC 重构误差的统计直方图
（a）NTCM-BC 模型；（b）NeQuick 模型。

6.5　TEC 重构误差分析与讨论

6.5.1　TEC 重构误差的 UT 变化分析

根据前述统计结果，可以进一步分析电离层 TEC 重构精度的时空变化规律。图 6-10 所示为 NTCM-BC 模型和 NeQuick 模型 TEC 重构误差的 UT 变化。

第6章 基于数据吸收技术的电离层 TEC 地图重构

为便于显示，以 2h 为时间间隔给出了相应的统计结果。从图 6-10（a）可以看出，NTCM-BC 模型重构的 TEC 误差基本没有明显的随时间的变化规律。各时间段误差统计结果较为一致，平均误差在 3.5~4 TECU 变化，标准差和均方差变化范围也在 5.5~6 TECU 浮动，各时间段误差基本不超过 1 TECU；从图 6-10（b）可以看出，NeQuick 模型随 UT 的变化有 TECU 重构误差一定的浮动，误差在 08：00~10：00 UT 最小，但各时间段内 TECU 的误差也没有超过 1 TECU，因此可以认为其重构误差与 UT 并不存在明显的关联性，这也验证了数据吸收重构结果具有较好的稳定性。

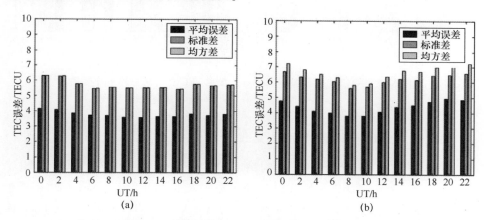

图 6-10 NTCM-BC 模型和 NeQuick 模型 TEC 重构误差的 UT 变化
（a）NTCM-BC 模型；（b）NeQuick 模型。

6.5.2 TEC 重构误差的季节变化分析

同样地，由于数据吸收过程中采用了春夏秋冬 4 个不同季节的数据，因此，对 TEC 重构误差随季节的变化进行分析。图 6-11 给出了两个模型 TEC 重构误差的季节变化。从图 6-11 中可以看出，对于 NTCM-BC 模型和 NeQuick 模型而言，其 TEC 误差均表现为夏季误差最小，而其他 3 个季节则相差不大，只是 NeQuick 模型在春季误差要比秋冬季稍高些。对于电离层而言，一般夏季期间电离层 TEC 处于全年的最小值，这可能是导致夏季电离层 TEC 重构误差相比较其他季节要偏低的原因。此外，一般冬季会出现电离层异常偏高的情况，这可能会出现 TEC 重构误差偏大的情况，但由于冬季异常现象随太阳活动条件的不同而有显著的差异。例如，在太阳活动下降年，冬季异常的幅度明显减弱，而且仅在北半球磁异常区出现；在低太阳活动水平时，冬季异常现象消失。本章选择的样本中，2008 年和 2010 年均属于太阳活动较低的年份，这可能是 TEC 重构误差冬季并未比其他季节偏高的原因。

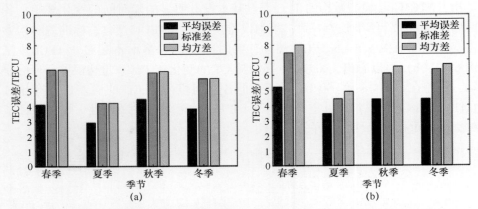

图 6-11　NTCM-BC 模型和 NeQuick 模型 TEC 重构误差的季节变化
（a）NTCM-BC 模型；（b）NeQuick 模型。

6.5.3　TEC 重构误差的年变化分析

同样，可进一步分析 TEC 重构精度的年变化分析规律。图 6-12 给出了 2008 年、2010 年、2012 年和 2014 年 4 个不同太阳活动年份（年平均太阳黑子数 R12 分别为 4.15、24.8、84.5 和 113.3）情况下，NTCM-BC 和 NeQuick 模型电离层 TEC 重构误差的分布。从误差分布可知，NeQuick 模型 TEC 重构误差随太阳活动的增强而增大，但是 NTCM-BC 模型并不完全符合该规律，其

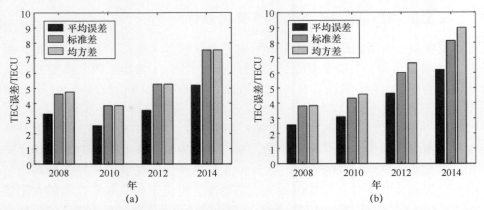

图 6-12　NTCM-BC 模型和 NeQuick 模型 TEC 重构误差的年变化
（a）NTCM-BC 模型；（b）NeQuick 模型。

2010 年 TEC 重构误差要略小于 2008 年。其原因与 2008 年与 2010 年太阳活动差别并不十分明显有关,随着太阳活跃程度的提高,可以明显看出 2012 年和 2014 年两个模型的 TEC 重构误差均有明显升高。此外,横向对比表明,太阳活动极低年,NeQuick 模型精度要优于 NTCM-BC 模型;但随着太阳活动水平的增强,NTCM-BC 精度要优于 NeQuick 模型。

6.5.4 TEC 重构误差的纬度变化分析

对于电离层而言,不同纬度间的电离层变化规律也存在明显的差异。为简便起见,将纬度简单划分为低纬($-30°\leqslant \mu \leqslant 30°$)、中纬($30°\leqslant |\mu|\leqslant 60°$)和高纬($60°<|\mu|\leqslant 90°$)3 个区域。图 6-13 给出了两个模型 TEC 重构误差的纬度变化。从图 6-13 中可以看出,NTCM-BC 模型和 NeQuick 模型的变化规律基本相同,即 TEC 误差在低纬最大,中纬次之,高纬最小,这与电离层 TEC 绝对值大小在低、中、高纬的规律是一致的。

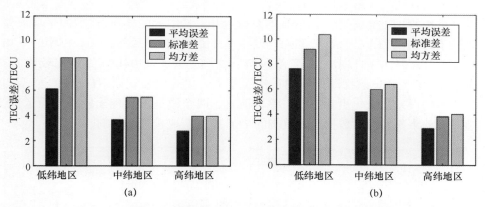

图 6-13 NTCM-BC 模型和 NeQuick 模型 TEC 重构误差的纬度变化
(a) NTCM-BC 模型;(b) NeQuick 模型。

6.5.5 TEC 重构误差随地磁条件的变化分析

磁暴期间电离层会发生急剧的扰动变化,为分析磁扰日期间电离层 TEC 的重构精度,对 2008 年至 2014 年期间 8 次典型的磁暴期间数据吸收重构的 TEC 误差进行对比分析,地磁扰动数据来源于国际地磁指数服务中心(International Service of Geomagnetic Indices, ISGI)。表 6-2 所列为此次分析利用的 8 次磁暴事件的发生时间和地磁扰动等级状态。

表 6-2　8 次磁暴事件的发生时间和地磁扰动等级状态

序 号	时 间	Dst 指数极小值/nT	扰动等级
1	2008-03-09	-86	D1
2	2008-09-04	-51	D1
3	2010-04-06	-81	D2
4	2010-10-11	-75	D2
5	2012-03-09	-145	D1
6	2012-07-15	-128	D1
7	2014-02-19	-116	D1
8	2014-08-27	-80	D1

图 6-14 给出了地磁平静时期与地磁扰动期间 TEC 重构误差的比较结果，与 8 次地磁扰动时间对应的地磁平静期分别为对应日期前后 5 日内地磁扰动等级为平静的日期。从图 6-14（a）可以看出，磁扰期间 NTCM-BC 模型及 NeQuick 模型重构的 TEC 误差相比磁静日均有所上升，其中 NTCM-BC 模型的平均误差上升了约 0.3TECU，标准差和均方差约上升了 0.6TECU；NeQuick 模型的平均误差上升了约 0.6TECU，标准差和均方差约上升了 1.0TECU。相比较而言，NeQuick 模型在地磁扰动期间的重构误差上升更为明显，而 NTCM-BC 模型的 TEC 重构误差则变化更为平缓。整体而言，两个模型均表现出较好的稳定性，地磁扰动事件并未对数据吸收重构的 TEC 精度造成较大的影响。

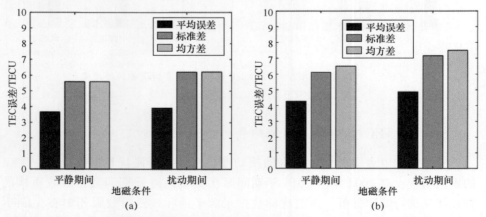

图 6-14　NTCM-BC 模型和 NeQuick 模型 TEC 重构误差随地磁条件变化
（a）NTCM-BC 模型；（b）NeQuick 模型。

本 章 小 结

本章针对卫星导航系统单频电离层延迟修正的需求，利用数据吸收技术，分别在 NTCM-BC 和 NeQuick 模型的基础上实现了 GNSS 观测条件下的全球电离层 TEC 地图重构。基于仿真模拟手段和实测数据对重构方法进行了精度的可靠性和有效性验证。分析结果如下。

（1）相比不进行数据吸收，数据吸收后 NTCM 和 NeQuick 模型的误差均有明显降低，验证了数据吸收能够有效改善 NeQuick 模型及 NTCM-BC 模型的精度。

（2）基于模拟仿真及实测数据的对比结果表明，NTCM-BC 模型数据吸收重构的 TEC 误差要稍优于 NeQuick 模型。分析原因，NeQuick 模型 A_z 建模使用了简化的二阶多项式，从而在一定条件下限制了 NeQuick 模型精度的提升效果。

（3）对 TEC 重构误差分布规律的研究表明，在日变化方面，数据吸收后 NeQuick 和 NTCM-BC 模型重构的 TEC 误差与 UT 时刻的变化未表现明显的关联。在季节变化方面，TEC 误差在夏季表现为最小，春、秋、冬季则差别不大。在年变化方面，数据吸收后 TEC 重构误差随太阳活动的增强而有明显升高。太阳活动极低年，NeQuick 模型精度要优于 NTCM-BC 模型；但随着太阳活动水平的增强，NTCM-BC 精度要优于 NeQuick 模型。在纬度变化方面，两个模型均表现为 TEC 误差低纬最大，中纬次之，高纬最小。磁扰期间 NTCM-BC 模型及 NeQuick 模型重构的 TEC 误差相比磁静日均有所上升，但 NTCM-BC 模型变化更为平缓，稳定性更高。

在实际的卫星导航过程中，通常需要利用提前的观测量对未来的电离层变化进行预报，从而满足卫星电离层修正参数播发的需要，在后续的研究工作中要进行深入考虑。

第7章 基于数据吸收技术的电离层电子密度重构

7.1 引　言

作为日地空间环境的重要组成部分，电离层是卫星导航、通信、雷达等许多无线电信息系统的重要的测量误差来源之一。为满足高精度电离层误差修正的需要，获取电离层特征参量至关重要。在电离层众多的特征参量中，电子密度分布是表征电离层状态变化的关键特征参量之一，获取高精度电离层三维电子密度分布对上述系统应用及空间天气研究等领域均具有重要的理论意义和实用价值。在电离层研究和应用过程中，电离层的三维电子密度分布通常需要借助电离层模型计算得到，其中常用的模型包括 IRI[173]、欧洲 NeQuick 模型等[190]。作为常用的电离层"气候学"模型，这些模型输出的电子密度参量都是给定条件下的月中值，只能描述电离层的平均状态，而无法反映电离层每天的真实变化[191]。

为实现高精度三维电子密度的重构，很多研究者开始尝试依托各类地基/天基电离层探测数据，利用数据吸收技术对经验电离层模型的一些特定输入参数进行驱动更新[192]，以此来提升电离层模型输出参量的精度[55-59]。

针对海洋卫星高度计单频高精度电离层修正的需求，Komjathy 等提出了一种能够有效"吸收"GPS TEC 数据的方法[55]。该方法通过引入一个额外的修正因子确定出一个合理的有效太阳黑子数 IG12 来替换模型原有的 IG12 指数，使得 IRI 模型输出的 TEC 值与 GPS 获取的实测 TEC 间的误差最小化，从而实现对 IRI 模型的驱动更新。分析结果表明，数据吸收后 IRI 模型的 TEC 精度相比原模型有很大提高。为提高 NeQuick 模型的电离层电子密度输出精度，Nava 等引入有效辐射指数（Effective Ionization Parameter）A_z 的概念，将 CODE 发布的全球垂直 TEC 数据吸收到 NeQuick 模型中，与实测 GPS 倾斜 TEC（STEC）及垂测 F_2 层临界频率 f_oF_2 的比较结果验证了该方法的有效性[56]；随后，Nava 又提出了能够吸收单站和多站电离层倾斜 TEC 的方法[57]，并将其应用于 NeQuick 改进模型 NeQuick 2 中，有效提高了模型 f_oF_2 的预测精度[58]。Migoya-

Orue 等利用有效电离层指数（Effective Inosphere Index Parameters，IG）最优化的方法将全球电离层地图（GIM）的垂直 TEC 数据吸收 IRI-2012 模型中，利用全球 22 个数字测高仪的实测数据对太阳活动高年 2000 年及低年 2006 年的 f_oF_2 进行精度验证。结果表明，吸收 GIM 数据后，IRI 模型的电离层重构精度有明显提高，其中太阳活动高年数据吸收效果要好于低年。分析主要原因，在于模型对 IRI 输出的电离层板厚系数驱动存在局限性。Olwendo 等利用 2009 年及 2012 年肯尼亚单站的 GNSS TEC 数据对 NeQuick 2 模型进行数据吸收重构，验证了数据吸收技术在低纬区域的适用性[59]。对于电子密度参量的重构而言，F_2 层峰值电子密度（N_mF_2，或临界频率 f_oF_2）和峰值高度（h_mF_2）是决定电子密度剖面精度最为重要的两个关键特征值，但目前绝大部分数据吸收方法主要集中在如何利用地基 GNSS TEC 数据吸收方法来提高电离层 N_mF_2 的精度上。由于缺乏对 h_mF_2 探测数据的吸收，这些方法无法输出的 h_mF_2 的精度相比数据吸收前并无明显提高。为改善单站上空 h_mF_2 的重构精度，Bidaine 等引入了多修正因子的概念，通过引入单站垂测数据提升模型的修正精度以提高卫星导航定位精度，并取得了较好的效果[184]，但该方法无法应用到无垂测站的海洋、沙漠等区域。

随着电离层探测数据资源的日益丰富，很多学者开始提出多源数据吸收的电离层电子密度重构方法[14,61,193-194]。Brunini 等提出了一种能够同时吸收 GPS TEC 数据与 COSMIC 掩星电子密度数据的电离层三维电子密度重构方法，该方法利用卡尔曼滤波方法对 ITU-R CCIR 的 1448 组系数进行更新，有效提升了 NeQuick 2 模型的 STEC 及电子密度的重构精度[61]。Stankov 等针对局域实时化电离层电子密度的重构需求，基于 Chapman 函数为背景模型，吸收利用地基 GNSS 和数字测高仪、地磁等测量数据对背景模型的参量进行驱动，建立了 LIEDR 系统并实现了电离层 TEC 和 f_oF_2 的预报[193]。Galkin 等基于全球电离层垂测网 GIRO 的实时电离层垂测数据建立了 IRI-RTAM 系统，该系统利用实时同化映射技术对 IRI 的 CCIR 或 URSI-88 模型的共计 988 组系数进行更新，从而提升了 IRI 模型的全球电子密度重构精度[194]；Alizadeh 等基于 Chapman 函数与球谐函数，吸收 GNSS 的 STEC、卫星雷达高度计垂直 VTEC 及 COMSMIC 卫星 STEC 数据，利用非线性最小二乘技术实现了全球三维电子密度的重构[14]。相比单纯吸收 TEC 数据的方法，这些方法可提高 h_mF_2 的重构精度，但缺点在于需要估算大量的未知系数，这需要吸收大量的观测数据以保证观测量比未知系数多，这对于部分观测数据较为稀疏的区域难以满足；同时，这些方法还需要观测数据有良好的空间覆盖性，否则容易导致重构过程中求解矩阵不满秩而使得方程解不唯一，影响电子密度的重构精度。

在前人研究成果的基础上，针对原有数据吸收方法的不足，本章以国际参考电离层 IRI-2016 模型为背景模型，引入 IG 指数与 R_z 指数最优化技术，实现了 COSMIC 掩星电子密度及高分辨率 GNSS 垂直 TEC 的数据吸收，从而发展出一种基于数据吸收技术的电离层三维电子密度重构新方法。该方法不仅能够提高经验模型 N_mF_2 的重构精度，同时也能有效提升模型 h_mF_2 的重构精度，与欧洲区域 8 个垂测站实测数据的对比也验证了本章方法的有效性。

7.2 数据吸收重构三维电子密度

原 IRI 模型（IRI-2012）采用 CCIR/URSI 系数计算 $M(3000)F_2$ 因子，再利用一组经验函数计算 h_mF_2，该方法输出的 h_mF_2 与实际测量结果存在很大偏差[195]。为此，最新版本的 IRI-2016 模型加入了 AMTB 模型用于计算 h_mF_2，获得了比原模型更好的输出精度。因此，本章选择 IRI-2016 模型作为数据吸收的背景模型。

IRI 模型计算电离层电子密度时，首先需要计算电子密度剖面的几个关键参数。其中，在计算电离层 N_mF_2 时，IRI 通过傅里叶级数结合球形 Legendre 函数展开的方法，利用 CCIR/URSI 系数计算得到 f_oF_2，再利用 $N_mF_2=f_oF_2^2/80.62$ 将 f_oF_2 转化为 N_mF_2 值，IRI 计算 f_oF_2 时需要输入 IG 指数（12 月滑动平均全球电离层指数）以反映 f_oF_2 的年变化及日变化。利用 IRI 内嵌的 AMTB 模型计算 h_mF_2，AMTB 计算 h_mF_2 时需要输入 R_z 指数（12 月滑动平均太阳黑子数）以反映 h_mF_2 的年变化及日变化。图 7-1（a）所示为 IG 指数与 TEC 的变化关系，左上角显示为纬度 20°点处电离层 TEC 与 IG 指数间的变化关系，TEC 的积分高度为 1000km；图 7-1（b）所示为 R_z 指数与 h_mF_2 的变化关系，左上角显示为纬度 20°点处电离层 h_mF_2 与 R_z 指数间的变化关系。从图 7-1 中可以看出，IG 指数与电离层间呈线性单独递增的关系，随着输入 IG 指数的变化，电离层 TEC 也逐渐增大；R_z 指数与电离层 h_mF_2 的变化关系与 IG 指数一致。由此可以看出，通过调整模型的 IG 指数和 R_z 指数输入，可使得 IRI 模型的输出与观测值误差最小，从而得到最优的输入指数。图 7-1 中设定的输入时间为 2014 年 8 月 24 日 06:00 UT，经度统一设为 120°，IG 指数与 R_z 指数的变化范围设定为 60~180。

为实现三维电子密度的高精度重构，分别选择"吸收"COSMIC 掩星数据及 GNSS 垂直 TEC（GNSS-VTEC）数据对模型的 R_z 指数和 IG 指数进行组合驱动更新，以提高 IRI-2016 模型电子密度的重构精度。其具体步骤如下。

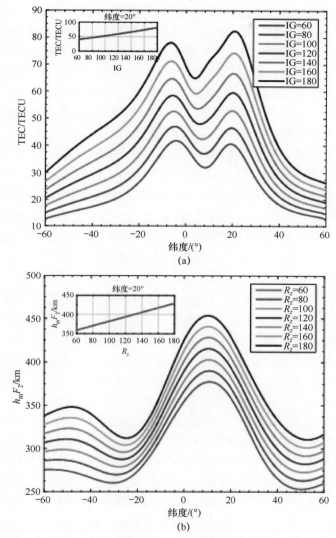

图 7-1 电离层 TEC/h_mF_2 随 IG/R_z 指数的变化关系（见彩插）

(a) IG 指数与 TEC 的变化关系；(b) R_z 指数与 h_mF_2 的变化关系。

第 1 步：先选择 COMSIC 电子密度剖面对 IRI-2016 模型进行驱动更新。利用线性最优化搜索算法获取最佳的 R_z 指数 $\widehat{R}z_z$，使得模型输出的 $h_mF_{2\,\text{mod}}(R_z)$ 与掩星观测数据 $h_mF_{2\,\text{mes}}$ 间的均方差最小，具体表示如下：

$$(\widehat{R}_z) = \operatorname{argmin} \sum_{i=1}^{M} (h_mF_{2\,\text{mod},\,i}(R_z) - h_mF_{2\,\text{mes},\,i})^2 \tag{7-1}$$

$$\hat{R}_z = \mathrm{argmin} \mathrm{Var}(h_m F_{2\mathrm{mod}}(R_z) - h_m F_{2\mathrm{mes}}) \tag{7-2}$$

式中：M 为一次电子密度重构时需要吸收的 COMIS 掩星电子密度剖面数量。

理想情况下，在指定的重构时间窗口内，若 COSMIC 观测数据对重构区域的空间覆盖性非常好，则可以优化得到每个掩星碰撞点对应位置的 R_z 指数，然后利用适当的数学插值方法得到不同纬度区域的最优化 R_z 值，从而体现 $h_m F_2$ 实际的纬度结构。但现实情况下，重构区域内满足条件的 COSMIC 掩星电子密度剖面数量每日仅有 30~40 笔，即每个小时窗口内可用于 R_z 优化的掩星观测资料数目不足 2 笔。在观测数据如此稀少的情况下，无法满足对每个纬度进行 R_z 最优化搜索的要求，只能采取折中策略，即利用一整日的掩星数据最优化得到一个 $\hat{R}_z$ 值，同时结合 IRI 模型已有的不同纬度的 $h_m F_2$ 约束条件，使得 IRI 模型输出的 $h_m F_2$ 在 1 天的时间窗口内实现误差最小。本章选择重构的欧洲基本处于中纬区域，IRI 模型较好地给出了该区域电离层 $h_m F_2$ 随地方时即纬度的变化状态。因此，本章采用的 R_z 优化策略是现实可行的，后续基于垂测数据的 $h_m F_2$ 精度评估结果也验证了该方法的可行性。

第 2 步：获取最优化的 $\hat{R}_z$ 指数后，将其代替 IRI-2016 模型默认调用 ig_rz.dat 文件内的 R_z 值作为模型的输入量，然后利用 GNSS-VTEC 数据对 IRI-2016 模型进行驱动更新。对每个 VTEC 对应的网格点，均需要利用线性最优化搜索算法获取其对应位置的最佳 IG 指数 $\hat{\mathrm{IG}}(\theta,\varphi)$，搜索原则为模型输出的 TEC 值 $\mathrm{VTEC}_{\mathrm{mod}}(\hat{R}_z, \mathrm{IG}, \theta, \varphi)$ 与实测的 TEC 值 $\mathrm{VTEC}_{\mathrm{mes}}(\theta, \varphi)$ 间的均方差最小，具体表示为

$$\hat{\mathrm{IG}}(\theta,\varphi) = \mathrm{argmin}(\mathrm{VTEC}_{\mathrm{mod}}(\hat{R}_z, \mathrm{IG}, \theta, \varphi) - \mathrm{VTEC}_{\mathrm{mes}}(\theta,\varphi)) \tag{7-3}$$

式中：(θ,φ) 分别为地理纬度和经度。

本章采用数据吸收中的 Brent 法求解 $\hat{R}_z$ 和 $\hat{\mathrm{IG}}(\theta,\varphi)$ 值，Brent 法结合了黄金分割搜索法和抛物线线性插值法的优点，是求解有约束单变量极值问题的一种高效可靠的方法[196]。其中，$\hat{R}_z$ 的搜索区间设定为 10~200，而 $\hat{\mathrm{IG}}(\theta,\varphi)$ 的搜索范围为 5~300。通过前两步的求解，可最终得到最优化的 $\hat{R}_z$ 和 $\hat{\mathrm{IG}}(\theta,\varphi)$ 值。

第 3 步：将最优化得到的 $\hat{R}_z$ 和 $\hat{\mathrm{IG}}(\theta,\varphi)$ 替换 IRI 模型默认调用的 R_z 和 IG 指数作为输入参数，从而重构得到数据吸收后的电离层三维电子密度，即

$$N_{e_{\mathrm{Recon}}} = N_{e_{\mathrm{IRI}}}(\mathrm{year}, \mathrm{doy}, \mathrm{UT}, \theta, \varphi, h, \hat{R}_z, \hat{\mathrm{IG}}(\theta,\varphi)) \tag{7-4}$$

式中：$N_{e_{\mathrm{Recon}}}$ 为数据吸收后重构得到的电子密度值；year 为年；doy 为年积日；UT 为世界时；(θ,φ) 分别为地理纬度和经度；h 为高度。

数据吸收重构三维电子密度流程如图 7-2 所示。

第 7 章 基于数据吸收技术的电离层电子密度重构　　183

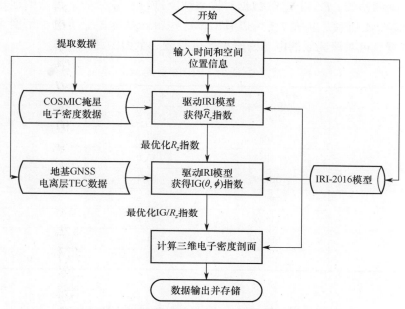

图 7-2　数据吸收重构三维电子密度流程

7.3　数据来源

　　选择利用 GNSS-TEC 数据及 COSMIC 掩星数据实现基于数据吸收技术的电离层三维电子密度重构。其中，GNSS-VTEC 数据来自比利时皇家天文台（Royal Observatory of Belgium，ROB）发布的高分辨率垂直 TEC 数据（下载地址为 ftp://gnss.oma.be/gnss/products/IONEX）。ROB 利用欧洲 GNSS 观测网（EPN）密集的地基 GNSS 观测数据，经过解算并剔除卫星及接收机硬件延迟后，计算得到电离层穿刺点位置的高精度的离散 VTEC 数据，再利用样条插值技术，从而获得 −15°E~25°E、35°N~62°N 区域内 0.5°×0.5°空间分辨率的电离层 VTEC 数据产品，这些数据产品的时间分辨率为 15min。研究结果表明：ROB 发布的 VTEC 数据具有比 IGS 发布的全球 GIM 数据具有更高的精度，非常有利于电子密度的重构。

　　掩星数据来源于 COSMIC 数据分析和档案中心发布的电子密度剖面数据产品（IonPrf）。数据吸收时，首先需要提取每个电子密度剖面的 h_mF_2 观测值，再利用 h_mF_2 数据对 IRI 模型 R_z 指数的实现驱动更新。

　　为验证本章方法三维电子密度的重构精度，选择利用 SPIDR 在欧洲区域的 8 个垂测站的 f_oF_2 和 h_mF_2 数据对模型精度进行比较分析，台站的地理位置分布如表 7-1 所列。从表 7-1 可以看出，这些台站基本覆盖了电子密度重构所在的区域，可对该区域的电子密度精度进行较为全面的评估。

表 7-1 用于精度验证的 SPIDR 垂测站地理位置分布

序 号	台站代号	纬度/(°)	经度/(°)
1	JR055	54.6	13.4
2	EA036	37.1	-6.7
3	PQ052	50.0	14.6
4	DB049	50.1	4.6
5	GM037	37.6	14.0
6	VT139	40.6	17.8
7	FF051	51.7	-1.5
8	EB040	40.8	0.3

7.4 电离层三维电子密度重构结果

选择 2014 年 8 月 24 日至 30 日的实测数据进行三维电子密度重构。在吸收 COSMIC 数据得到 $\hat{R}_z$ 指数时，采用了相应的数据质量控制策略，即剔除了 h_mF_2 低于 200km 和高于 400km 以上的数据，以保证求解得到的 R_z 指数不会超出 IRI 模型的可接受区间。对于欧洲区域而言，2014 年 8 月 24 日至 30 日，每日满足落在该区域的 COSMIC 掩星电子密度剖面数量基本为 30~40。由于数据较为稀疏，因此，在数据吸收时，选择 1 日的掩星数据最优化得到一个 $\hat{R}_z$ 值。图 7-3 所示为计算得到的 2014 年 8 月 24 日至 30 日 IRI 模型数据吸收前后的 $\hat{R}_z$ 值对比。从图 7-3 中可以看出，数据吸收前，R_z 指数基本维持在 75 左右，而吸收后 R_z 指数变化范围为 48~105，吸收前后 R_z 指数变化非常明显。

利用 GNSS VTEC 数据驱动得到 $\hat{I}G$ 时，在保证电子密度具有较高的空间分辨率的情况下，为提高计算 $\hat{I}G$ 搜索速度，将 VTEC 数据吸收的时间步长设定为 1h，纬度和经度网格分辨率设定为 1°×1°，最后利用 Brent 算法搜索得到对应时刻所有 VTEC 所在网格点的 $\hat{I}G(\theta,\varphi)$ 值。图 7-4 所示为 2014 年 8 月 24 日 UT00：00 时刻的各经纬度所在网格点的 $\hat{I}G(\theta,\varphi)$ 分布。从图 7-4 中可以看出，对于不同区域而言，IG 指数存在很大的不同，其变化范围为 50~150；数据吸收前，IRI 模型所有网格点输入的 IG 指数均为 96.2。由于 IG 指数的变化

第7章 基于数据吸收技术的电离层电子密度重构

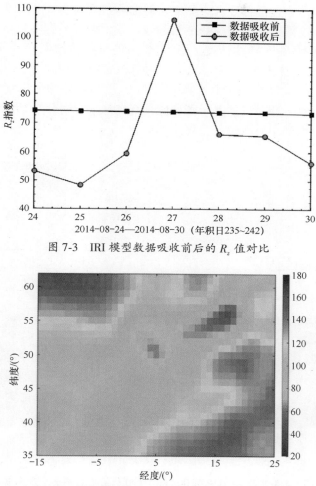

图 7-3　IRI 模型数据吸收前后的 R_z 值对比

图 7-4　IRI 模型数据吸收 GNSS TEC 后的 $\hat{R}_z$ 指数分布

直接决定了 N_mF_2 的变化,因此可以看出,数据吸收前后 IRI 模型输出的电子密度将会有很大的变化。图 7-5 所示为 2014 年 8 月 25 日夜间 00:00 UT 时刻的电离层电子密度重构的结果。从图 7-5（a）中可以看出,夜间该区域电离层 TEC 在 5~20 TECU 变化,其中纬度较低的区域 VTEC 值普遍要高于纬度较高的区域;在经度−10°E 所处的区域,电离层变化的梯度较小;经度为 15°E 的区域,电离层的变化梯度更大一些。其中,在纬度 50°N~55°N 位置可以看见电离层 VTEC 偏小的区域出现,特别是在 0°E~20°E 位置尤为明显,由此可以推断在该区域会出现电离层电子密度"耗空"的现象。从图 7-5（b）给出的经度 5°E 的电子密度随纬度和高度变化的电子密度剖面可以清晰呈现出电离层电子密度随纬度的升高而逐渐减小的趋势，其中可以看到在纬度 50°N 附近出现了电子密度明显下降的情况，这与图 7-5（a）的推断是完全吻合的。从图 7-5（c）也可明显看出在纬度 55°N 附近电子密度的"耗空"，该区域电子密度相比 50°N 纬度的 N_mF_2 值下降了约 50%。图 7-5 的电子密度重构结果验证了本章数据吸收方法重构的电子密度值具有良好的空间分辨率，能很好地反映电离层的大尺度和小尺度的变化规律。

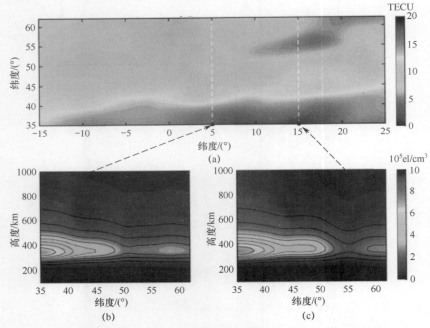

图 7-5　2014 年 8 月 24 日夜间 00：00 UT 时刻的电离层电子密度重构的结果
（a）VTEC 地图；（b）电子密度在经度 5°E 时电子密度切片；（c）电子密度在经度 15°E 时电子密度切片。

相同地，图 7-6 给出了 2014 年 8 月 24 日白天 UT12：00 时刻的电离层电子密度重构的结果。从图 7-6（a）中可以看出，白天电离层 TEC 要高于夜间，其变化范围为 15~40 TECU，VTEC 值纬度较低的区域要高于纬度较高的区域，且东向 TEC 高于西向；图 7-6（b）和（c）的对比结果也充分证明了这一点，图中显示 15°E 切片的电子密度值明显要大于 −10°E，这从图 7-6（a）在这两个经度切面上 TEC 的变化趋势也可以得到很好的印证。从图 7-5 和图 7-6 的分析结果来看，本章数据吸收方法重构的电子密度具有良好的空间分辨率，而且能很好地反映出电离层的各种尺度的变化规律。

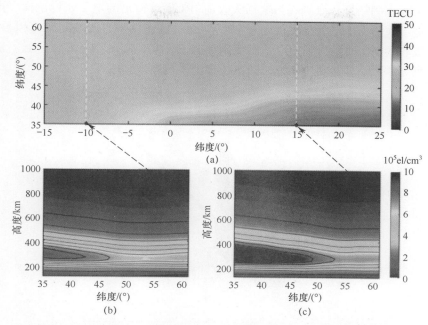

图 7-6 2014 年 8 月 24 日白天 12∶00 UT 时刻的电离层电子密度重构的结果
(a) VTEC 地图；(b) 电子密度在经度-10°E 时电子密度切片；
(c) 电子密度在经度 15°E 时电子密度切片。

7.5 电子密度重构精度评估与分析

7.5.1 与地基垂测数据的比较验证

在对电子密度重构精度进行评估前，首先给出了数据吸收前后 IRI 模型给出的电离层 TEC 的比较结果，如图 7-7 所示。其中横轴代表 IRI 模型输出的 TEC 值，纵轴代表 GNSS 观测的 TEC 值，数据吸收前 IRI 模型的 TEC 平均绝对误差及标准差分别为 3.8 TECU 和 4.6 TECU，而数据吸收后 IRI 模型误差则分别下降为 0.002 TECU 和 0.04 TECU。由此可知，IRI 模型实现了对 GNSS-VTEC 数据的有效"吸收"。

为直观比较数据吸收前后的电子密度剖面，利用 COSMIC 实测数据进行对比验证。图 7-8 所示为 2014 年 8 月 24 日 12∶12 UT 及 12∶46 UT 时 IRI 模型给出的电子密度剖面与 COSMIC 掩星实测数据间的比较。图 7-8 中，实线为 COS-

MIC 实际观测结果，点画线为数据吸收前 IRI 模型输出的电子密度剖面，虚线为数据吸收后 IRI 模型给出的电子密度剖面。从图 7-8 的比较结果可以看出，数据吸收后 IRI 模型得到的电子密度剖面与 COSMIC 实测结果非常一致，验证了本章方法可有效提升 IRI 模型的电子密度重构精度。

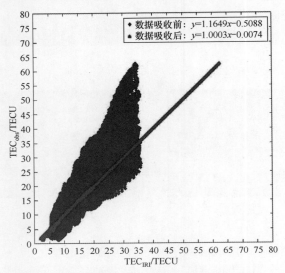

图 7-7 数据吸收前后电离层 TEC 的比较结果

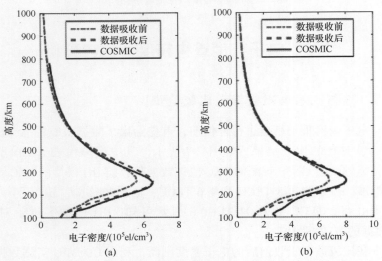

图 7-8 2014 年 8 月 24 日 UT12：12 及 UT12：46 时 IRI 模型给出的
电子密度剖面与 COSMIC 掩星实测数据间的比较

(a) (59.9°N, -1.5°E) 处的电子密度剖面；(b) (50.9°N, 8.9°E) 处的电子密度剖面。

为进一步对本章方法的精度进行分析，将 GM037、VT139、FF051、EB040、JR055、EA036、PQ052、DB049、8 个台站垂测仪测量的 N_mF_2 和 h_mF_2 数据与数据吸收前后的 IRI 模型进行比较，结果如图 7-9 所示。从图 7-9 中可以看出，据吸收后 IRI 模型输出的 N_mF_2 与垂测仪的实测数据更为接近。

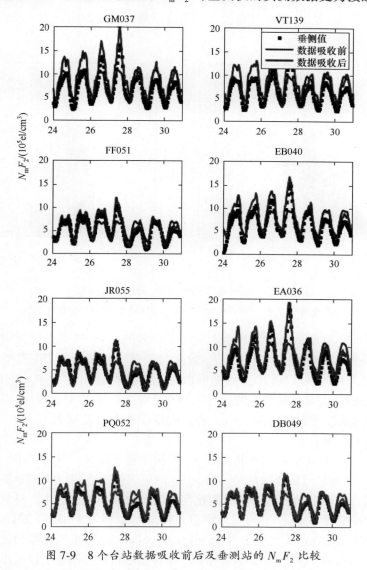

图 7-9 8 个台站数据吸收前后及垂测站的 N_mF_2 比较

图 7-10 给出了电离层重构的 N_mF_2 的精度统计结果。从图 7-10 （a）可以

看出，相比垂测 N_mF_2 数据，IRI 模型经过数据吸收后，其 N_mF_2 重构结果比数据吸收前具有更好的相关性，其相关系数由 0.82 上升为 0.95。其中，数据吸收前 IRI 模型的 N_mF_2 平均绝对误差及标准差分别为 $1.2×10^5 el/cm^3$ 和 $1.4×10^5 el/cm^3$，而数据吸收后 IRI 模型误差则分别下降为 $0.8×10^5 el/cm^3$ 和 $10^5 el/cm^3$。从图 7-10（b）的 N_mF_2 误差分布直方图也可以看出，数据吸收后 N_mF_2 重构误差有较大的降低。

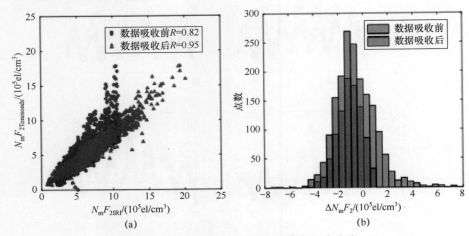

图 7-10 电离层重构的 N_mF_2 的精度统计结果
（a）电离层 N_mF_2 的散点比较图；（b）电离层 N_mF_2 误差分布直方图。

同样地，利用垂测数据对电离层电子密度的 h_mF_2 精度进行分析。图 7-11 所示为 8 个台站垂测仪测量的 h_mF_2 数据与数据吸收前后的 IRI 模型的比较结果。从图 7-11 中可以看出，数据吸收后 IRI 模型输出的 h_mF_2 相比吸收前，h_mF_2 的重构精度有了非常大的提高。特别是对于 8 月 27 日至 30 日而言，其重构结果与垂测实测结果非常一致，有效验证了本章方法对提升 h_mF_2 重构精度的有效性和可靠性。

图 7-12 给出了电离层重构的 h_mF_2 的精度统计结果。从图 7-12（a）可以看出，IRI 模型经过数据吸收后，其 h_mF_2 值更为接近垂测仪的实际测量值；数据吸收前，IRI 模型输出的 h_mF_2 相比实测值则明显偏低。其中，计算得到数据吸收前 IRI 模型的 h_mF_2 平均绝对误差及标准差分别为 31km 和 23km，而数据吸收后 IRI 模型误差则分别下降为 14km 和 16km，h_mF_2 重构精度相比吸收前有较为明显的提高。从图 7-12（b）的 h_mF_2 误差分布直方图也可以看出，数据吸收后 h_mF_2 重构误差基本符合均值为零的正态分布，相比数据吸收前 h_mF_2 的精度有明显提高。

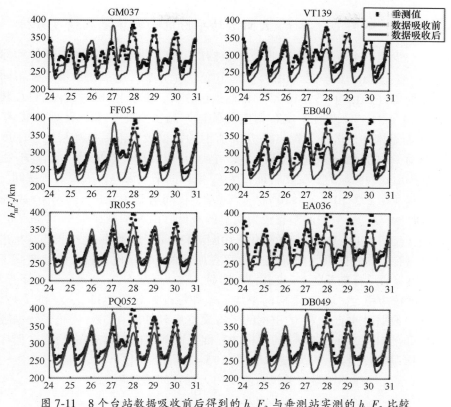

图 7-11　8 个台站数据吸收前后得到的 h_mF_2 与垂测站实测的 h_mF_2 比较

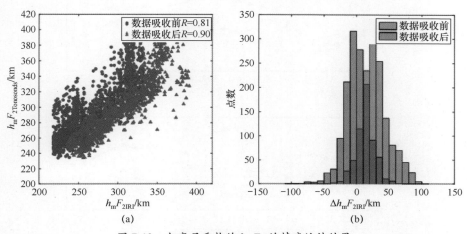

图 7-12　电离层重构的 h_mF_2 的精度统计结果

（a）电离层 h_mF_2 的散点比较图；（b）电离层 h_mF_2 误差分布直方图。

7.5.2 不同UT/季节/太阳活动年份电子密度重构精度分析

进一步地，本节对数据吸收技术重构的 N_mF_2 及 h_mF_2 的平均误差和标准差的 UT 变化（00:00~24:00UT）、季节变化（分季、夏季和冬季）和不同太阳活动变化（2012 年至 2016 年）特征进行分析。由于 ROB 的 GNSS TEC 数据从 2012 年 1 月 1 日以后才发布相应的数据产品，因此，本节只对 2012 年至 2016 年的重构结果进行分析。图 7-13 所示为数据吸收前后电离层电子密度重构误差随 UT 的日变化分布。从图 7-13（a）可以看出，数据吸收前 N_mF_2 重构误差表现出较为明显的日变化特征，N_mF_2 重构的平均误差白天要高于夜间，白天误差基本在 $2.0×10^5$~$2.5×10^5$ el/cm³ 浮动，夜间则下降为 10^5~$1.5×10^5$ el/cm³；数据吸收后，N_mF_2 平均误差有较为明显的减低，白天基本在 $1.5×10^5$ el/cm³ 左右浮动，夜间在 10^5 el/cm³ 前后变化。由图 7-13（b）所示的 N_mF_2 的重构标准差同样可以看出，数据吸收前标准差也存在明显的 UT 变化，白天误差要高于夜间；数据吸收后标准差随 UT 变化已不明显，STD 值基本在 10^5 el/cm³ 上下浮动，变化幅度较为稳定。h_mF_2 重构的平均误差和标准差如图 7-13（c）和（d）所示，其中数据吸收前 h_mF_2 的重构的平均误差基本在 25~35km 变化，数据吸收后则减低至 10~20km；h_mF_2 的重构的标准差也基本在 25~35km 变化，但标准差比平均误差要稍大，基本变化范围在 15~25km。相比 N_mF_2，h_mF_2 的重构误差的 UT 变化规律不明显，并没有呈现白天与夜间的差距。

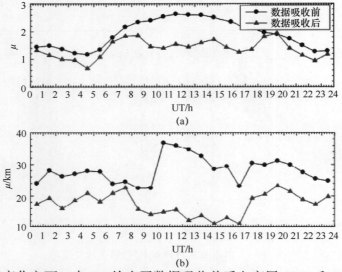

在季节变化方面，表 7-2 给出了数据吸收前后电离层 N_mF_2 和 h_mF_2 误差的

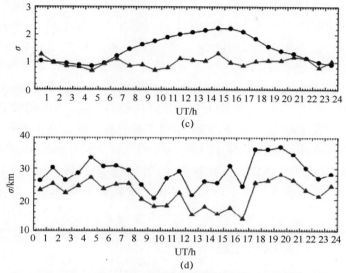

图 7-13 电离层电子密度重构误差随 UT 时的日变化分布
（a）N_mF_2 平均误差；（b）N_mF_2 标准差；（c）h_mF_2 平均误差；（d）h_mF_2 标准差。

季节变化。数据吸收前，N_mF_2 重构的平均误差冬季误差最大，分季次之，夏季最小，误差变化范围为 $1.5 \times 10^5 \sim 2.1 \times 10^5 \text{el/cm}^3$，标准差变化规律与平均误差基本一致；而 h_mF_2 重构的平均误差则同样表现为冬季平均误差最大，分季和夏季次之，但各季间的误差相差较小。重构误差在 15km 左右变化，标准差变化规律与平均误差也基本一致，只是冬季标准差要明显高于分季和夏季。数据吸收后，N_mF_2 重构的平均误差也表现为冬季误差最大，分季次之，夏季最小的规律，但误差变化范围下降为 $1.1 \times 10^5 \sim 1.6 \times 10^5 \text{el/cm}^3$，标准差下降为 $0.9 \times 10^5 \sim 1.2 \times 10^5 \text{el/cm}^3$；$h_mF_2$ 误差相比数据吸收前同样有明显下降，其中夏季和分季平均误差下降幅度最为明显。

表 7-2 统计得到的电离层重构误差的季节变化

重构误差		N_mF_2 重构误差/(10^5el/cm^3)			h_mF_2 重构误差/km		
		春季	夏季	冬季	春季	夏季	冬季
吸收前	平均误差	1.7	1.5	2.1	29	25	31
	标准差	1.5	1.3	1.7	23	22	37
吸收后	平均误差	1.3	1.1	1.6	13	14	26
	标准差	1.0	0.9	1.2	17	18	30

在不同太阳活动年变化方面，表 7-3 给出了 2012 至 2016 年数据吸收前后电离层重构误差的年变化。从表 7-3 中可以看出，数据吸收前 N_mF_2 的平均误差 2014 年最大，2012 年和 2013 年次之，2015 年再次之，2016 年最小，变化范围为 $1.3 \times 10^5 \sim 2.0 \times 10^5 \mathrm{el/cm^3}$；$N_mF_2$ 的标准差的变化规律与平均误差基本相同。h_mF_2 重构方面，2014 年最大，2015 年次之，2012 年和 2013 年再次之，2016 年最小；各年份 h_mF_2 重构的标准差变化较为稳定，集中在 $28 \sim 32\mathrm{km}$，仅 2016 年较小。数据吸收后 N_mF_2 的平均误差有明显下降，其中各年份的平均误差的变化幅度有明显缩小，N_mF_2 的标准差更是有明显降低。h_mF_2 重构方面，各年份 h_mF_2 重构的平均误差变化较为稳定，平均误差集中在 $16 \sim 19\mathrm{km}$；h_mF_2 的标准差相比平均误差稍大，在 $21 \sim 24\mathrm{km}$，变化幅度较小。

表 7-3 统计得到的电离层重构误差的年变化

重构误差		N_mF_2 重构误差/($10^5\mathrm{el/cm^3}$)					h_mF_2 重构误差/km				
		2012 年	2013 年	2014 年	2015 年	2016 年	2012 年	2013 年	2014 年	2015 年	2016 年
吸收前	平均误差	1.9	1.9	2.0	1.7	1.3	26	27	34	30	17
	标准差	1.5	1.4	1.8	1.6	1.1	32	28	32	28	24
吸收后	平均误差	1.6	1.5	1.7	1.6	1.2	19	16	17	16	16
	标准差	1.4	1.2	1.5	1.3	0.9	24	22	23	21	22

从数据吸收前后不同 UT/季节/太阳活动年份电子密度重构精度的对比结果可以看出，本章提出的方法能够显著减低电离层电子密度的重构误差，且该方法重构的电子密度误差的变化幅度相对较小，验证了方法的稳定性和可靠性。

7.5.3 低纬和高纬区域重构精度的区域变化

本章用于数据吸收的高分辨率 TEC 数据由 ROB 发布，该数据覆盖的区域范围为（$-15°\mathrm{E} \sim 25°\mathrm{E}$，$35°\mathrm{N} \sim 62°\mathrm{N}$），主要覆盖了中纬区域。数据吸收后只能得到该区域范围内每个网格点的最优化 IG 指数，因此无法用于提升其他纬度的 N_mF_2 精度。但在 R_z 指数驱动上，利用多笔掩星数据驱动得到一个最优的 R_z 指数。该 R_z 指数并非对应于某个特定地理位置，而同样适用于低纬和高纬地区。因此，可进一步分析数据吸收方法能否对低纬（$20°\mathrm{S} \sim 20°\mathrm{N}$）和高纬（纬度>60°）区域的 h_mF_2 重构精度有所提升。

图 7-14（a）和（b）分别给出了数据吸收前后，低纬和高纬区域电离层 h_mF_2 重构误差直方图比较。从图 7-14 中可以看出，除了能提升中纬区域 h_mF_2

第 7 章 基于数据吸收技术的电离层电子密度重构

精度外，数据吸收方法同时也能够提升低纬和高纬区域的电离层 h_mF_2 重构精度。

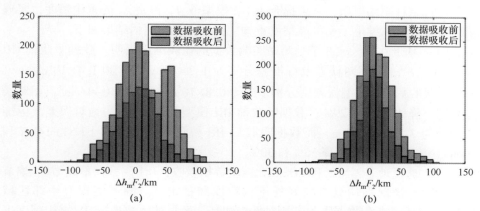

图 7-14 数据吸收前后，低纬和高纬区域电离层 h_mF_2 重构误差直方图比较
（a）低纬区域；（b）高纬区域。

表 7-4 给出了数据吸收前后低纬/高纬区域 h_mF_2 误差对比结果。在低纬区域，数据吸收前 h_mF_2 平均误差和标准差分别为 34km 和 36km，吸收后则分别下降为 21km 和 22km，重构误差分别下降了 38% 和 39%；在高纬区域，数据吸收前 h_mF_2 平均误差和标准差分别为 24km 和 26km，吸收后则分别减小至 19km 和 22km，重构误差分别下降了 21% 和 15%。从误差程度来看，低纬区域的精度的提升效果要好于高纬区域。整体来看，本章数据吸收技术也能够提升低纬和高纬区域的电子密度重构精度。

表 7-4 数据吸收前后低纬/高纬区域 h_mF_2 误差对比结果

重构误差	低纬区域		高纬区域	
	平均误差/km	标准差/km	平均误差/km	标准差/km
吸收前	34	36	24	26
吸收后	21	27	19	22

本 章 小 结

电子密度分布是表征电离层状态变化的关键特征参量之一，获取高精度电离层三维电子密度分布具有重要的理论意义和应用价值。针对高精度电离层重构的需求，本章提出了一种基于地基 GNSS 和 COSMIC 掩星数据吸收技术的三维电离层电子密度重构新方法。以 IRI-2016 为背景模型，利用高分辨率 GNSS-VTEC 及 COSMIC 掩星实测数据，采用数据吸收技术对 IRI 模型 IG 指数和 R_z 指数进行组合驱动更新，有效提升了 IRI 模型 N_mF_2 和 h_mF_2 的重构精度，实现了区域电离层三维电子密度高精度重构。精度分析与评估结果如下。

（1）基于欧洲区域 8 个垂测站实测数据的比较结果表明：数据吸收前 IRI 模型的 N_mF_2 平均绝对误差及标准差分别为 $1.2×10^5 el/cm^3$ 和 $1.4×10^5 el/cm^3$，而数据吸收后 IRI 模型误差则分别下降为 $0.8×10^5 el/cm^3$ 和 $10^5 el/cm^3$，相对误差分别下降约 33% 和 29%；数据吸收前 IRI 模型的 h_mF_2 平均绝对误差及标准差分别为 31km 和 23km，而数据吸收后 IRI 模型误差则分别下降为 14km 和 16km，相对误差分别下降 55% 和 30%。

（2）通过地基 GNSS 和 COSMIC 掩星数据吸收，IRI 模型在不同 UT、季节和太阳活动情况下均具有较好的重构精度和稳定性。除了能提升中纬区域 h_mF_2 精度外，本章数据吸收方法对低纬和高纬区域的电离层 h_mF_2 重构精度也有明显的提升作用。

然而，由于可用于数据吸收的 h_mF_2 数据较少，因此，本章通过 R_z 指数最优化只能使得背景模型输出的 h_mF_2 数据在整体的变化趋势上与观测结果更为接近，无法实现局地范围内 h_mF_2 与观测数据完全符合。由于本章采用的驱动参数为 IG 和 R_z 两类参数，这对于重构得到 f_oF_2 和 h_mF_2 等变量提升精度较为明显，但对 E 层、F_1 层、电离层板厚等参数无法进行更为细致的驱动更新，因此，重构的电离层电子密度剖面相对较为平滑，无法反映出中小尺度的电离层结构特征。此外，本章数据吸收技术缺乏电离层参数的预测预报能力。这些局限性均需要在未来的工作中进一步解决。

第8章 电离层数据同化技术研究

8.1 引　　言

电离层作为人类空间活动的重要区域,对各类无线电信息系统具有不可忽视的影响效应。随着人类空间活动的日益增多,相关领域对电离层进行监测和预报的需求也在日渐增长[197-199]。数据同化作为一种在现代气象数值天气预报中广泛应用的一种技术,能够对多源数据进行综合利用,把各种时空上不规则的零散分布的观测资料同化到背景模式中,从而实现观测数据与背景模式的互补融合。近年来,随着人类对电离层天气现报和预报要求的不断提高,同化方法开始在电离层研究方面获得蓬勃的发展[63,66,69]。

通过借鉴气象学和海洋学等领域在数据同化系统构建过程中的经验,Richmond等最早建立了电离层电动力学同化映射模型(Assimilative Mapping of Ionospheric Electrodynamics,AMIE)[200]。利用最优化估计理论,AMIE模型能够同化各类零散分布的卫星和地面观测的磁场、电场及电流数据,从而获得高纬区域的电场、电流和地磁扰动等参数,其同化结果可作为电离层理论模型的高纬电动势数据的输入选项之一。Angling等基于最优化线性无偏估计理论(Best Linear Unbiased Estimation,BLUE)构建了电子密度同化模型(Electron Density Assimilative Model,EDAM),EDAM能够处理地基GPS、掩星等观测数据,获得全球电离层电子密度分布[68]。EDAM不依赖于描述等离子体演化的预测方程,所以它通过连续性模型提供电离层预报。Bust等基于三维变分同化技术,在经验电离层模型的基础上构建了电离层三维同化模型(Ionospheric Data Assimilation Three-Dimensional,IDA3D)。该模型具有多源数据处理等功能,能够同化处理包括测高仪、地基GPS、掩星、卫星信标、卫星就位测量等多种数据,获取全球范围内的电离层变化信息[67]。IDA3D的升级版本为IDA4D(Ionospheric Data Assimilation Four-Dimensional)。近年来,电离层数据同化研究中取得的最为典型的成果为JPL/USC GAIM和USU GAIM两个全球电离层同化模型。JPL/USC GAIM利用改进的电离层理论模型SUPIM作为背景场,通过集合卡尔曼滤波与四维变分同化方法对模型的多个驱动参量进行最优估计，模型具备地基 GPS、测高仪、GNSS/LEO 掩星等多源数据的同化能力。相比背景模型，同化模型现报和预报精度有明显的提升，在缺乏地基观测数据的海洋地区尤为显著[198,201-202]。USU GAIM 则是基于 IFM 模型和 IPM 模型作为背景场，利用卡尔曼滤波技术对各类观测资料进行数据同化。该模型目前已经实现了在线运行，可为全球用户提供定制的数据同化产品[202]。国内方面，牛俊等利用 IRI 和 NeQuick 模型模拟掩星真实场和背景场并进行数值反演，应用变分同化法得到电离层电子密度廓线[203]。余涛将 IRI2000 模式作为同化反演的背景场，采用水平和垂直方向可分离的高斯型误差协方差矩阵，基于卡尔曼滤波同化方法，分别使用测高仪数据和 GPS 数据进行了单独同化反演和联合同化反演，并在此基础上进一步发展了电离层数据同化分析系统（IDAAS）[204]；乐新安等利用 MillStone Hill 非相干散射雷达的观测资料，尝试了高级资料同化方法集合卡尔曼滤波法（Ensemble Kalman Filter，EnKF）在电离层同化中的应用[198]；汤军等为了实现短波通信链路可用频率的短期预报，以电离层观测网实时测量为基础，采用卡尔曼同化技术对电离层参量 f_oF_2 进行预报[205]。Aa 等基于 IRI 模型，利用掩星和地基 GNSS 数据实现了中国及周边区域的电离层 TEC 地图同化工作[206]。在数据同化研究方面，国内电离层数据同化的主要思路是利用经验电离层模型（如 IRI、NeQuick 等）作为同化反演的背景场，基于卡尔曼滤波同化方法对电离层参量 TEC、电子密度和 f_oF_2 进行同化预报。

本章将数据同化技术应用到区域电离层 TEC 地图重构中，基于美国 CORS 网 39 个 GPS 台站 31 天的观测数据，以 NeQuick 模型作为背景场，基于卡尔曼滤波理论和多向异性的背景误差协方差模型实现了区域电离层数据同化，以及 NeQuick 模型与 GPS 实测数据之间的有效融合[183]。同时，利用电离层时间和空间的形态学分析验证了数据同化的有效性。与 COSMIC 掩星和 GIRO 数字测高仪实测数据的对比结果表明，数据同化方法可以有效提高背景电离层模型的 TEC 和电子密度的现报精度。相关研究可为建立基于经验模型的电离层数据同化系统提供参考。

8.2 基于经验背景模型的数据同化方法

8.2.1 数据同化的基本原理

数据同化的基本原理是在充分利用模式提供的电离层背景信息（背景

场）、各类观测仪器提供的电离层观测信息，以及对模式和观测数据的误差的先验了解的基础上，通过统计估计理论，给出一个背景模式和观测数据间整体偏差最小的最优估计结果。一般来说，数据同化必须包括 3 种有用的信息。

（1）背景值和观测值。观测值包含观测误差和代表性误差，不是准确值；背景值对观测结果进行物理规律性的约束。

（2）不确定性。误差本身对于数据同化而言也是有用的信息，同化过程中如何考虑误差与同化的最终结果存在着直接关联。

（3）协方差，即为各种值之间的物理相关性和空间相关性，这些相关性本身对于数据同化而言也是有用信息[207]。

就同化算法而言，主要包括最优插值、卡尔曼滤波、集合卡尔曼滤波、三维变分同化、四维变分同化等。本章主要采用卡尔曼滤波算法。

8.2.2 卡尔曼滤波数据同化算法

选择电离层 TEC 进行数据同化，电离层 TEC 可以表示为沿信号传播路径上电子密度的积分，有

$$\mathrm{TEC}_i = \int_s N_e(\boldsymbol{r})\,\mathrm{d}s \tag{8-1}$$

式中：TEC_i 为射线路径 i 上的 TEC；$N_e(\boldsymbol{r})$ 为电离层电子密度，其随时间和空间而变化；s 为地面接收机至卫星的视线路径。

利用离散化反演理论，将待同化区域按经度、纬度、高度方向划分为三维网格，式（8-1）可以简化为

$$\boldsymbol{d} = \boldsymbol{H}\boldsymbol{x} + \boldsymbol{e} \tag{8-2}$$

式中：$\boldsymbol{d}$ 为观测的 TEC 数据；$\boldsymbol{H}$ 为观测算子，等于地基 GNSS 接收的信号传播路径在电离层网格中的长度（由于电离层数据同化中观测量与背景场之间是非线性关系，观测算子 $\boldsymbol{H}$ 为非线性的）；$\boldsymbol{x}$ 为网格内的电子密度；$\boldsymbol{e}$ 为离散化误差，通常情况下忽略其影响。

利用卡尔曼滤波理论，对观测资料的同化过程可以表示为

$$\boldsymbol{x}_a^t = \boldsymbol{x}_b^t + \boldsymbol{K}(\boldsymbol{d}^t - \boldsymbol{H}\boldsymbol{x}_b^t) \tag{8-3}$$

$$\boldsymbol{K} = \boldsymbol{B}_b^t \boldsymbol{H}^\mathrm{T}[\boldsymbol{R} + \boldsymbol{H}\boldsymbol{B}_b^t \boldsymbol{H}^\mathrm{T}]^{-1} \tag{8-4}$$

$$\boldsymbol{B}_a^t = \boldsymbol{B}_b^t - \boldsymbol{B}_b^t \boldsymbol{H}^\mathrm{T}(\boldsymbol{H}\boldsymbol{B}_b^t \boldsymbol{H} + \boldsymbol{R})^{-1}\boldsymbol{H}\boldsymbol{B}_b^t \tag{8-5}$$

式中：$\boldsymbol{x}_b$ 为背景场，由背景电离层模型给出，本章由 NeQuick 电离层模型给出，这是由于同化计算量较大，采用 NeQuick 模型能够缩短运行所需的时间；

x_a 为分析场,即同化后得到电子密度;K 为增益矩阵;B 和 R 分别为背景电离层模型的误差协方差和观测数据的误差协方差。

数据同化可以看作是观测的 TEC 数据与背景模型间的相互"融合"过程。

8.2.3 误差协方差模型

协方差模型反映数据间的相关性;误差协方差既包括误差,也包括误差的相关性。同化过程是数据与背景模型间相互融合的过程,因此,其误差协方差模型既包括数据的误差协方差,也包括背景模型误差协方差。背景模型误差协方差 B 和观测误差协方差 R 的相对大小与空间分布决定了观测场和背景场对分析场影响的相对权重和空间结构。

一般认为观测数据间是相互独立的,因此,观测误差协方差矩阵 R 可以用对角矩阵表示,即

$$R_{ij} = \begin{cases} \alpha \times d_i \times d_j, & i = j \\ 0, & i \neq j \end{cases} \tag{8-6}$$

式中:i、j 为网格点的位置;R_{ij} 为观测点间的误差协方差值;α 为比例系数。

对于背景模型的误差协方差矩阵 B,认为其遵循 3 个原则:①空间相关性可进行水平和垂直分解;②垂直相关性由高斯给出;③水平相关性由地磁坐标中的椭圆高斯给出[67]。

其具体表示为

$$B_{ij} = \beta \cdot x_b^i \cdot x_b^j \cdot e^{-z_{ij}^2/(L_z^{ij})^2} \cdot e^{-g_{ij}^2/(L_H)^2} \tag{8-7}$$

式中:x_b^i、x_b^j 分别为背景模型在 i 点和 j 点的背景值;z_{ij} 为第 i 点和第 j 点在高度上的距离;L_z 为电离层在高度方向的相关距离;g_{ij} 为第 i 点和第 j 点在水平方向上的大圆距离(°);L_H 为电离层在水平方向的相关距离;β 为模式误差与模式值之间的比例系数,即

$$g_{ij} = \cos^{-1}[\sin\varphi_i\sin\varphi_j + \cos\varphi_i\cos\varphi_j\cos(\lambda_i - \lambda_j)] \tag{8-8}$$

式中:φ_i、λ_i 为第 i 点的纬度和经度;φ_j、λ_j 为 j 点的纬度和经度。

电离层垂直方向的相关距离与两个点所在的高度有关,可以表示为

$$(L_z^{ij})^2 = L_z^i L_z^j \tag{8-9}$$

式中:L_z^i、L_z^j 分别为 i 和 j 点在垂直方向的电离层相关长度。

考虑到电离层水平方向的不均匀性,水平相关距离可以表示为经度、纬度相关距离及两者间方位角间的函数,即

第8章 电离层数据同化技术研究

$$(L_H^{ij})^2 = \frac{1}{\dfrac{\sin^2\theta}{L_\varphi^i L_\varphi^j} + \dfrac{\cos^2\theta}{L_\lambda^i L_\lambda^j}} \tag{8-10}$$

式中：L_φ 和 L_λ 分别为纬向和经向的相关长度；θ 为两个网格点之间的方位角。

L_φ、L_λ 和 L_z 均是与地磁纬度、高度及 LT 相关的函数，参考前人的研究结果[67,206]，本章建立了以下协方差相关距离模型：

$$L_\varphi = \gamma \left(10.0 + \frac{\varphi_m}{3}\right) \tag{8-11}$$

$$L_\lambda = \gamma \times \left(6 \times \sin\left(\frac{\pi}{90}\varphi_m\right) + 8.0\right) \tag{8-12}$$

$$L_z = \gamma \times 23 \times \exp\left(\frac{3.2 \times (|z| - 100)}{2000}\right) \tag{8-13}$$

式中，φ_m 为磁纬度（°）；z 为高度（km）；γ 为 LT（h）的函数，表示为

$$\gamma = 0.25 \times \cos\left(\frac{\pi}{12} \times (\mathrm{LT} - 14)\right) + 0.75 \tag{8-14}$$

图 8-1 给出了背景模型误差协方差计算过程中，电离层随时间、磁纬和高度方向的相关距离变化。

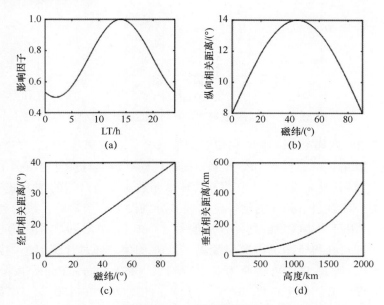

图 8-1 电离层随时间、磁纬和高度方向的相关距离变化

8.3 同化数据来源

本文采用美国国家和海洋大气管理局（National Oceanic and Atmospheric Administration，NOAA）管理的连续运行参考站系统（Continuously Operating Reference Stations，CORS）2014 年第 335~365 年积日共计 31 天的 39 个 GPS 台站的观测数据进行。选择其中 29 个台站的数据参与数据同化重构区域 TEC 分布，其余 10 个台站的实测 TEC 用于对数据同化重构的 TEC 进行精度验证，观测站分布如图 8-2 所示（圆点为参与数据同化的台站，三角为参考站）。

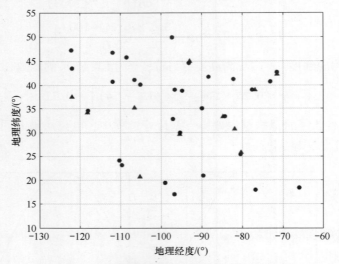

图 8-2　数据同化研究使用的 GPS 观测站分布

利用 GPS 双频 P 码及载波相位观测值联合计算电离层 TEC。在数据处理前，先利用 Bernese 软件对 GPS 观测数据进行周跳检测与修复、数据平滑等数据预处理。预处理完成后，再利用 8 阶球谐函数对每个台站的 TEC 进行建模，同时将卫星和接收机每 2h 的硬件延迟偏差分别设为一个常数，最后利用最小二乘法估计卫星和接收机的硬件延迟偏差（Differential Code Basis，DCB），剔除 DCB 后即可获得干净的电离层倾斜 TEC 观测值。通过计算卫星-接收机间的倾斜因子，倾斜 TEC 可转换为对应穿刺点（Ionospheric Pierce Point，IPP）处的垂直 TEC 值。划定纬度 $10°N \sim 55°N$、经度 $70°W \sim 130°W$、高度 $100 \sim 2000km$ 内的区域为电离层数据同化区域。图 8-3 所示为 2014 年第 335 日 00：00~01：00UT 时刻 GPS 穿刺点分布，从图中可以看出，穿刺点基本覆盖了设定的同化区域。

由于数据同化过程涉及大型矩阵的存储、转置、相乘和求逆等运算[198]，考虑到单个计算机的运算资源有限，划定离散网格间的纬度间隔2.5°，经度间隔5°，高度间隔25km。此外，2014年度GIM的时间分辨率为1h。为便于与GIM数据进行精度比较，同时为降低数据同化所需的运算量，本章选择每次数据同化的时间窗口为1h，采样间隔设为5min。

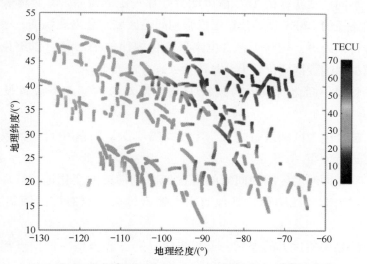

图8-3　2014年第335日00∶00~01∶00UT GPS穿刺点分布

为比较数据同化重构的TEC精度，同时采用GIM数据进行检验，GIM数据采用欧洲定轨中心CODE发布的产品。数据同化的电子密度精度验证同样采用COSMIC发布的电子密度剖面数据和全球电离层无线电观测台（Global Ionospheric Radio Observatory，GIRO）提供的数字测高仪电离图自动判读的电离层剖面数据。

GIRO是美国马萨诸塞州Lowell大学发起和建立的全球电离层数字测高仪站网。截至2014年8月，GIRO的台站已经覆盖了全球27个国家并在Lowell建立了一个数据处理中心LGDC（Lowell GIRO Data Center），由LGDC负责全球46个测高仪台站的数据处理（电离图自动判读与数据质量控制）、建模（IRI实时同化模型IRTAM和全球底部电离层时效同化模型GAMBIT）、数据产品（DIDBase、DriftBase）的发布[208-209]。电离图自动判读数据即为DIDBase数据之一。

8.4　同化数据预处理

由于存在仪器偏差、信号遮挡、多径误差等问题，地基 GNSS 解算 TEC 的过程中，不同台站获得的 TEC 值可能会存在一定的误差。其具体表现为不同台站不同路径的 GNSS TEC 数据在投影到同一区域时会出现跳变，必须对相应的数据进行预处理，剔除不符合电离层变化规律的 TEC 值，以避免少量不佳的观测数据影响数据同化效果。具体预处理方法如下。

（1）将同一同化时段内的倾斜 TEC 按照对应的穿刺点位置投影为垂直 TEC 值。

（2）按经度为区间进行划分，经度间隔取 5°，将落在同一区域内的垂直 TEC 数据进行分组。

（3）对相同经度区间内同组的垂直 TEC 随纬度的变化进行线性拟合，采用阈值判定法对曲线中相比其他数据点偏差过大的点对应的倾斜 TEC 进行滤除。

（4）滤除偏差过大的点后，重复步骤（3），直至所有数据点都在可接收的范围内，以保证所有分组后倾斜 TEC 转换得到的垂直 TEC 拟合的曲线都较为平滑为止。

一般而言，测量产生的误差符合正态分布，正态分布的随机误差一般认为在所有样本均值±$k\sigma$ 为样本的实际分布范围，即认为样本中个体绝对值大于 $k\sigma$ 的误差出现的概率是极小的。如果出现这样的偏差，则认为该数据不正常，可以认为是观测的粗差，可以加以剔除。本章阈值判定法的原理描述如下。

一般认为，分组后的 TEC 数据序列 $\{x_1, x_2, \cdots, x_n\}$ 符合正态分布，即 $x \sim N(\mu, \sigma)$。如果 TEC 数据 x_i 满足判决条件，则认为该 TEC 值存在粗差，应该加以剔除，即

$$|x_i - \mu| > k\sigma, k = 1, 2, 3, i = 1, 2, \cdots, n \tag{8-15}$$

式中：k 决定阈值作用范围大小，本文取为 2；μ 为数据序列均值；σ 为数据标准差。TEC 数据预处理前后效果对比如图 8-4 所示，从图中可以看出，相比周围观测部分，偏差较大的 TEC 数据被剔除。

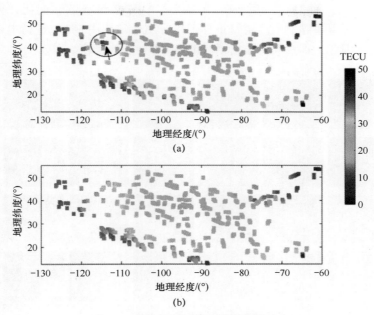

图 8-4 TEC 数据预处理前后效果对比

8.5 电离层 TEC 和电子密度重构精度评估

8.5.1 电离层 TEC 精度评估

选择 NeQuick 模型、GIM 数据与本章方法进行 TEC 重构精度的比较。图 8-5 给出了 2014 年第 335 日 NeQuick 模型、GIM 及数据同化的的区域电离层 TEC 地图分布。从图 8-5 可以看出，NeQuick 模型给出的 TEC 地图分布较好地呈现了电离层 TEC 的时空变化特征，但 NeQuick 模型重构的 TEC 值较 GIM 数据及数据同化结果都偏低。

为进一步比较 NeQuick 模型、GIM 数据与数据同化结果的准确性，选择 CORS 网中不参与数据同化的其他 10 个 GPS 台站（图 8-2 中的三角形标记）的实测结果对 TEC 地图的精度进行验证。由于 GIM 给出的是 1h 时间分辨率、2.5°×5°空间分辨率的网格点 TEC 数据，因此，在进行精度验证前，先利用 GIM 数据内插得到每一个 GPS 站的 IPP 位置的 TEC 值，然后将实测的 TEC 值与对应点 GIM 的内插结果进行比较分析，结果如图 8-6 所示。图 8-6 中横轴的 $dTEC = TEC_{obs} - TEC_{inv}$，代表各方法的 TEC 计算残差，其中 TEC_{obs} 为 GPS 台站的实测 TEC 值，而 TEC_{inv} 为 NeQuick 模型、GIM 数据或数据同化计算得到的 TEC 值。由于卫星导航电离层修正等工程应用通常使用 STEC 进行电离层折射误差修正，因此，本章同时给出了 STEC 和 VTEC 的比较结果。

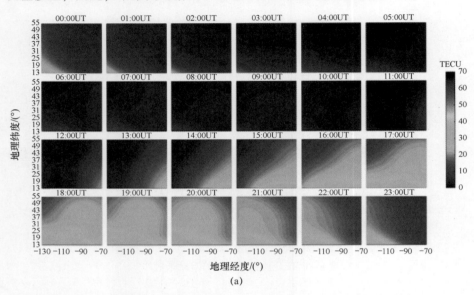

(a)

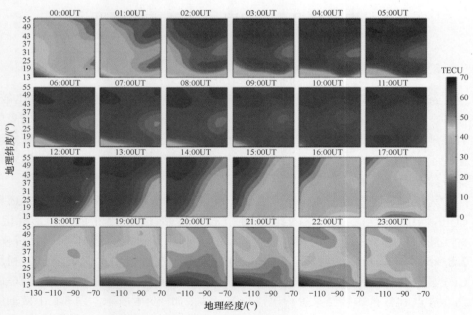

(b)

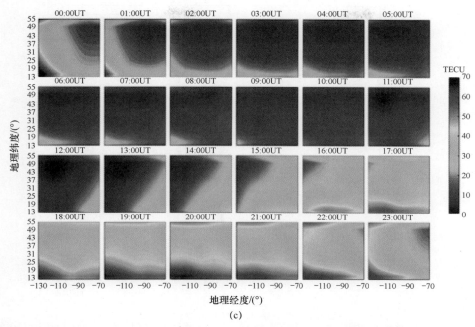

图 8-5 2014 年第 335 日 NeQuick 模型、GIM 及数据同化给出的区域电离层 TEC 地图分布
（a）NeQuick 模型计算的区域 TEC 地图分布；（b）GIM 给出的区域 TEC 地图分布；
（c）数据同化重构的区域 TEC 地图分布。

从图 8-6 可以看出，作为一个月平均模型，NeQuick 模型计算的 STEC 和 VTEC 相比实测值要系统性偏低，其重构精度明显差于 GIM 数据和数据同化结果。而对比 GIM 数据与数据同化结果可以看出，GIM 数据估计的 STEC 和 VTEC 比实测值要偏大些。GIM 数据的 dTEC 主要分布在以 2~4 TECU 为中心，±10 TECU 的区间内；而数据同化后，dTEC 分布在零值附近的统计样本个数（约 2.1×10^5 个）要明显高于 GIM 数据（约 1.5×10^5 个），表明本章方法的稳定性要优于 GIM 数据。

经分析 GIM 数据给出的 TEC 残差大于数据同化技术的原因有 3 个方面。

（1）GIM 数据的空间分辨率较低（分别是纬度 2.50°、经度 5.0°），在插值计算 GPS 观测站 IPP 处的 TEC 的过程中引入了部分残差。

（2）GIM 采用有限阶数（15 阶）的球谐函数重构全球 TEC 分布时，由 GIM 重构算法本身引入了部分残差。

（3）GIM 由于采用简化的单层球壳模型计算全球 TEC 分布，而数据同化 TEC 重构则是在电离层三维网格划分的基础上实现的，因此在一定程度上消除了简化的球壳模型的影响。

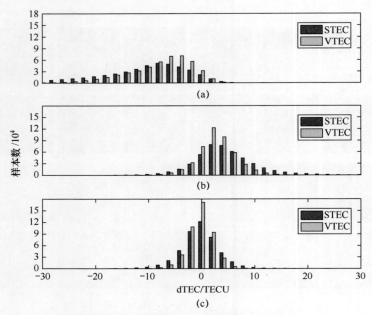

图 8-6 电离层 TEC 残差的直方图比较
（a）NeQuick 模型；（b）GIM 数据；（c）数据同化。

表 8-1 给出了 NeQuick 模型、GIM 数据与数据同化三者间的 TEC 误差比较结果。从表 8-1 的结果可进一步看出，不管是 STEC 还是 VTEC，数据同化算法计算的 TEC 均差和标准差均小于 NeQuick 模型和 GIM 数据，其中 STEC 的均差相比 NeQuick 模型下降了 9.5 TECU，相比 GIM 数据下降了 2.6 TECU；标准差相比 NeQuick 模型和 GIM 数据分别下降了 7.0 TECU 和 2.1 TECU。同样地，数据同化的 VTEC 的均差相比 NeQuick 模型和 GIM 数据分别下降了 6.6 TECU 和 1.7 TECU，而标准差分别下降了 4.4 TECU 和 1.2 TECU。总的来看，相比 NeQuick 模型而言，数据同化给出的 STEC 和 VTEC 的残差相比 NeQuick 模型和 GIM 数据分别有约 75% 和 45% 的降低，统计结果验证了数据同化技术能够有效改善区域 TEC 地图的重构精度。

表 8-1 电离层 TEC 残差统计

误差比较		NeQuick 模型	GIM 数据	数据同化
STEC	均差/TECU	12.3	5.4	2.8
	标准差/TECU	9.5	4.6	2.5
VTEC	均差/TECU	8.4	3.5	1.8
	标准差/TECU	5.9	2.7	1.5

8.5.2 电离层电子密度精度评估

首先对数据同化获取的电子密度的形态变化规律进行分析。图 8-7 和图 8-8 分别给出了 2014 年 12 月 10 日北美扇区夜间 05:00UT 和白天 17:00UT GPS TEC 数据同化后的电离层电子密度分布。从图 8-8 中可以看出，夜间同化区域的电子密度整体较小，除低纬区域外，整个区域的峰值密度在 $10^5 \sim 5 \times 10^5$ el/cm^3 区间内变化，电子密度随纬度的升高而逐渐减低；电子密度在经度方向也存在地方时变化，但各经度切面的电子密度在低纬区域差别更为明显，整个区域的电离层 TEC 基本在 20 TECU 以下。白天电离层电子密度相比夜间有明显升高，峰值密度变化范围在 $6 \times 10^5 \sim 18 \times 10^5$ el/cm^3，低纬区域电离层密度较大，较高纬度区域则相对较低。从经度方向来看，由于地方时的差异，美国东海岸的峰值电子密度整体要高于西海岸，呈现东高西低的变化趋势；从高度切片来看，电子密度峰值集中在 F_2 层区域，底部和 F_2 层顶部以上的电子密度相比较小，电离层 TEC 的变化趋势与 N_mF_2 的变化趋势非常一致，表明 TEC 主要来自

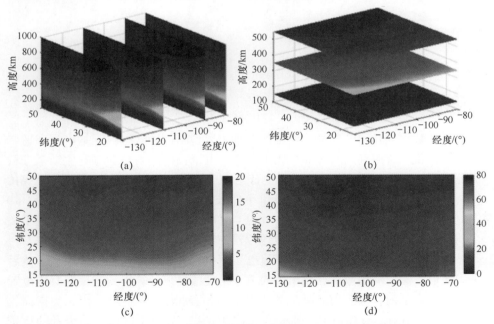

图 8-7　2014 年 12 月 10 日北美扇区夜间 05:00UT GPS TEC 数据
同化后的电离层电子密度分布

(a) 电子密度经度切片；(b) 电离层 N_mF_2；(c) 电子密度高度切片；(d) 电离层 TEC 地图。

F_2 层附近的区域。总的来看，相关同化结果与电离层的变化规律是一致的，初步验证了数据同化结果的可靠性。

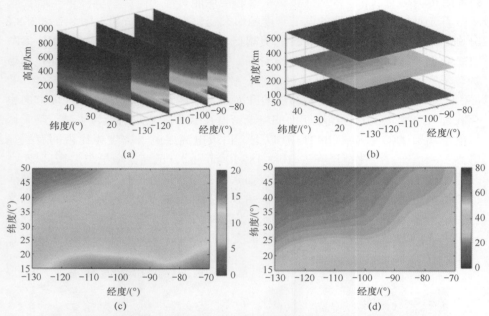

图 8-8 2014 年 12 月 10 日北美扇区白天 17：00UT GPS TEC 数据
同化后的电离层电子密度分布
（a）电子密度经度切片；（b）电离层 N_mF_2；（c）电子密度高度切片；（d）电离层 TEC 地图。

评估数据同化得到的电子密度的精度主要包括两种数据：天基掩星和地基数字测高仪。首先利用 COSMIC 掩星测量的电子密度剖面数据对同化结果进行验证。图 8-9 给出了 2014 年 12 月 1 日至 31 日期间，同化区域上空的 COSMIC 掩星事件分布，图中不同日期的掩星事件采用了不同颜色进行区分。从图 8-9 中掩星事件的分布可以看出，一个月内 COSMIC 掩星事件发生点基本覆盖了整个同化区域，这将有利于对不同地理位置的数据同化效果进行整体的评估。

精度评估前，首先需要提取掩星电子密度剖面对应的地理位置信息；然后采用插值方法，利用数据同化给出的电子密度值插值计算得到掩星点对应位置的电子密度剖面；最后与掩星实测的 N_mF_2 进行对比。图 8-10 给出了数据同化前后电离层 N_mF_2 与 COSMIC 掩星测量对比结果。为便于区分，一个月的比较结果分别按照每 10 天一组放在 3 个图中进行显示。图 8-10 中横坐标代表 12 月第几天（UT 时间），纵轴为 N_mF_2，单位为 $10^5 \text{el}/\text{cm}^3$。图 8-10 中，方块表示 COSMIC 的 N_mF_2 实测值，圆点表示数据同化前背景电离层 NeQuick 模型给出

的电离层 N_mF_2 值,三角则表示数据同化后给出的电离层 N_mF_2 值。从对比结果可以看出,数据同化后的 N_mF_2 与 COSMIC 实测结果更为接近。特别是白天,数据同化前的 NeQuick 模型给出的电子密度要明显低于实际测量结果;但是经过数据同化后,电子密度则与实测结果更为一致,验证了数据同化技术对背景模型有明显的精度提升作用。

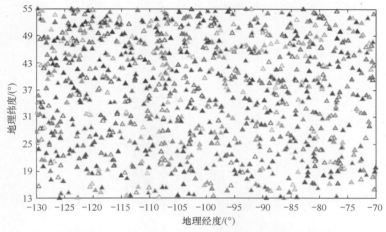

图 8-9 2014 年 12 月 1 日至 31 日期间,同化区域上空的 COSMIC 掩星事件分布(见彩插)

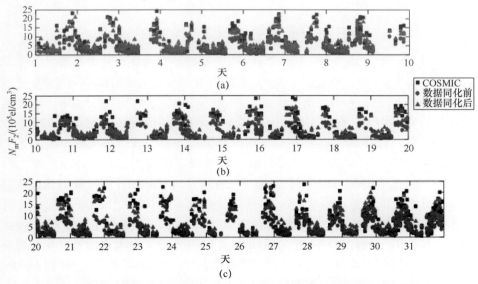

图 8-10 数据同化前后电离层 N_mF_2 与 COSMIC 掩星测量对比结果

图8-11进一步给出了数据同化前后电离层N_mF_2的散点对比结果。图8-11中，圆点表示数据同化前NeQuick模型输出的N_mF_2与COSMIC的对比，三角则为数据同化后的结果。从图8-11中可以看出，数据同化后的电子密度值与实测值更为接近，而NeQuick模型则比COSMIC测量值要系统性偏低一些。计算二者的相关系数，数据同化前为0.81，数据同化后升高为0.92，经过数据同化后，模型的计算结果与实测结果有了更好的一致性。

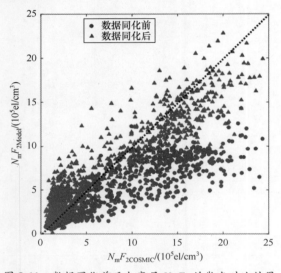

图8-11 数据同化前后电离层N_mF_2的散点对比结果

同样地，为了评估数据同化的N_mF_2误差的分布规律，图8-12给出了数据同化前后$\Delta N_mF_2 = N_mF_{2\text{COSMIC}} - N_mF_{2\text{model}}$的直方图分布。从对比结果来看，数据同化后$\Delta N_mF_2$的分布明显更为符合均值为零的正态分布规律；数据同化前误差则明显分布不均匀，模型输出结果要低于COSMIC测量值，这与前面的分析结果完全一致。计算ΔN_mF_2的绝对平均误差和均方差，数据同化前分别为$3.9\times 10^5\text{el}/\text{cm}^3$和$3.7\times 10^5\text{el}/\text{cm}^3$，而数据同化后则下降为$1.8\times 10^5\text{el}/\text{cm}^3$和$2.5\times 10^5\text{el}/\text{cm}^3$，误差分别下降了约54%和32%。其与COSMIC掩星的对比结果验证了本章数据同化方法的有效性。

由于COSMIC掩星电子密度反演是基于球对称假设条件下，采用Abel反演方法获取的，因此存在一定的系统性偏差[69]。为了更为全面地评估数据同化性能，选择利用美国境内6个数字测高仪（台站URSI代码分别为AL945、AU930、BC840、EG931、MHJ45和PA836）的实测结果对同化结果进行更细致的评估。数字测高仪数据下载于GIRO站网，表8-2给出了用于精度评估的

6个数字测高仪台站地理位置分布。

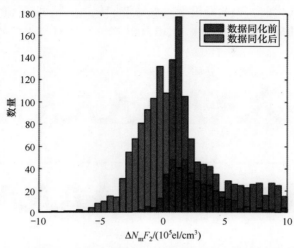

图 8-12　数据同化前后 $\Delta N_\mathrm{m}F_2$ 的直方图分布（与 COSMIC 掩星数据比较）

表 8-2　数据同化精度评估使用的数字测高仪台站地理位置分布

序　号	台 站 代 号	地理纬度/(°)	地理经度/(°)
1	AL945	45.0	−84.0
2	AU930	30.4	−97.7
3	BC840	40.0	−105.3
4	EG931	30.5	−86.5
5	MHJ45	42.6	−71.5
6	PA836	34.8	−120.5

图 8-13 给出了 2014 年 12 月期间 6 个台站的 $N_\mathrm{m}F_2$ 对比，其中 PA836 台站由于观测的原因存在部分数据缺失情况，但这对后续的精度评估并不会造成太大的影响。与图 8-10 相似，图 8-13 中方块表示数字测高仪的电离层 $N_\mathrm{m}F_2$ 实测值，圆点表示背景电离层 NeQuick 模型给出的 $N_\mathrm{m}F_2$ 值，而三角形代表数据同化后的电离层 $N_\mathrm{m}F_2$ 值。必须指出的是，由于电离图自动判读存在一定的误差，因此，我们对 GIRO 给出的 $N_\mathrm{m}F_2$ 进行了适当的数据平滑和异常值剔除处理，以保证测量数据的可靠性。从图 8-13 中可以明显看出，背景模型 NeQuick 作为一个月均值模型，对于同一台站同一月份而言，其 $N_\mathrm{m}F_2$ 的逐日变化是完全相同的，而数据同化后模型给出的 $N_\mathrm{m}F_2$ 则存在较为明显的逐日变化，且输出的 $N_\mathrm{m}F_2$ 与数字测高仪的测量结果更加一致。除少数情况外，背景模型给出的 $N_\mathrm{m}F_2$ 与实测值相比均存在偏低的问题，这与 COSMIC 掩星测量的对比分析结

果是一致的。从6个台站的对比可以看出，数据同化后给出的电离层 N_mF_2 要明显好于数据同化前，表明经过卡尔曼滤波同化后，模型输出的电离层特征参量有较为显著的提升。

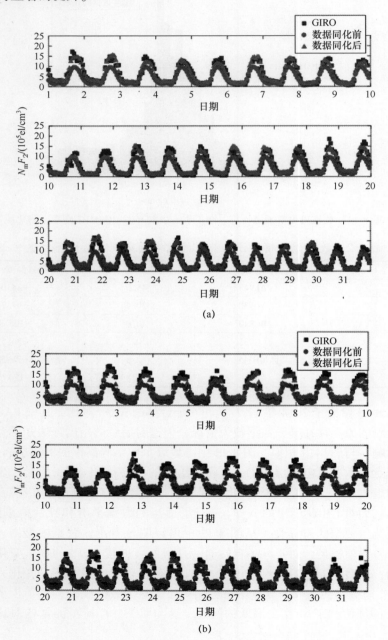

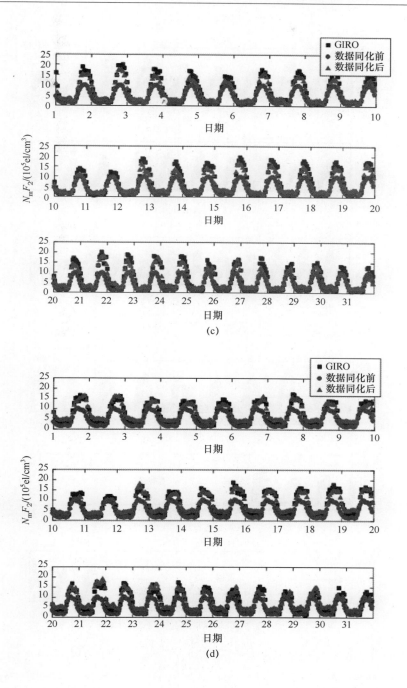

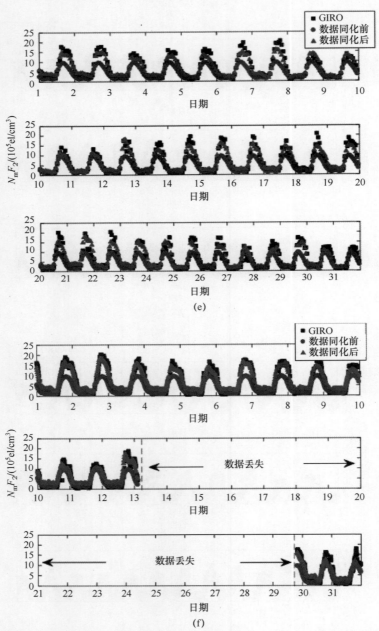

图 8-13 6个台站上空的数字测高仪实测的电离层 N_mF_2 与数据同化结果对比

(a) Alpena (AL945) 台站; (b) Austin (AU930) 台站; (c) Boulder (BC840) 台站;
(d) Eglin AFB (EG931) 台站; (e) Millstone Hill (MHJ45) 台站; (f) PT Arguello (PA836) 台站。

进一步地，图 8-14 也给出了数字测高仪实测 N_mF_2 与数据同化前后 N_mF_2 的散点对比结果。从图 8-14 中可以看出，数据同化后的 N_mF_2 值与测高仪实测值更为接近，而 NeQuick 模型则比测高仪测量值要系统性偏低一些，这与 COSMIC 数据的分析结果完全一致，验证了 COSMIC 测量与测高仪测量值存在良好的一致性。

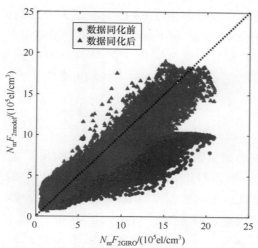

图 8-14 数字测高仪实测 N_mF_2 与数据同化前后 N_mF_2 散点对比结果

采用与前文同样的评估方法对数据同化的 N_mF_2 误差的分布规律进行分析。图 8-15 给出了数据同化前后 $\Delta N_mF_2 = N_mF_{2\text{GIRO}} - N_mF_{2\text{model}}$ 的直方图分布。从对

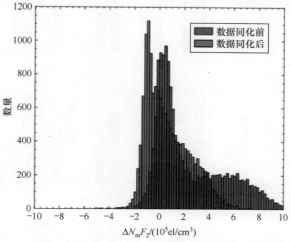

图 8-15 数据同化前后 ΔN_mF_2 的直方图分布（与数字测高仪比较）

比结果来看，数据同化前误差呈现类似驼峰的特征，误差在 $10^5 \mathrm{el/cm^3}$ 和 $5\times 10^5 \mathrm{el/cm^3}$ 附近出现了两个统计峰值。分析其出现的原因，为夜间背景模型输出的 $N_\mathrm{m}F_2$ 与实测结果误差较小，而白天则误差较大。数据同化后 $\Delta N_\mathrm{m}F_2$ 的分布明显更为符合正态分布规律，但 $N_\mathrm{m}F_2$ 误差在 $2\times 10^5 \sim 4\times 10^5 \mathrm{el/cm^3}$ 期间的出现次数要多于出现在 $-4\times 10^5 \sim -2\times 10^5 \mathrm{el/cm^3}$ 期间。计算 $\Delta N_\mathrm{m}F_2$ 的绝对平均误差和均方差，数据同化前分别为 $2.6\times 10^5 \mathrm{el/cm^3}$ 和 $2.8\times 10^5 \mathrm{el/cm^3}$，而数据同化后则下降为 $1.5\times 10^5 \mathrm{el/cm^3}$ 和 $1.8\times 10^5 \mathrm{el/cm^3}$，相对误差分别下降了约 42% 和 36%，误差的下降幅度与前文同化 $N_\mathrm{m}F_2$ 与 COSMIC 掩星的对比结果相近，表明本章的数据同化方法具有较好的稳定性和可靠性。

8.6 分析与讨论

以数字测高仪的测量值作为真值，图 8-16 给出了各台站数据同化前后对应的电离层 $N_\mathrm{m}F_2$ 误差对比。从图 8-16 中可以看出，数据同化前，各台站的 $N_\mathrm{m}F_2$ 绝对平均误差和标准差基本保持在 $2\times 10^5 \sim 2.7\times 10^5 \mathrm{el/cm^3}$ 的范围；经过数据同化后，误差下降为 $10^5 \sim 1.6\times 10^5 \mathrm{el/cm^3}$。其中，AL945 台站数据同化后的平均绝对误差最小，AU930 和 PA836 则相对较大。从对比结果来

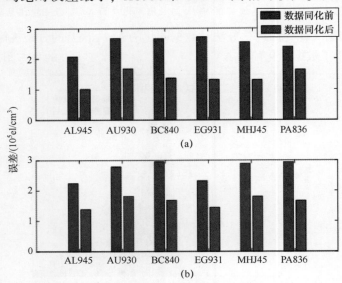

图 8-16 不同台站上空电离层 $N_\mathrm{m}F_2$ 误差对比
(a) 绝对平均误差；(b) 标准差

看，平均绝对误差与台站所处的纬度有关，纬度较高台站的平均误差相对要小于纬度较低的区域。6 个台站中，AL945、EG931 站对应的 N_mF_2 标准差相对要小一些，BC840、MHJ45 及 PA836 3 个台站则较为接近。由此可以看出，标准差与台站的地理位置并未表现出明显的关联性。必须指出的是，由于 PA836 缺失了约半个月的数据，这对相应的统计分析结果可能会造成一定的影响。

通过日期划分，可以对电离层 N_mF_2 误差的逐日变化特征进行分析。图 8-17 所示为 2014 年 12 月 1 日至 31 日，电离层 N_mF_2 的绝对平均误差和标准差的逐日变化。为了对照分析太阳活动对 N_mF_2 精度的影响，在图 8-17（a）中加入了日太阳黑子数 R12 的变化（注：每个太阳黑子数除以 50，以方便作图显示）。从图 8-17 中可以看出，数据同化前绝对平均误差与太阳的活跃程度存在一定的关联，即太阳 R12 指数越大，模型对应的绝对平均误差也越大；但数据同化后，模型的绝对平均误差的逐日变化则变得非常平稳，基本在（1.5±0.2）×10⁵el/cm³ 范围内变化。对于标准差而言，不管数据同化前还是同化

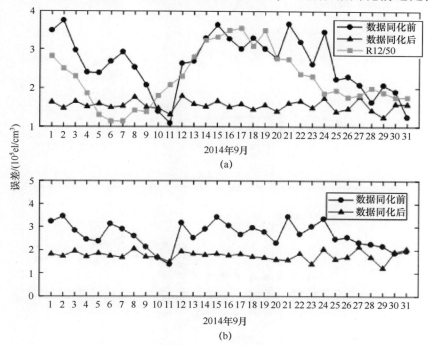

图 8-17　数据同化电离层 N_mF_2 误差的逐日变化
（a）绝对平均误差；（b）标准差。

后，其变化规律并未显示出其太阳活动存在特定的相关性。但从总体变化趋势来看，除极少数情况外，数据同化后 NeQuick 模型的标准差要小于数据同化前。

同理，以 1h 为时间间隔，对 N_mF_2 误差随 UT 的变化特征进行分析。图 8-18 给出了本次数据同化期间电离层 N_mF_2 的绝对平均误差和标准差随 UT 的变化。从图 8-18（a）可以看出，数据同化前的绝对平均误差存在明显的日变化特征，绝对平均误差在 02:00~13:00 UT 最小，在 17:00~23:00UT 最大。对于北美扇区而言，这正好分别对应该扇区的夜间和白天。由此可以看出，背景模型的绝对平均误差呈现夜间小、白天高的特点，这与电离层的日变化规律是相符的。对于标准差而言，该特征也非常明显。完成数据同化后，绝对平均误差随 UT 并未出现较为明显的日变化，绝对平均误差变化整日均较为平稳；数据同化后的标准差要小于数据同化前，其整体变化也较为平缓，但依然可以看出其夜间小、白天大的特征。另外，从图 8-18 中可以看出，夜间数据同化后的绝对平均误差相比数据同化前要稍高一些，由此可见，白天数据同化的效果要优于夜间。分析其原因，包括如下几个方面。

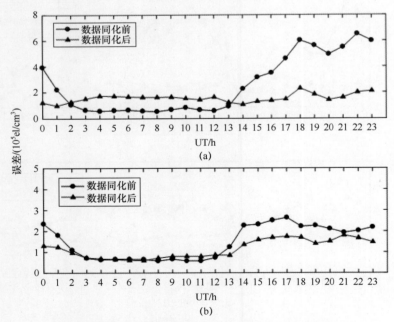

图 8-18　数据同化电离层 N_mF_2 误差随 UT 时的变化

(a) 绝对平均误差；(b) 标准差。

（1）夜间电离层电子密度低，在利用 GPS 观测计算电离层 TEC 时，基于球谐函数联立求解的 DCB 误差要比白天更高，这导致夜间 GPS TEC 数据源误差要高一些，而观测数据误差协方差并未考虑这一状况的发生。

（2）数据同化过程中背景误差协方差与地方时相关的影响因子与实际情况存在一定的偏差。

本章的研究结论可为后续算法改进提供相应的支撑。

同样地，作为表征电离层电子密度精度指标的另一个关键参量，我们进一步给出了数据同化前后 h_mF_2 误差对比结果，如图 8-19 所示。从图 8-19 中可以看出，数据同化前后电离层 h_mF_2 的误差有稍微减小，但整体而言变化幅度非常小（数 km 量级）。由此可见，仅仅利用地基 GPS 数据进行同化对背景模型的 h_mF_2 精度的改善程度非常有限。其主要原因在于同化使用的 GPS TEC 主要是通过垂直方向对电离层进行扫描，其垂直方向的分辨率较低，因此无法有效提升 h_mF_2 的精度。

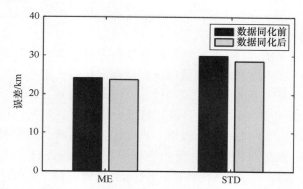

图 8-19　数据同化前后 h_mF_2 误差对比结果（与数字测高仪比较）

本 章 小 结

作为一种在现代气象数值天气预报中广泛应用的技术，数据同化技术在电离层研究领域具有重要的应用价值。本章将数据同化技术应用到区域电离层 TEC 地图和三维电子密度重构中，在 NeQuick 模型的基础上，利用 GPS 实测数据，结合卡尔曼滤波方法实现了模型与实测数据之间的有效融合。本章基于美国 CORS 网 39 个 GPS 台站进行数据同化研究，研究结果如下：

（1）基于卡尔曼滤波理论和多向异性的背景误差协方差模型实现了区域电离层数据同化，利用电离层变化的时间和空间的形态学分析验证了数据同化的有效性。与 COSMIC 掩星和 GIRO 数字测高仪实测数据的对比结果表明，本章数据同化方法能够有效提升背景电离层模型输出的 TEC 和电子密度的精度。

(2) 对于电离层 TEC 而言，同化获得的 STEC 的均差相比 NeQuick 模型下降了 9.5TECU，相比 GIM 数据下降了 2.6 TECU；标准差相比 NeQuick 和 GIM 数据分别下降了 7.0 TECU 和 2.1 TECU。VTEC 的均差相比 NeQuick 模型和 GIM 数据分别下降了 6.6 TECU 和 1.7 TECU，而标准差分别下降了 4.4 TECU 和 1.2 TECU。数据同化给出的 STEC 和 VTEC 的残差相比 NeQuick 模型和 GIM 数据分别有约 75% 和 45% 的降低。

(3) 对于电离层电子密度而言，与 COSMIC 掩星实测结果的对比表明，数据同化前峰值电子密度 N_mF_2 的绝对平均误差和均方根误差分别为 $3.9\times 10^5 el/cm^3$ 和 $3.7\times 10^5 el/cm^3$，而数据同化后则下降为 $1.8\times 10^5 el/cm^3$ 和 $2.5\times 10^5 el/cm^3$，相对误差分别下降了约 54% 和 32%；与 GIRO 测高仪实测结果的对比表明，数据同化前分别为 $2.6\times 10^5 el/cm^3$ 和 $2.8\times 10^5 el/cm^3$，而数据同化后则下降为 $1.5\times 10^5 el/cm^3$ 和 $1.8\times 10^5 el/cm^3$，相对误差分别下降了约 42% 和 36%。

(4) 数据同化前 N_mF_2 平均绝对误差与台站所处的纬度有关，纬度较高台站的平均误差相对要小于纬度较低区域。数据同化后，平均误差及标准差与台站的地理位置并未表现出明显的关联性。

(5) 电离层 N_mF_2 误差的逐日变化特征分析表明，数据同化前绝对平均误差与太阳的活跃程度存在一定的关联，即太阳活动活跃，模型对应的绝对平均误差也越大；但数据同化后，模型的绝对平均误差的逐日变化则变得非常平稳。对于标准差而言，不管数据同化前还是同化后，与变化规律并未显示出与太阳活动存在特定的相关性。但从总体变化趋势来看，除极少数情况外，数据同化后 NeQuick 模型的标准差要小于数据同化前。

(6) N_mF_2 误差的日变化特征分析表明，数据同化前的绝对平均误差存在明显的日变化特征，绝对平均误差呈现夜间小、白天大的特点，这与电离层的日变化规律相符；对于标准差而言，该特征也非常明显。数据同化后绝对平均误差随 UT 并未出现较为明显的日变化，标准差要小于数据同化前，其整体变化也较为平缓，但依然可以看出其夜间小、白天大的特点。

(7) 数据同化的 h_mF_2 的误差分析表明，数据同化前后电离层 h_mF_2 的误差有稍微减小，但整体而言变化幅度非常小（数 km 量级），表明仅利用地基 GPS 数据进行同化对背景模型的 h_mF_2 精度的改善程度是非常有限的。

为提升电离层 h_mF_2 的输出精度，很多学者提出在同化数据源中加入其他多源数据，如测高仪、浪缪尔探针和 GNSS 掩星等电离层探测垂直分辨率较高的数据，增加穿越电离层中水平方向扫描的数据。在前面 CT 及数据吸收技术研究中采用了这一技术思路，并获得了良好的效果。但将多源数据应用到数据同化中则涉及数据质量控制、数据定标、信息融合、同化算子构建、观测误差估计、超大矩阵求逆等诸多技术难点，因此，本章暂未同化更多的数据源，这也是本章未来工作的一个重点研究方向。随着全球电离层探测技术和理论研究的进一步发展，未来可用于数据同化的资源将会日益增多，这将有助于提升数据同化技术在全球电离层科学研究及相关工程领域的应用。

第 9 章 卫星信号电离层探测技术在磁暴期间的应用

9.1 引 言

地磁暴发生时,电离层会有偏离平均水平的强烈扰动,即电离层暴[210]。磁暴及伴随的电离层暴对在轨空间飞行器、全球通信与导航系统以及大型地面输电网等无线电信息系统均有明显的影响,因此电离层暴的效应一直受到广泛关注[211]。电离层暴是电离层偏离平静状态的一种短期的异常现象,以电离层 f_oF_2 或峰值电子密度为参考标准。一般把暴时相对平静期 Δf_oF_2 为正的现象称为电离层正暴,反之则称为电离层负暴[212]。20 世纪 30 年代,英国 Appleton 通过垂测仪数据首次发现了电离层暴现象[213],此后国内外针对该现象进行了大量的形态分析和物理机制的研究[214-219]。然而,引起电离层扰动的物理机制非常复杂,加上磁层/热层中各种动力学和电动力学过程与电离层间复杂的耦合效应,导致暴时电离层在不同地点、不同时间条件下的形态及响应存在巨大差异,因此电离层暴一直是电离层研究中的一个热点和难点问题[9,212]。

早期的电离层暴分析主要依赖地基垂测观测。Matsushita 等利用垂测数据揭示了全球电离层 F 层暴随纬度、地方时和季节的变化特征[220];Rush 基于赤道区垂测台站的数据研究了电离层赤道异常(喷泉效应)磁暴后的变化规律[221];Paul 等联合利用电离层垂测数据和地磁观测数据分析了 1972 年 8 月的一次磁暴期间的亚太区域的电离层响应[222];Yeh 利用全球垂测站和卫星信标站将磁暴电离层响应的分析扩展到了全球,其研究事例是 1989 年 10 月由一次 X13/4B 级太阳耀斑引发的一地磁暴事件期间电离层响应,包括高纬地区 f_oF_2 的严重下降及赤道异常水平梯度的强烈抑制效应[215]。

当前,电离层暴研究已经从早期的单台站单参量的变化分析发展到多台站多手段多要素的综合分析[9]。鲁芳等利用局域多个 GPS 台网数据对强磁暴引发的中低纬电离层暴和行进式 TID 的特征进行了分析[211];高琴等利用东亚扇区范围内的 4 个中低纬电离层垂测站的 f_oF_2 数据对 1957 年至 2006 年期间的 500 多个地磁暴的电离层暴类型、开始时间及对磁暴主相开始时间的延迟等特征进行了统计分析[210]；邓忠新等利用1999～2006年中国地区6个中低纬GPS台站的电离层TEC数据统计给出了该区域电离层暴扰动的分布特性并对其进行了解释[217]；Azzouzi利用地基GNSS、垂测及磁力计等数据对欧洲-非洲扇区2013年10月期间的4次电离层暴事件的变化特征进行了深入分析[223]；孙文杰等利用中国区域的电离层测高仪数据以及"北斗"电离层监测数据，对2015年3月第24太阳活动周最大的一次磁暴事件引发的中低纬电离层暴和电离层闪烁的有关物理机制进行了探讨[218]；Astafyeva利用全球地基GNSS、垂测及TerraSAR-X、GRACE、Swarm等LEO卫星的顶部TEC数据对2015年3月期间的一次磁暴事件的半球不对称性和不同纬度的响应进行了分析[224]；Yue基于全球COSMIC、GRACE等卫星和地基GNSS测量数据，利用电子密度数据再分析手段及TIEGCM模型对2013年3月期间地磁暴引发的长时间电离层负暴相效应进行了分析[28]；Nava综合利用地基GNSS、磁力计及LEO卫星的电离层和磁场等数据对2015年3月的全球中低纬电离层响应进行了分析，并讨论了磁层穿透电场（Prompt Penetration of the Magnetospheric Electric Field, PPEF）及扰动发动机电场（Disturbance Dynamo Electric Field, DDEF）在电离层变化中的作用。随着对大量电离层暴事件的统计分析，人们对电离层暴的基本形态变化及相应的物理机制已有一些基本的认知。然而，大量单个的电离层暴事件表现出来的变化形态与长期的统计规律间往往还存在很大的不同[9]，这可能与电离层暴某些潜在的物理机制还未被充分认识有关。所以，当前针对个例的磁暴电离层效应研究仍然具有重要的科学价值。

2014年8月，受太阳耀斑爆发及伴随的两次CME事件的影响，8月27日引发强烈磁暴及伴随有电离层暴效应，K_p指数极大值达到4.7，D_{st}指数最低达到-80nT，达到中等强度磁暴等级。本章基于地基GNSS、GRACE卫星、垂测等多种观测数据，结合电离层TEC和电子密度重构结果，对此次中等强度磁暴事件的电离层响应进行分析，并对可能引发此次电离层扰动的物理机制进行探讨。

9.2 数据来源与数据处理

本章研究中所用的太阳风和磁场数据下载自美国NASA下设的戈达德空间飞行中心的OMNI数据中心（https://omniweb.gsfc.nasa.gov），具体数据类型包括太阳风速度V_{sw}、动压Pressure、行星际磁场分量B_z、地磁AE、AU和AL指数，其时间分辨率均为1min；SYM/H数据来自世界数据中心WDC2，SYM/H时间分辨率同样为1min，可看作高时间分辨率的D_{st}指数。

为分析电离层暴的全球变化形态，我们选择采用 CODE 提供的 GIM 数据进行磁暴效应分析。基于 CODE 提供的 GIM 数据，可以计算全球及 3 个不同扇区的 TEC 相对磁静日的变化 ΔTEC 和 GEC。为更细致地分析位于不同纬度和经度扇区的台站测量的电离层变化，选择 IGS 下设的 CDDIS（Crustal Dynamics Data Information System）数据中心的 42 个 GNSS 台站的 RINEX 观测数据（3 个扇区高中低纬的 18 个 GNSS 台站用于 TEC 变化分析，3 个扇区 24 个磁低纬台站处理用于 ROTI 数据分析）以对磁暴电离层响应进行更为细致的分析。电离层 f_oF_2 和 h_mF_2 数据来自 GIRO 洛威尔（Lowell）数据中心提供的全球 16 个数字测高仪测量结果。如第 7 章所述，分析电离层电子密度变化利用了 ROB 发布的欧洲区域高分辨 VTEC 和 COSMIC 掩星数据。电离层数据来源台站的地理位置分布如图 9-1 所示，其中蓝色圆形代表数字测高仪位置，方块为 18 个 GNSS TEC 数据处理台站，粉色圆形为 24 个 GNSS ROTI 指数处理台站，其中部分 GNSS 台站为 TEC 和 ROTI 指数处理过程中的共用台站。

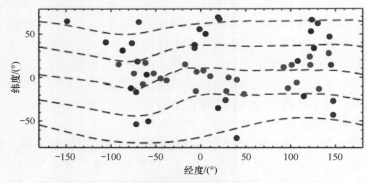

图 9-1　电离层数据来源台站的地理位置分布（见彩插）

为分析 F_2 层顶部以上高度电离层和等离子体层对磁暴的响应，本章应用了来源于 COSMIC 数据发布中心 CDAAC 发布的 GRACE 卫星的 PodTEC 数据。由于 PodTEC 为倾斜 TEC，因此，数据使用前，必须先将其转换成电离层穿刺点位置处的垂直 TEC。为了减小斜向 TEC 映射至垂直 TEC 的误差，在本章分析中只采用仰角>40°的 TEC 数据。

以上数据资料的时间范围：太阳、行星际和地磁参量，2014 年 8 月 25 日至 30 日；f_oF_2 和 h_mF_2 数据，2014 年 8 月 25 日至 30 日，时间分辨率为 15min；CODE GIM 数据，2014 年 8 月 25 日至 9 月 3 日，时间分辨率为 2h；42 个 GNSS 台站数据，2014 年 8 月 25 日至 30 日，其中处理得到的 TEC 分辨率为 30s，ROTI 分辨率为 5min；GRACE 卫星 PodTEC 数据，数据分辨率为 10s，

2014年8月26日至31日；ROB高分辨率VTEC数据和COSMIC掩星剖面数据，2014年8月26至30日，其中VTEC数据时间分辨率为15min，COSMIC掩星数据时间分辨率为1s。

9.3 磁暴期间电离层特征参量变化特征分析

9.3.1 磁暴期间太阳及行星际空间地磁环境

2014年8月期间的太阳R12指数月平均值为106.9，太阳$F_{10.7}$cm辐射通量月平均值为151.7 sfu，整体属于太阳活动较活跃期。本节首先给出8月25至31日太阳风、行星际环境参数和地磁场的变化。如图9-2所示，从顶部至底部按顺序给出了太阳风速度、太阳风动压、行星际磁场的B_z分量、AE指数、AU-AL指数及SYM/H等各种地磁活动指数。2014年8月25日至26日，太阳风活动及地磁环境处于平静状态，B_z分量基本处于北向，太阳风速度较低，基本保持在300km/s，动压处于3nPa以下，AE指数在100nT内变化；27日开始发生磁暴事件，从SYM/H可以看出，此次磁暴主相处在27日04：00～20：00UT，伴随着太阳风动压的快速增加，B_z分量处于稳定的南向翻转状态，AE超过了1000nT，表明有强烈的能量注入电离层中，AU-AL指数出现明显差异，最大差值超过1100nT，但此时太阳风速并未有明显增加，从29日开始，太阳风速才逐步上升到400km/s；27日20：00UT以后，磁暴进入恢复相阶段，B_z分量在8月28日前后恢复为北向。随着太阳风动压的又一次快速增强，B_z分量随后再次出现南向翻转，此后数天内B_z分量及AE指数出现持续的快速振荡，这种状态一直持续到31日。期间行星际磁场B_z分量出现了长时间的振荡，太阳风速度开始逐渐加快，这为太阳风能量能够持续注入极区创造了良好的外部条件。从SYM/H来看，此次磁暴未有明显的SSC发生，该磁暴属缓始性中等强度磁暴事件。

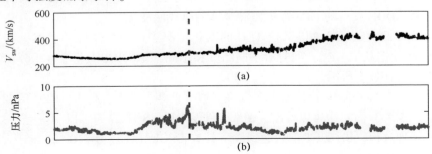

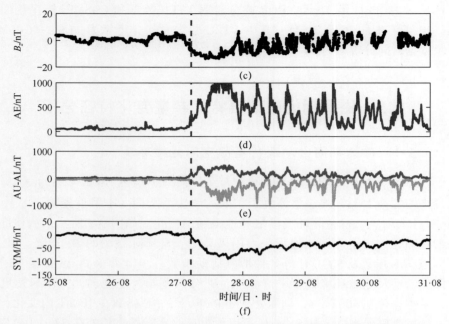

图 9-2 2014 年 8 月 25 日至 30 日期间太阳风、行星际和地磁参量

9.3.2 磁暴期间电离层变化分析

1. 电离层 TEC 和 GEC 变化

随着地面 GNSS 探测台网密度的日益增加，GNSS 电离层测量时空分辨率和测量精度有了进一步的增加，GNSS TEC 数据已成为研究暴时电离层变化的极为重要的参量之一。自 1998 年起，IGS 电离层工作组及 5 个 IGS 关联分析中心定期发布 GIM 数据产品，CODE 即 5 个发布单位之一。大量研究表明，GIM 数据是研究全球磁暴期间电离层响应非常重要的数据来源之一[9225]。通常通过电离层 N_mF_2 或 TEC 来判断电离层暴的暴相为正还是负。对此次磁暴事件，首先利用 CODE 发布的 GIM 数据监测全球的电离层变化。

为对此次磁暴事件电离层 TEC 的变化情况进行一个整体的了解，首先利用 GIM 数据获取 GEC，同时对不同纬度和不同半球的 GEC 进行对比分析。计算结果如图 9-3 所示。

图 9-3（a）给出了 GEC 及各纬度区域（低纬、中纬、高纬）GEC 的变化情况。从图 9-3（a）中可以看出，磁暴事件发生后，8 月 27 日 GEC 有一个明显的突然增加过程，10：00UT 前后达到最高 1.37 GECU（1GECU = 10^{32} el/m²），显示

磁暴期间随着行星际能力的注入，电离层表现为正暴特征；此后开始逐渐下降，在 8 月 29 日 02：00UT 左右达到最低，约 1 GECU，下降幅度达到 27% 左右；此后数天内，日最高 GEC 均未能达到磁暴前 8 月 25 日和 26 日的水平，表现为较长时间的负暴变化。从各纬度的变化来看，中纬区域正负双相暴特征明显，其峰值变化与 GEC 的峰值变化基本同步；低纬电离层变化相对较为平稳，磁暴发生后，GEC 有小幅增加趋势，但其峰值变化与 GEC 变化有相对滞后的现象，在 8 月 28 日 06：00UT 前后达到最大，此后低纬 GEC 变化开始平稳并迅速恢复到磁暴前的水平；对于高纬区域而言，其变化趋势与中纬区域基本相同，但其负暴相效应更为明显，GEC 下降超过 50%，且持续时间更长，直至 9 月 3 日，其 GEC 仍然没有恢复到暴前状态。

图 9-3（b）给出了南北半球 GEC 的对比结果。为消除磁赤道不对称性影响，只计算了南北地磁纬度高于 18°以上（直至±87.5°）的结果。从图 9-3（b）中可以看出，全球电离层 TEC 呈现明显的南北半球（夏季和冬季半球）

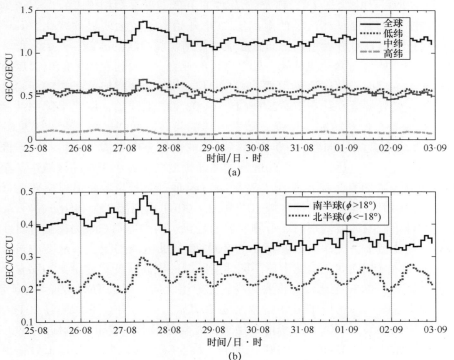

图 9-3　磁暴期间 GEC 变化情况

（a）GEC 及各纬度区域（低纬、中纬、高纬）GEC 的变化情况；（b）南北半球 GEC 的对比结果。

不对称性，其中北半球GEC明显要高于南半球。从对磁暴事件的响应程度上看，半球不对称性也同样十分明显，北半球8月27日正暴效应特征十分明显，此后更表现长时间的负暴效应；对于南半球而言，其正负暴效应的幅度均明显弱于北半球，且其负暴相效应持续时间也要明显短于北半球。

为更详细分析TEC的时空变化特征，基于CODE GIM数据，图9-4分别给出了2014年8月26~28日期间全球尺度电离层垂直TEC与磁静日TEC均值的差值ΔTEC，计算方法为

$$\Delta TEC = TEC_{GIM} - \frac{1}{N}\sum_{i=1}^{N} TEC_{Quiet,i} \tag{9-1}$$

式中：$TEC_{Quiet,i}$分别选择8月23日至26日的GIM数据。

GIM数据的纬度、经度和时间分辨率为2.5°×5°×2h，图9-4中虚线为地磁纬度。从图9-4（a）中可以看出，8月26日磁平静时期，除局部少部分区域外，全球电离层绝大部分区域的TEC的变化非常平稳，ΔTEC的日变化基本小于5TECU。如图9-4（b）所示，从27日开始，磁暴初相阶段的00:00UT和02:00UT期间，磁低纬区域的电离层TEC开始有了较为明显的变化，其中磁赤道附近的ΔTEC开始增加，而磁赤道两侧南北驼峰区的ΔTEC开始降低。从04:00UT开始，磁暴主相期间，处于白天的亚洲-澳大利亚扇区的电离层对磁暴率先有了响应，其中磁赤道南北侧的TEC均有明显增加，南侧增加幅度高于北侧，增强幅度平均在10~20TECU。从08:00UT开始，南北半球中纬区域的电离层TEC也开始同步增强，随着地球的自转，增强区域逐步自东向西从亚洲-澳大利亚扇区向欧洲-非洲扇区及美洲扇区方向发展，显示不同扇区对磁暴的响应具有滞后性。但低纬区域的增强幅度要明显小于中纬区域，甚至出现磁赤道区域TEC下降的情况。对于高纬区而言，南北半球电离层对磁暴的响应差别明显，北半球高纬区域10:00~22:00UT电离层TEC相比磁静日要偏低，并且偏低的区域呈现向赤道侧发展的趋势；南半球则表现为比磁静日TEC偏高的变化特征。图9-4（c）所示为8月28日的电离层变化，从图中可以看出，磁暴恢复相期间，南北半球不同纬度区域的电离层变化差距更加明显，磁赤道区电离层TEC相比磁静日要偏高，磁赤道北向电离层TEC出现明显下降，北半球中纬和高纬区域TEC下降幅度尤为明显，最大TEC下降超过20TECU。磁赤道南向电离层TEC相比磁静日增加，尤其是南半球磁纬30°附近的TEC增加幅度非常明显。02:00~10:00UT期间，南半球高纬区域TEC偏低且偏低的区域呈现增加趋势；当12:00UT以后，TEC开始逐步达到磁静日的水平并有局部增强现象。南半球局部也有负暴效应，但主要限制在了极区和高纬地区。

由于GIM数据是采用数据插值或拟合技术得到的，其时间及空间分辨率

无法进一步研究电离层 TEC 的精细变化特征。为进一步分析不同经度扇面的电离层 TEC 变化规律，我们采用全球 18 个 GNSS 台站的数据提取得到的单站垂直 TEC 对磁暴电离层变化进行进一步分析。这 18 个台站按照亚洲-澳大利

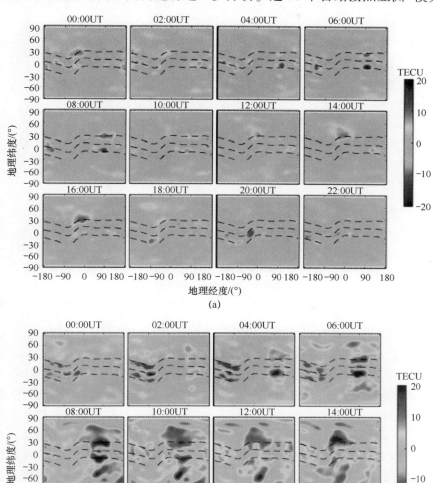

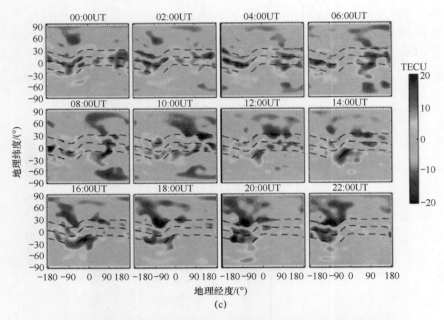

图 9-4 2014 年 8 月 26 日至 28 日期间全球尺度电离层垂直 TEC
与磁静日 TEC 均值的偏差 ΔTEC

(a) 2014 年 8 月 26 日 ΔTEC 变化；(b) 2014 年 8 月 27 日 ΔTEC 变化；(c) 2014 年 8 月 28 日 ΔTEC。

亚、欧洲-非洲和美洲扇区进行划分，其中东亚-澳大利亚扇区台站为 yakt、yssk、ccj2、cnmr、mchl 和 hob2，欧洲-非洲扇区台站为 kir0、morp、rabt、nklg、harb 和 syog，美洲扇区台站为 iqal、gode、rdsd、bogt、areq、parc。图 9-5 所示为 2014 年 8 月 25 日至 31 日亚洲-澳大利亚、欧洲-非洲、美洲扇区 18 个 GNSS 台站电离层 TEC 变化情况，这些台站从北半球到南半球按纬度高低依次顺序排列，图中白线对应为磁暴发生时刻，空白区域表示观测数据缺失。从图 9-5 中可以看出，相比磁静日，磁暴发生时亚洲-澳大利亚扇区各台站垂直 TEC 略有增强，但增强幅度不大；欧洲-非洲扇区 TEC 增加幅度更为明显，且 TEC 增强的区域有向高纬扩展的趋势，nklg 台站 TEC 出现下降—增加—下降的变化特征；美洲扇区 TEC 也有明显增加，磁低纬度 bogt 台站增强较为明显。从整体趋势来看，8 月 27 日 TEC 增加的区域按发生时刻来看有明显的延迟，亚洲-澳大利亚扇区最先响应，欧洲-非洲扇区次之，美洲扇区最后，表明磁暴发生时日侧半球的电离层响应要早于夜侧半球。随着磁暴进入恢复相，亚洲-澳大利亚扇区磁低纬区域电离层变化不明显，但北半球中纬区电离层相比静日有明显降低，呈现负暴相特征；南半球 hob2 台站在 8 月 28 日和 29 日也出现 TEC 偏低现象，但南半球整体以正暴相特征为主。欧洲-非洲扇区北半球以正负双相暴为主要特点，其中低纬的 nklg 台站（北纬 0.35°）也有负相效应；除磁高纬 syog 台站外，南半球以正暴为主。美洲扇区南北半球电离层响应差别明显，北半球以持续负暴特征为主，南半球以持续正暴特征为主（图 9-6）。

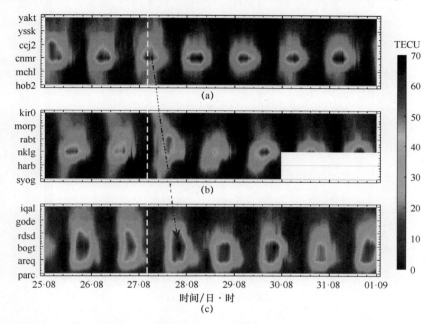

图 9-5　2014 年 8 月 25 日至 31 日亚洲-澳大利亚、欧洲-非洲及美洲扇区 18 个 GNSS 台站电离层 TEC 变化情况

(a) 亚洲-澳大利亚扇区 TEC；(b) 欧洲-非洲扇区 TEC；(c) 美洲扇区 TEC。

为分析磁暴期间顶部电离层的响应情况，我们选择利用 GRACE 卫星的 podTEC 计算得到的卫星顶部以上的垂直 TEC 进行分析，这对加深了解顶部以上电离层的磁暴的影响机制非常重要。与地面接收机不同，LEO 卫星测量数据计算等效垂直 TEC 时需要采用不一样的映射函数，本章 GRACE 卫星斜向 TEC 转为垂直 TEC 的处理中，采用 F&K 几何映射函数[226]，即

$$M(e) = \frac{\sin(e) + \sqrt{(R_{shell}/R_{orbit})^2 - \cos^2(e)}}{1 + R_{shell}/R_{orbit}} \quad (9-2)$$

$$R_{shell} = (0.0027 \times F_{10.7} + 1.79) \times R_{orbit} - 5.52 \times F_{10.7} + 1350 \quad (9-3)$$

式中：e 为 GNSS 信号路径的仰角；R_{orbit} 为低轨卫星地心距（GRACE 卫星高度为 410km）；R_{shell} 为电离层等效薄层的地心距。

利用映射函数（式（9-2）），斜向 TEC 可以通过下式转换为垂直 TEC，即

$$VTEC = STEC \times M(e) \tag{9-4}$$

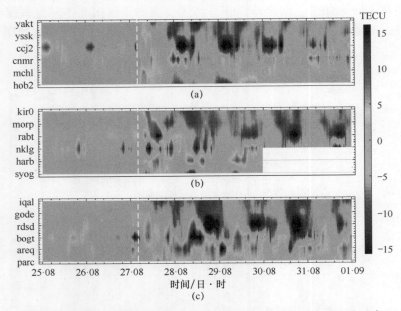

图 9-6　2014 年 8 月 25 日至 31 日亚洲-澳大利亚、欧洲-非洲及美洲扇区 18 个 GNSS 台站电离层 ΔTEC 变化

（a）亚洲-澳大利亚扇区 ΔTEC；（b）欧洲-非洲扇区 ΔTEC；（c）美洲扇区 ΔTEC。

图 9-7 给出了 8 月 26 日至 31 日期间 GRACE 卫星测量的 410km 以上高度

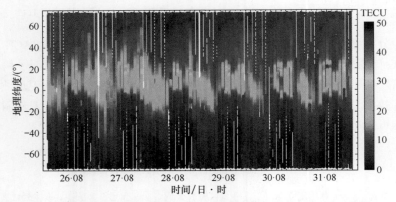

图 9-7　8 月 26 日至 31 日期间 GRACE 卫星测量的 410km 以上高度的电离层垂直 TEC 随不同经纬度和时间的变化情况

的电离层垂直 TEC 随不同经纬度和时间的变化情况。从图 9-7 中可以看出，磁暴发生后，27 日顶部以上 TEC 相比 26 日有较为明显的增强，磁中低纬区增强较为明显，增强区域首先在北半球中纬区域扩展，随后扩展到南半球。28 日以后，电离层快速转入负暴相阶段，这种情况一直延续到 31 日依然明显，电离层峰值区有由北向南方向压缩的趋势。与地面观测不同，顶部以上低纬区 TEC 负暴也十分明显。受太阳风影响，29 日和 30 日行星际磁场 B_z 分量持续振荡，可以看出此期间顶部以上 TEC 变化较为复杂，30 日磁低纬电离层出现部分耗空现象。

2. 电离层 f_oF_2 和 h_mF_2 变化

除 GNSS 外，常用电离层垂测台链或台网进行磁暴期间的电离层变化形态分析[215,212]。为此，本章在研究过程中收集了亚洲-澳大利亚、欧洲-非洲、美洲扇区等地区不同纬度的 16 个垂测站对磁暴期间的电离层变化特征进行研究。16 个测高仪台站的地理和地磁坐标如表 9-1 所列，从表中可以看出，这些台站基本覆盖了各扇区的磁低中高纬区域。

表 9-1 16 个测高仪台站的地理和地磁坐标

扇区	台站代码	地理纬度/(°)	地理经度/(°)	地磁纬度/(°)	地磁经度/(°)
亚洲-澳大利亚扇区	LM42B	−21.0	114.0	−31.8	−174.5
	SA418	18.3	109.0	11.1	−179.3
	JJ433	33.4	126.0	26.6	−161.9
	MH453	52.0	122.5	46.0	−165.0
	YA462	62.0	129.6	56.0	−159.4
	ZH466	66.8	123.4	61.0	−165.9
欧洲-非洲扇区	HE13N	−34.4	19:0	−41.9	82.8
	EA036	37.1	−6.7	31.0	70.0
	DB049	50.1	4.6	46.0	82.2
	TR169	69.6	19.2	66.4	103.6
美洲扇区	PSJ5J	−51.0	−58.0	−37.5	10.4
	JI91J	−12.0	−77.0	0.5	−5.3
	BVJ03	2.8	−60.7	12.1	13.4
	EG931	30.5	−86.5	41.5	−15.4
	BC840	40.0	−105.3	48.7	−40.3
	EI764	64.6	−148.0	64.6	−95.8

图 9-8 给出了磁暴期间亚洲-澳大利亚扇区垂测台站的电离层 f_oF_2 变化情况,其中三角表示观测值,圆点表示磁静日的平均值,虚线表示磁暴主相的起始时刻。从亚洲扇区整体来看,南半球的 LM42B 台站处于中纬,磁暴发生后其 f_oF_2 与磁静日较为接近。8 月 27 日白天峰值 f_oF_2 相比静日有 1MHz 的增加,夜间 f_oF_2 增加约 2MHz。8 月 28 日白天相比平静值依然增加,且增加幅度要稍高;但夜间增加幅度少于 27 日。此后 f_oF_2 逐渐恢复暴前水平,但 8 月 30 日夜间 f_oF_2 又开始明显高于磁平静期。磁低纬 SA418 台站 f_oF_2 与磁静日相比相差不大,并未表现明显的正负暴效应。北半球磁中纬 JJ433 台站磁暴期间 8 月 27 日 f_oF_2 有明显增加,随后 3 天均表现明显的负暴相效应,f_oF_2 出现明显下降,直到 8 月 31 日才逐步恢复。北半球 MH453、YA462 台站表现相近,但其正暴效应较弱,f_oF_2 增加幅度较小,从当地时 8 月 27 日夜间开始到 8 月 31 日,其 f_oF_2 均明显小于磁静日,表现出明显的长时间负暴相效应。磁高纬 ZH466 台站同样表现为正暴相效应较弱,但负暴非常剧烈,持续时间和强度要高于中纬台站,其中 8 月 28 日和 29 日期间 f_oF_2 的日变化规律被破坏,出现类尖峰的结构。

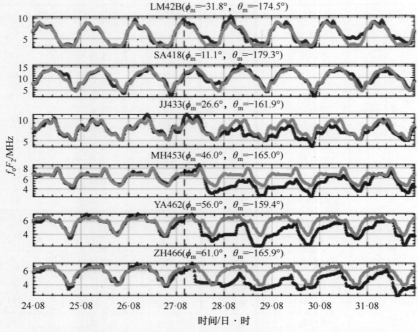

图 9-8 磁暴期间亚洲-澳大利亚扇区垂测台站的电离层 f_oF_2 变化情况

同样地，图 9-9 给出了磁暴期间欧洲-非洲扇区垂测台站的电离层 f_oF_2 变化情况，由于受观测条件的限制，该扇区没有磁低纬的台站。从图 9-9 中可以看出，处于南半球磁中纬区域的 HE13N 台站在磁暴发生后，8 月 27 日至 31 日 f_oF_2 白天时段均出明显增加，表现为持续的正暴，夜间则与磁平静期相当。对于北半球两个中纬台站 EA036 和 DB049 而言，磁暴期间为明显的正负双相暴效应，其中 EA036 台站 f_oF_2 峰值相比磁平静期增加了约 3MHz，DB049 台站增加了约 2MHz；8 月 18 日后则转为负暴相效应，其表现为白天和夜间的 f_oF_2 均低于磁平静期，这种现象在 8 月 31 日依然在持续。北半球高纬区 TR169 台站的正负双相暴效应同样非常明显，但其正暴效应持续时间非常短，f_oF_2 在 10∶10UT 时刻达到最高，然后剧烈下降，呈现类似"尖峰"的结构，28 日至 30 日 f_oF_2 相比磁静日要全面偏低，并且基本的日变化规律基本消失，直到 31 日才有所恢复，但绝对值相比磁静日依然偏低。

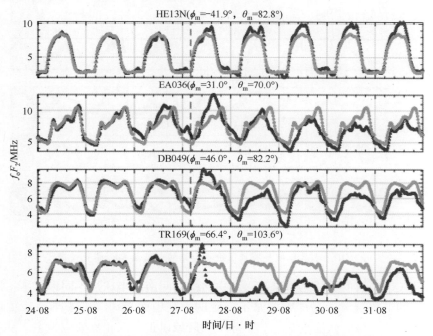

图 9-9　磁暴期间欧洲-非洲扇区垂测台站的电离层 f_oF_2 变化情况

图 9-10 给出了磁暴期间美洲扇区垂测台站的电离层 f_oF_2 变化情况。从图 9-10 中来看，美洲扇区南半球中纬 PSJ5J 台站磁暴期间电离层的响应与欧洲-非洲扇区 HE13N 台站较为相近，其基本表现为 8 月 27 日以后持续的 f_oF_2 增强效应。磁低纬 JI91J 和 BVJ03 台站表现基本相似，即磁暴期间电离层 f_oF_2

相比磁静日并无特别明显的增强或减弱，仅在午后及夜间稍有增加，但增加幅度小于1MHz。对于磁中纬的 EG931 和 BC840 台站而言，则表现为 8 月 27 日和 28 日持续的负暴效应，f_oF_2 比静日明显偏低，特别是 8 月 28 日，下降幅度超过4MHz；到了 8 月 29 日，两个台站的 f_oF_2 开始恢复到磁暴前的水平；但到了 8 月 30 日，又出现再次下降，转为负暴效应。对于磁高纬 EI764 台站，其磁暴期间电离层 f_oF_2 变化更为复杂，其 8 月 27 日和 28 日 f_oF_2 的日变化规律基本消失，但表现为明显的负暴效应，直到 8 月 31 日才逐步有所恢复。从纬度对比来看，纬度区域磁暴的响应随纬度的减低而出现延迟现象。

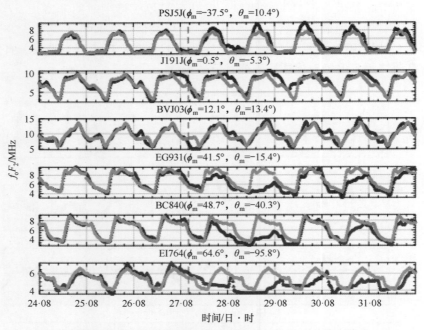

图 9-10　磁暴期间美洲扇区垂测台站的电离层 f_oF_2 变化情况

从 3 个扇区的分析结果来看，此次磁暴期间南北半球及不同扇区、不同纬度区域的电离层对磁暴的响应是不一致的，其中南半球（冬季半球）中纬区域以持续的正暴相效应为主，北半球中纬区域以正负双相暴效应为主。从不同扇区来看，欧洲-非洲扇区正暴相效应更强，而亚洲-澳大利亚扇区和美洲扇区正暴相效应要弱；亚洲-澳大利亚扇区和欧洲-非洲扇区负暴相效应更强且持续时间更长，美洲扇区相比要弱些，但其变化形态更为复杂，期间出现负暴—恢复平静—负暴的变化。从纬度区域来看，磁低纬区域磁暴期间电离层 f_oF_2 变化不太明显，说明此次磁暴效应对低纬影响较小；此次正负双相暴效应主要体现在中高纬区域；高纬区域磁暴期间变化规律较为复杂，其正暴效应强烈但持续时间非常短，而负暴效应比中纬区域更长些，且磁暴期间 f_oF_2 的日变化规律部分或完全消失。

同样地，对各扇区电离层 h_mF_2 的变化规律进行分析。图 9-11 给出了亚洲–澳大利亚扇区 6 个垂测台站获取的电离层 h_mF_2 变化情况。从图 9-11 中可以看出，磁暴期间，南半球中纬 LM42B 台站的 h_mF_2 有明显升高现象，最大高度提升了超过 70km，并且该现象持续到 8 月 31 日依然存在。北半球磁低纬 SA418 台站整体来看相比磁静日 h_mF_2 变化幅度不大，仅 27 日和 28 日 18:00～24:00UT 期间 h_mF_2 有所上升，其他时间则与磁静日差异较小。磁暴期间 8 月 27 日和 28 日，磁中纬 JJ433 台站的 h_mF_2 相比磁静日同样有增高现象，但该现象主要集中在 27～29 日固定的时段，28 日 h_mF_2 曲线出现明显的双峰现象；磁中纬 MH453 和 YA462 台站 h_mF_2 变化基本接近，主要表现为 27 日磁暴发生后，14:00UT 左右电离层 h_mF_2 迅速上升后又迅速降低，28 日 00:00UT 前后达到最低，10h 内 h_mF_2 最大下降幅度超过 300km，h_mF_2 持续在较低的高度，直到 08:00UT 前后又开始迅速升高，10:00～19:00UT 期间 h_mF_2 又超过磁静日，直到 8 月 29 日 00:00～08:00UT 期间 h_mF_2 依然比磁静日偏低 50km 左右，此

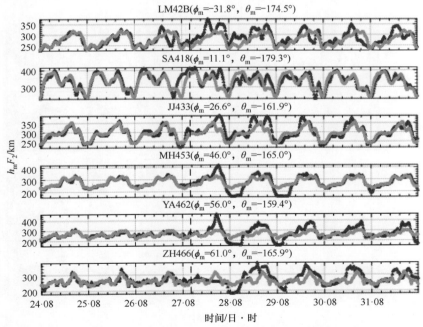

图 9-11　磁暴期间亚洲–澳大利亚扇区 6 个垂测台站的电离层 h_mF_2 变化情况

后，h_mF_2 逐步恢复到磁静日的水平。总体来看，中纬 h_mF_2 的升高比磁暴主相发生的起始时刻要滞后 10h 左右。与中纬台站不同，8 月 27 日磁高纬 ZH466 台站则观测到 h_mF_2 升高现象，但 8 月 28 日开始出现且此后数天内 h_mF_2 一直比磁静日要偏高。

对于欧洲-非洲扇区（图 9-12），南半球 HE13N 台站的 h_mF_2 变化规律较为复杂，但依然可以看出磁暴后 h_mF_2 相比磁静日要偏高，但总的升高幅度不大，升高数十千米左右，该现象持续到 8 月 31 日依然存在。对于中纬的 EA036 和 DB049 台站而言，其 h_mF_2 日变化更为规律，相比磁静日则主要表现为整体升高的形态，特别是 8 月 28 日前后 8h 时间内最为明显；此后数天内，h_mF_2 比磁静日要偏高，但升高的幅度小于 28 日。对于磁高纬 TR169 台站，磁暴主相前 26 日 20：00UT 左右即开始迅速升高并在 27 日 00：00UT 前后达到最大。随着磁暴事件的发生，其 h_mF_2 出现短暂的升高（4h 左右），至 300km 左右后开始迅速降低至 180km 左右，并在 14：00UT 前后达到最低，接着又迅速升高至 300km，然后快速持续下降。8 月 28 日 00：00~10：00UT 时段 h_mF_2 显著低于磁静日水平，29 日和 30 日也出现类似的情况。从 30 日 18：00UT 开始，h_mF_2 则开始迅速升高并超过磁静日水平。

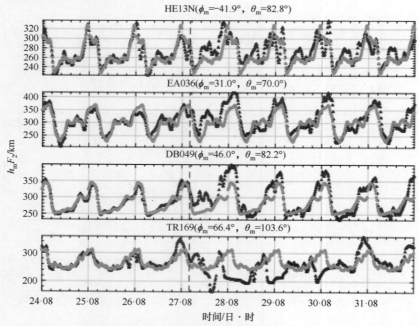

图 9-12　磁暴期间欧洲-非洲扇区垂测台站的电离层 h_mF_2 变化情况

对于美洲扇区（图9-13），南半球PSJ5J台站磁暴后h_mF_2与磁静日相比差距不大，在局部时段比静日偏高，但幅度较小；磁低纬的JI91J和BVJ03台站的h_mF_2与磁静日相差同样较小，只是28日和29日05∶00~10∶00UT期间h_mF_2要略高于磁静日期间；对于中纬EG931和BC840台站，磁暴期间，特别是8月27日和28日，电离层h_mF_2主要变化特征是00∶00~12∶00UT期间h_mF_2偏高，而15∶00~24∶00UT期间则显著偏低；对于高纬EI746台站而言，其主要表现为h_mF_2偏低，特别是8月28日几乎全天的h_mF_2均严重偏低，最大偏低超过250km。

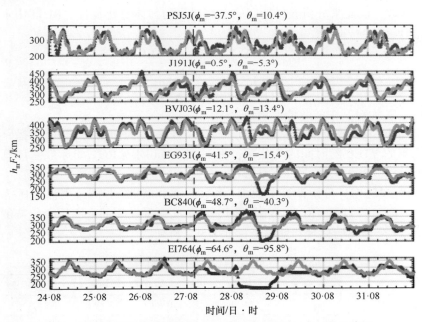

图9-13 磁暴期间美洲扇区垂测台站的电离层h_mF_2变化情况

对于h_mF_2而言，与f_oF_2类似，磁暴期间南北半球及不同扇区、不同纬度区域的电离层对磁暴的响应同样是不一致的。其中南半球（冬季半球）整体以h_mF_2升高的效应为主；北半球则变化更为复杂一些，h_mF_2的偏高和偏低存在明显的地方时效应，白天（08∶00~18∶00LT）主要以下降效应为主，夜间（20∶00~06∶00LT）则以升高效应为主。从不同扇区来看，欧洲-非洲扇区h_mF_2偏高持续时间更强，亚洲-澳大利亚扇区磁暴响应时的h_mF_2升高更剧烈，美洲扇区正暴相效应要弱。欧洲-非洲扇区h_mF_2偏离磁静日持续时间更长；亚洲-澳大利亚扇区及美洲扇区相比要弱些，但夜间h_mF_2下降幅度较大。从纬度区域来看，磁低纬区域磁暴期间电离层h_mF_2变化不太明显；h_mF_2偏高或偏低主要体现在中高纬区域，中纬表现出明显的地方时效应，高纬变化规律则更为复杂，h_mF_2 偏低或偏高会交叉出现，体现出高纬区电离层控制因素和机理的复杂性。由于地理位置的限制，本章选择的台站以北半球为主，且台站按纬度并未均匀分布，南半球台站数目偏少，这对磁暴期间电离层变化效应分析会造成一定的影响。

3. 电离层 ROTI 指数变化

大量研究表明，ROTI 与电离层的扰动特性存在很强的相关性，可用于表征电离层不规则结构的存在和电离层闪烁的强弱[227]。利用 GNSS TEC 计算 ROTI 指数，以此来分析磁暴期间的电离层不均匀体变化特性。ROTI 由下式计算得到：

$$\text{ROT} = \frac{\text{TEC}(t+\Delta t) - \text{TEC}(t)}{\Delta t} \quad (9-5)$$

$$\text{ROTI} = \sqrt{\langle \text{ROT}^2 \rangle - \langle \text{ROT} \rangle^2} \quad (9-6)$$

式中：$\langle \cdot \rangle$ 为对其中的数值取均值。

为消除多径效应和信号遮挡的影响，ROT 一般为仰角高于 20°传播路径上 30s 间隔的 VTEC 随时间的变化率，然后按 5min 间隔 ROT 的标准差计算得到 ROTI 指数，ROTI 单位为 TECU/min。

研究过程中，分别计算了亚洲–澳大利亚、欧洲–非洲、美洲扇区等地区共 24 个台站的 GNSS ROTI 数据，用于对此次磁暴期间的电离层变化特征进行分析。24 个台站的地理和地磁坐标如表 9-2 所列。

表 9-2 用于电离层 ROTI 分析的台站地理和地磁坐标

扇 区	台 站 编 号	地理纬度/(°)	地理经度/(°)	磁纬度/(°)	磁经度/(°)
亚洲–澳大利亚扇区	tcms	24.79	120.98	17.83	-167.22
	pimo	14.63	121.07	7.17	-167.40
	ccj2	27.06	142.19	19.55	-146.75
	pbr2	11.63	92.71	3.52	-164.52
	cusv	13.73	100.53	5.93	-172.24
	bako	-6.49	106.84	-15.95	-178.39
	coco	-12.18	96.83	-22.58	-167.73
	darw	-12.84	131.13	-22.16	-156.66
欧洲–非洲扇区	dakr	14.72	-17.43	5.51	-57.00
	ykro	6.87	-5.24	-4.30	-68.06

(续)

扇　　区	台站编号	地理纬度/(°)	地理经度/(°)	磁纬度/(°)	磁经度/(°)
欧洲-非洲扇区	bjco	6.38	2.45	-4.97	-75.86
	nklg	0.35	9.67	-11.38	-82.65
	mbar	-0.60	30.73	-10.90	-103.70
	mal2	-2.99	40.19	-12.33	-112.64
	sthl	-15.94	-5.66	-25.90	-62.36
	zamb	-15.42	28.31	-26.29	-99.49
	abpo	-19.01	47.22	-28.48	-116.63
美洲扇区	guat	14.59	-90.52	25.24	-20.50
	abmf	16.26	-61.52	24.89	-15.2
	bogt	4.64	-74.08	16.60	-1.43
	koug	5.09	-52.64	10.62	-22.03
	pove	-8.70	-63.89	2.42	-7.94
	salu	-2.59	-44.21	-0.78	-27.34
	brft	-3.87	-38.42	-4.97	-32.02

图 9-14 首先给出了亚洲-澳大利亚扇区磁低纬区域 8 个 GNSS 台站的 ROTI 指数随电离层穿刺点的分布。选择这些台站主要是为满足该扇区磁纬区域的覆盖性要求。图 9-14 中的虚线代表磁纬，从图 9-14（a）中可以看出，磁暴前后，8 月 25 日磁低纬电离层不规则体发生频率较低；图 9-14（b）中可以看出，8 月 26 日不规则体发生区域有所升高，但红色点主要集中在 pimo（磁纬 7.17°）和 darw 站（磁纬-22.16°）附近，基本与这两个台站同磁纬的 cusv 和 coco 台站则基本没有 ROTI ≥ 1.5TECU/min 的情况发生，表明电离层闪烁的发生有明显的经度依赖，这与 Santos 等在南美区域的研究结果是一致的[228]。在磁暴期间的 8 月 27 日，可以看出该区域的不规则体发生频率有明显降低，显

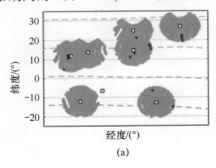

(a)

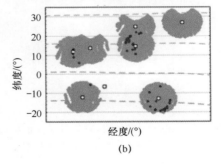

(b)

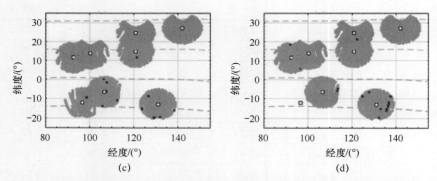

图 9-14 亚洲-澳大利亚扇区磁低纬区域 8 个 GNSS 台站的 ROTI 指数随电离穿刺点的分布
(a) 2014 年 8 月 25 日;(b) 2014 年 8 月 26 日;(c) 2014 年 8 月 27 日;(d) 2014 年 8 月 28 日。

示磁暴对该区域的不规则体发生具有一定的抑制作用。这种情况在 8 月 28 日依然存在,表明该抑制作用能够持续一定的时间。

对于欧洲-非洲扇区的磁低纬区域而言,ROTI 的变化与亚洲-澳大利亚扇区类似。从图 9-15(a)和图 9-15(b)可以看出 8 月 25 日和 26 日明显的不规则体产生,尤其以东非 mbar 和西非 nklg 两个台站最为明显;从图 9-15(c)可以看出,除极小部分区域外,绝大部分台站基本观测不到不规则体的出现;

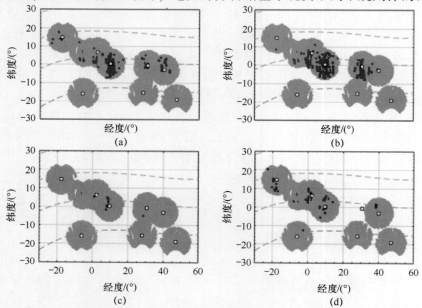

图 9-15 欧洲-非洲扇区磁低纬区域 8 个 GNSS 台站的 ROTI 指数随电离穿刺点的分布
(a) 2014 年 8 月 25 日;(b) 2014 年 8 月 26 日;(c) 2014 年 8 月 27 日;(d) 2014 年 8 月 28 日。

到了28日，如图9-15（d）所示，不规则体又开始在西非几个台站出现，但分布范围相比25日和26日有明显的缩小。欧洲-非洲扇区的分析结果再次证实了本次磁暴对磁低纬区域不规则体的强烈抑制作用。用同样的处理方法，图9-16给出了美洲扇区的ROTI计算结果。从美洲扇区来看，磁暴前后的8月25日至28日均观测到明显的不规则体现象发生，表明不规则体的产生和发展具有强烈的局地性和经度差异。

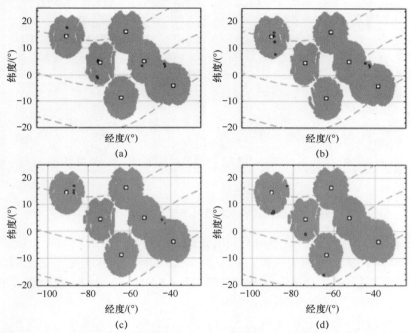

图9-16 美洲扇区磁低纬区域8个GNSS台站的ROTI指数随电离穿刺点的分布
（a）2014年8月25日；（b）2014年8月26日；（c）2014年8月27日；（d）2014年8月28日。

4. 电离层电子密度变化分析

基于前文提出的三维电子密度重构方法，我们可以分析磁暴期间不同时间、不同区域及不同高度方向上的电离层电子密度的变化特征。图9-17为磁暴期间电离层电子密度分布在固定高度和经度情况下，随时间和纬度变化的电子密度等值线图。这里选取2014年8月26日至30日，经度5°E附近的电子密度分布为例进行分析。如图9-17所示，每幅图的横坐标表示日期，从8月26日00:00UT至8月30日23:00 UT；纵坐标为纬度，范围为35°N~62°N。图9-17中的10幅图为相同经度上，不同高度上电子密度随时间和纬度的分布，对应高度左边5幅图从上到下依次为140km、220km、

300km、380km、460km、右边 5 幅图从上到下依次为 540km、620km、700km、780km、860km。

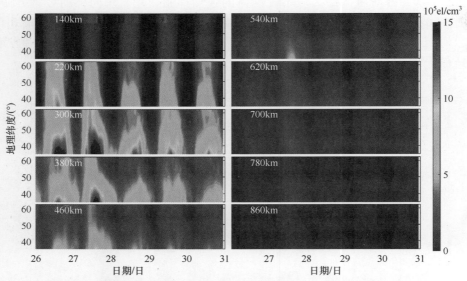

图 9-17　磁暴期间欧洲区域电离层电子密度绝对值随时间和纬度分布

从图 9-17 中可以很清楚地看到电子密度随时间的日周期变化和纬度变化。在欧洲区域，从绝对图上来看，8 月 27 日暴时响应非常明显，主相期间电子密度出现明显升高，但变化区域集中在 220～540km 范围内，更低高度和更高高度电子密度变化相对并不十分明显。

在固定同样高度和经度的情况下，图 9-18 是此次磁暴期间电离层电子密度分布随时间和纬度变化的电子密度偏差等值线图。利用电子密度相对磁静日平均值的偏差值随纬度和时间的分布来绘制等值线图。从图 9-18 中可以看出，在本次磁暴主相期间，特别是 Dst 达到最小时，欧洲区域基本处于白天，电离层响应较强，电子密度呈现先偏高后偏低的变化规律，表现为较明显的正负双相暴特征。从时间节点上来看，8 月 27 日纬度低于 50°的区域主要表现为正暴相，而高于 50°的区域则表现为先正后负相，8 月 28 日至 30 日则集中表现为持续的负暴相，表明负暴相效应存在从高纬相更低纬度传播的趋势。正负暴效应主要集中在 220～540km 的高度范围，更高高度的磁暴响应幅度比低高度要相对弱些，但同高度的相对变化依然非常明显。电子密度的响应与前面分析的 TEC 及 f_oF_2 表现具有较好的一致性。

第 9 章 卫星信号电离层探测技术在磁暴期间的应用

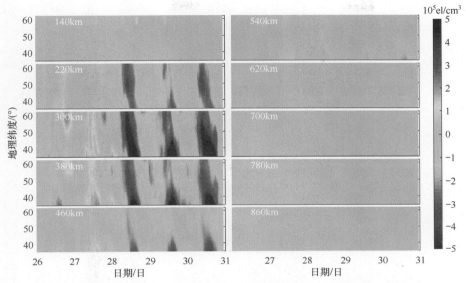

图 9-18 磁暴期间欧洲区域电离层电子密度相对静日偏差随时间和纬度分布

9.4 讨　论

本章通过多观测手段获取的电离层特征参量对 2014 年 8 月的磁暴事件的电离层响应特征进行了分析。此次磁暴事件总体来说属于缓始型中等磁暴，从分析结果来看，此次磁暴期间电离层变化有以下几点特征。

（1）8 月 25 日至 26 日，太阳、行星际及地磁环境属于整体平静阶段，电离层以正常的日变化和纬度变化为主，并未发生明显的正暴和负暴现象。

（2）8 月 27 日 04:00UT 开始，随着一次磁暴事件的发展，磁赤道南北驼峰区电子浓度开始增强。从两极向赤道的风在南北驼峰区抬升电离层，引起电子密度增加，同时，在磁偏角很小的条件下，在磁赤道及附近区域，从两极向赤道的风在磁赤道附近不能抬升电离层，而赤道喷泉效应的增强导致的电子密度耗空是磁赤道附近出现负暴的可能原因。磁暴发生后的 8 月 28 日至 30 日，赤道北驼峰出现了明显的南移现象，磁赤道两侧双驼峰结构完全消失，变成单峰结构。图 9-19 给出了亚洲-澳大利亚（经度 120°E）、欧洲-非洲（经度 10°E）和美洲（经度 70°W）3 个不同扇区低纬区域的 TEC 随时间-纬度的轮廓图。出现这一现象与扰动发动机电场有直接关联，扰动发电机电场与宁静日电场作用相反，它抑制了喷泉效应和减弱赤道异常峰的形成。

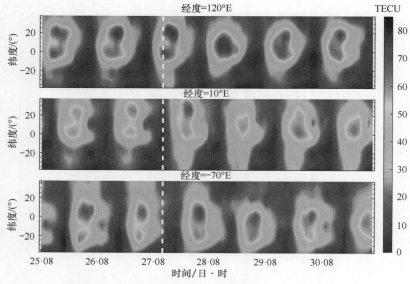

图 9-19 3 个不同经度扇区电离层 TEC 变化

(3) 磁暴过程中, 北半球 (夏季半球) 中纬区域首先表现为正暴相效应, 这主要与行星际磁场南向翻转产生的东向穿透电场所有关, 它引起电离层抬升, 使电子密度增大, 产生正暴; 同时, 暴时改变了热层环流引起中性成分的下行流, 使原子氧密度相对于分子氮和分子氧密度升高, 可能导致 N_mF_2 和 TEC 增大在中低纬地区加强了那里的正暴效应。高纬区表现为短时正暴后快速转入负暴相, 分析认为, 磁暴发展早期的短时正暴可能与极区高能粒子沉降引起的附加电离有关, 它可以使高纬区域电子浓度增大, 形成正暴; 此后, 在焦耳加热作用下, 极区中性大气膨胀上升, 携带低层富含 N_2 的分子粒子上升到较高的高度, 引起较高的高度区域 $\sum O/N_2$ 浓度比减小, 引起负暴效应。

(4) 磁暴期间各扇区的中低纬台站不同程度出现了电离层 h_mF_2 增加的现象, 产生 h_mF_2 升高现象的可能机制是快速穿透电场。磁暴期间, 源自磁层耦合的东向扰动电场直接穿透到中低纬, 快速穿透电场与北向磁场的 $E \times B$ 作用使电离层等离子体垂直向上漂移。快速穿透电场主要含两部分来源: ①行星际磁场 Bz 南向翻转; ②跨极区电势降出现显著变化。其中, 快速穿透电场能够在较长时间内持续可能与等离子片粒子温度及电离层电导率增加有关[212]。

(5) 磁暴期间顶部电离层和等离子体层出现持续负暴效应, 分析与等离子体沿着磁力线的扩散作用及中高纬度的 $\Sigma O/N_2$ 长时间维持在较低水平有关。另外，由中性风场变化引起的等离子体直接输运作用以及扰动发电机效应也可能是顶部电离层的长时间负相的潜在因素之一。

（6）磁暴期间，基于 GNSS ROTI 指数的分析表明，欧洲-非洲低磁纬区域 8 月 27 日，电离层不规则体的生成受到了很强的抑制作用。大量研究表明，在日落前后，东向电场的增强使得赤道 F 层被抬升到足够高的高度，有利于瑞利-泰勒不稳定性的发展和低纬赤道 F 层不均匀体的产生。但是，暴时增强的西向扰动发电机电场驱动的 $E \times B$ 漂移抑制 F 层抬升，不利于瑞利-泰勒不稳定性的发展，从而抑制了低纬赤道日落后 F 层不均匀体和电离层闪烁的发生[218]。由于欧洲-非洲扇区低磁纬区缺乏 h_mF_2 的直接探测数据，无法通过分析 h_mF_2 的变化对此进行进一步的验证。

（7）此次磁暴事件，不同扇区不同半球的电离层响应存在明显的不对称性。不同扇区的差异可能与磁暴期间各经度链区域内的焦耳加热强度、热层环流和重力波传播条件不相同有关。不同半球的不对称性能够用背景风场的差异进行解释：在冬季半球，赤道向的中性风比较弱而极向背景风场很强，使得中低纬区能观测到很强的电离层正暴，负暴效应也被限制在了极区和高纬地区；而夏季半球此时极向背景风场（白天）主要以赤道向为主，加上其强度要明显弱于冬季，因此北半球更易观测到电离层负暴。

综合分析来看，快速穿透电场、扰动发电机电场和扰动风场联合作用是此次磁暴电离层响应的主要原因[189,223]。

本 章 小 结

本章利用电离层测高仪、GNSS、COSMIC 掩星数据对一次磁暴期间全球不同扇区电离层 TEC、GEC、f_oF_2、h_mF_2、ROTI 及电子密度的变化进行了分析，并对此次磁暴引发电离层暴的可能机制进行了探讨，主要得到如下结论。

（1）本次磁暴为典型的缓始型中等强度磁暴，地磁暴伴随有明显的电离层暴，该电离层暴在电离层特征参量中均有明显的体现。磁暴期间，北半球正相暴之后转入长时间的负相暴，南半球以正相暴为主；磁暴对低纬区域电离层影响幅度较小，磁中纬变化特征更为明显，高纬主要以负暴相特征为主。磁暴期间，赤道北驼峰出现了明显的南移现象，磁赤道两侧双驼峰结构完全消失，变成单峰结构。磁暴电离层响应存在南北半球不对称性，不同扇区电离层响应存在一定的时间延迟。顶部电离层也存在持续的负暴效应。磁暴期间，电离层闪烁存在明显的经度差异：亚洲-澳大利亚扇区和美洲扇区均未有明显闪烁发生；欧洲-非洲扇区磁暴前有电离层闪烁发生，磁暴发生后消失。

（2）综合各种观测分析表明，快速穿透电场、扰动发电机电场和扰动风场联合作用是此次磁暴电离层响应的主要原因，暴时西向扰动发电机电场对欧洲-非洲扇区磁低纬的闪烁产生了明显的抑制作用。

第 10 章 电离层对信息系统的影响及应用研究

10.1 引　　言

作为无线电波的传播媒质，电离层非常复杂。电离层的电磁特性可以概括为如下几个方面。

（1）时变的。存在日变化、季节变化和太阳周变化等各种时间尺度上的时间变化。

（2）不均匀的。存在各种尺度的空间结构。

（3）各向异性的。由于地磁场对带电粒子运动的影响，使电离层成为各向异性的媒质；同时，由于地磁极和地理极不重合，使空间特性变得很复杂。两个折射指数中的每一个分别是关于恒定波相位平面法向相对于背景地磁场的指向的函数。

（4）色散的。由于带电粒子的有限质量，存在一个表征其极化状态建立速度的特征频率（等离子体频率），当外加电磁场的事件变化加快，媒质响应跟不上场的变化而不满足瞬时关系时，即称为时间色散媒质。在带电粒子具有一定温度而存在热运动的情况下，场与媒质的相互作用不满足局域关系，则称为空间色散。它的折射指数是频率的函数，群速度不一定等于相速度。

（5）吸收的。电离层折射指数是复数，具有实部和虚部。吸收总是耗散的，表明能量通过碰撞变为热能而保持守恒。

（6）双折射的。由于地磁场和自由电子运动的存在，折射指数具有两个分立的值。该特性表明两个可能的传播路径，每个路径由不同的相位和群速度表征。

（7）随机的。1946 年人们观测天鹅座射电星（Cygnus）64 MHz 射电信号时，发现其辐射强度有明显的短周期不规则起伏，从而认识到除了上述变化外，由于太阳的剧烈活动以及地球空间系统的非线性不稳定性等原因，电离层在大的分层背景下存在各种尺度的电子密度随机不规则体结构，其表现为介电常数的随机变化。

受电离层影响的信息系统的无线电频谱很宽，粗略地说，10 GHz 以下的无线电系统都要受到不同程度的影响。信息系统种类繁多，包括地基空间目标监测系统、卫星导航、卫星通信、HF 通信系统、超视距雷达系统等，如图 10-1 所示。

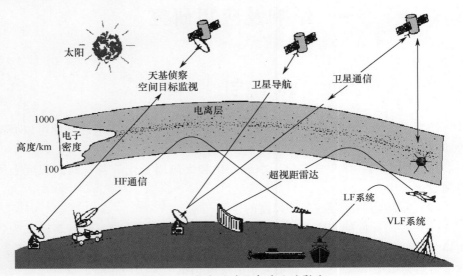

图 10-1 电离层对信息系统的影响

10.2 电离层对卫星通信系统的影响

10.2.1 卫星通信基本原理

卫星通信系统具有覆盖范围广、不受地理环境因素影响、通信距离远及组网建设快等一系列优点，因此，卫星通信成为当今通信领域的重要组成部分和迅速发展的研究热点。同时，随着国家政治、经济和卫星通信技术的快速发展，卫星通信也具有越来越广阔的发展前景和越来越重要的战略意义。随着卫星通信技术的发展，卫星网络已经成为可以承载多种新业务的载体，包括数据业务、E-mail 电邮服务、FTP 文件下载、Web 浏览等（图 10-2）。

随着信息全球化的飞速发展和空间信息高速公路概念的提出，卫星通信与数字微波通信和光纤通信一起组成了当今通信领域的三大支柱，通信技术的发展带来了通信安全问题。因此，信息安全和通信安全成为信息化社会首先要解决的重要问题。由于卫星通信是一个开放的通信系统，通信链路易受外部条件影响。一般来说，影响卫星通信链路的环境干扰源主要包括来自各方面的无线电干扰、对流层雨衰减、电离层闪烁、日凌等。

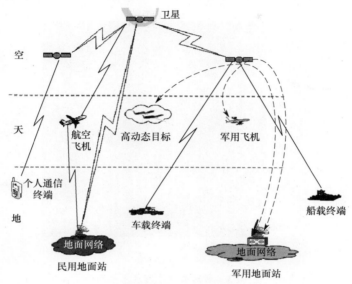

图 10-2 空天地一体化信息网络

对流层雨衰减随着频率的增高而增大，其对 10 GHz 以上频段的卫星系统性能影响很严重，但与太阳活动关系不大。例如，对 C 波段卫星通信影响不大的暴雨可引起 Ku 波段通信的中断，对 Ka 波段引起的雨衰减比 Ku 波段严重，暴雨时甚至可引起高达 10dB 的信号衰减，导致信号中断。降雨对 50GHz 卫星信号的衰减可超过 20dB，对 15GHz 卫星信号的衰减可达 5dB 左右。

10.2.2 电离层对卫星通信系统的影响分析

卫星通信通常采用的信号是 VHF 频段或以上的频率，此时电离层的吸收和反射已不重要，其主要影响来自引起信号快速随机起伏的电离层闪烁效应。

电离层闪烁是由电离层不规则体结构引起的。电离层中经常存在一些电子密度不均匀的区域，在某种情况下，有些区域电子非常稀少，就如同水中存在水泡一样，形成电离层中的电子密度不规则体，如图 10-3 所示。

电离层不规则体会引起电离层电子密度的整体涨落或快速随机变化。当卫星信号穿过电离层不规则体时，会导致卫星信号幅度、相位、极化和到达角变化，它表现为信号电平的快速起伏，这种现象称为电离层闪烁。信号的峰值起伏可达数十分贝，持续几分钟到几小时。对于 VHF 以上频率，电离层快速随机变化引起的信号闪烁会导致信道的信噪比下降，误码率上升，严重时使卫星通信中断。电离层影响的无线电频段从几十兆赫到10GHz。

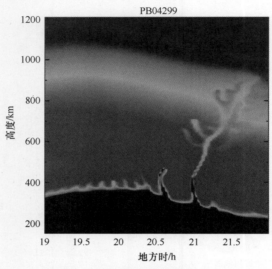

图 10-3　电离层电子密度不规则体

据报道，1989年至1990年在美军对巴拿马的军事行动中，曾因电离层闪烁事件而导致美国 C^3I 系统中断。另据报道，在1991年海湾战争和科索沃战争期间，电离层闪烁都曾给美国造成较大影响，降低了航天武器和 C^4ISR 系统对攻击武器的支援，同时大大影响了战斗损伤评估。这些影响已引起美国的高度重视，将其视为保障军事行动中信息优势的重要基础。

2001年4月1日，美国侦察机撞毁我战斗机事件后的搜寻飞行员期间，由于正处在电离层闪烁高发的时间和地区，又正逢4月3日太阳风暴侵袭地球，造成无线电短波通信和卫星通信的部分时间中断，给搜寻工作、形势判断和决策造成很大困难。

又如，我国目前在轨运行的 UHF 频段通信卫星受电离层闪烁的影响极其严重，通信经常中断，严重影响通信可靠度的实现。UHF 频段通信卫星信号闪烁情况如图 10-4 所示。

图 10-5 为 2002 年 10 月 16 日至 18 日，电离层闪烁时 UHF 频段通信卫星通信质量的影响。

电离层的状态直接受太阳活动影响，而电离层的状态又直接影响电离层闪烁的一些特征。研究表明，卫星通信链路发生电离层闪烁的概率和强度与卫星通信链路位置、工作频率、时间、太阳活动水平、季节等有关。

第 10 章 电离层对信息系统的影响及应用研究

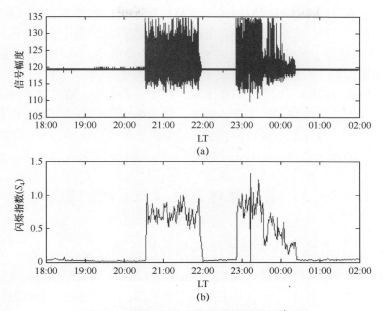

图 10-4 UHF 频段通信卫星信号闪烁情况

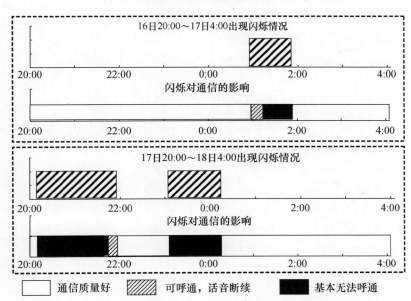

图 10-5 电离层闪烁对 UHF 频段通信卫星通信质量的影响

在地理区域上有两个强闪烁的高发区，一个集中在以磁赤道为中心的 ±20° 的低纬区域，以磁赤道异常驼峰区闪烁最强；另一个闪烁高发区集中在高纬地区。人们曾在这两个区域观测到了千兆赫兹频率信号的严重闪烁。我国台湾、福建、广东、广西、云南、海南直至南海地区都是电离层闪烁高发地区，经常能引起 UHF 波段卫星信号中断。在强烈太阳风暴期间，也可能在中纬度地区发生电离层闪烁。

太阳风暴发生时，黑子区不断暴发，释放巨大能量，期间释放的大量紫外线会使地球上空的电离层浓度突然增加，破坏地球的电离层状态，在电离层中产生各种尺度的电离层不规则体，使穿越电离层传播的卫星信号产生闪烁现象的次数明显增加。

10.3 电离层对卫星导航系统的影响

10.3.1 卫星导航系统的组成与定位原理

现有卫星导航系统包括美国 GPS、俄罗斯 GLONASS、欧盟 Galileo 系统和中国 BDS。其中，GPS 系统是世界上第一个成熟的、可供民用的全球卫星导航系统，已经在全球范围内得到了广泛应用。

GPS 系统由以下 3 部分组成。

1. 空间部分——GPS 卫星星座

GPS 卫星星座由 24 颗卫星组成，均匀分布在 6 个轨道面内，每个轨道 4 颗卫星。卫星轨道面的倾角为 55°，各个轨道面的升交点赤经相差 60°，轨道平均高度 20200km，卫星运行周期为 11h58min，同一轨道上各卫星的升交角距为 90°，如图 10-6 所示。GPS 卫星的时空配置保证了地球上任何地点在任何时刻均可以同时观测到 4 颗以上卫星，以满足精密导航和定位的需要。

卫星发射调制于两个载频的两种距离编码信号，即 $f_1 = 1575.42$MHz 的 C/A 码和 P 码（相位相差 90°）、$f_2 = 1227.60$MHz 的 P 码。C/A 码与 P 码的调制速率分别为 1.023MHz 和 10.23MHz，码的功能是为卫星识别和传播时间测量提供信息。两个载频还具有 50Hz 的包含卫星状态和轨道位置信息的附加调制。

2. 地面监控部分——地面监控系统

地面监控系统由 5 个地面站组成，包括主控站、信息注入站和监控站，其简单介绍如下。

（1）主控站设在科罗拉多斯普林斯的联合空间执行中心，主要任务是协调和管理所有地面监控系统的工作，包括由各监控站提供的观测资料推算编制各颗卫星的星历、卫星钟差和大气层修正参数等，并把这些数据传送到信息注入站；提供 GPS 时间基准；调整偏离轨道的卫星，使之沿预定的轨道运行；启用备用卫星，以取代失效的工作卫星。

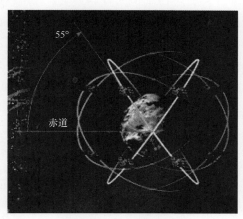

图 10-6 GPS 卫星星座

（2）3 个信息注入站分别位于卡瓦加兰、迭哥伽西亚和阿松森群岛，主要任务是在主控站的控制下，将主控站提供的卫星星历、钟差、导航电文和其他指令等注入相应卫星的存储系统，并监测注入信息的正确性。

（3）5 个监控站中的 4 个分别和主控站及信息注入站重叠，另外一个设在夏威夷，它们主要负责监测卫星的轨道数据、大气数据以及卫星工作状态。

3. 用户接收设备——GPS 接收机

GPS 接收机由接收机硬件、相应的数据处理软件、微处理器及终端设备组成。接收机硬件包括主机、天线和电源，主要功能是识别跟踪来自 GPS 卫星的信号，通过码匹配测出信号传播时延与相位偏差，并经数据处理得到视在距离和偏差，实现实时定位导航。GPS 软件处理观测数据，获得定位结果。

卫星导航系统定位原理与大地测量学中的测距交会定位方法类似。用户接收设备精确测量由系统中不在同一平面的 4 颗卫星发来信号的传播时间 t，进而确定卫星和接收机之间的距离，即

$$\rho = c \times t + \delta \tag{10-1}$$

式中：c 为信号传播速度；δ 为误差。

同时，用户接收设备接收解调卫星信号，得到卫星位置。利用测量的用户至卫星距离，基于测距交互定位原理，就可解算出用户位置的三维坐标（x，y，z）以及用户钟与系统时间的误差（Δt），即

$$\begin{cases} \rho_1 = \sqrt{(x-x_1)^2 + (y-y_1)^2 + (z-z_1)^2} = c \times (t_1 - \Delta t) \\ \rho_2 = \sqrt{(x-x_2)^2 + (y-y_2)^2 + (z-z_2)^2} = c \times (t_2 - \Delta t) \\ \rho_3 = \sqrt{(x-x_3)^2 + (y-y_3)^2 + (z-z_3)^2} = c \times (t_3 - \Delta t) \\ \rho_4 = \sqrt{(x-x_4)^2 + (y-y_4)^2 + (z-z_4)^2} = c \times (t_4 - \Delta t) \end{cases} \qquad (10\text{-}2)$$

式中：x_1、y_1 和 z_1 为卫星 1 的空间位置坐标；x_2、y_2 和 z_2 为卫星 2 的空间位置坐标；x_3、y_3 和 z_3 为卫星 3 的空间位置坐标；x_4、y_4 和 z_4 为卫星 4 的空间位置坐标；t_1、t_2、t_3 和 t_4 为接收机收到的 4 颗卫星的传播时间。

10.3.2 电离层对卫星导航系统的影响分析

电离层对卫星导航系统的影响包括大尺度背景电离层结构的影响以及小尺度电离层扰动的影响。前者引起卫星导航信号传播时间延迟，其大小与信号频率和信号传播路径电子密度的积分（电离层 TEC）有关；后者引起信号的幅度、相位等产生快速、随机起伏，称为电离层闪烁。

10.3.2.1 大尺度背景电离层结构的影响

大尺度背景电离层引起的延迟误差是卫星导航系统定位误差的最大来源。在不考虑选择可用性影响时，典型的单频 GPS 系统定位误差如表 10-1 所列。

表 10-1　典型的单频 GPS 系统定位误差

误差源	偏差/m	随机误差/m	总和/m
卫星星历	0.8	0.0	0.8
卫星钟差	1.0	0.0	1.0
电离层延迟	7.0	0.0	7.0
对流层延迟	0.2	0.0	0.2
多径	0.2	0.2	0.3
接收机噪声	0	0.1	0.1
用户测距误差	7.1	0.2	7.1

电离层 TEC（电离层时间延迟）具有相对规律的周日、季节和太阳活动周变化，并强烈依赖于地理位置和太阳、地磁活动状态。当发生电离层暴、亚暴、电离层骚扰等事件时，电离层 TEC 会产生急剧变化。由电离层时间延迟引起的测距误差如未经修正，在垂直方向可达 30m，水平方向接近 100m。对于 GPS 双频用户来说，可以利用电离层的色散效应，即电离层时间延迟与信号载频的平方成反比，通过双频信号的差分来获得电离层延迟；GPS 单频用户

一般采用广播电离层延迟修正算法来解算,所需参数由卫星导航电文给出。

如前所述,对使用 GHz 波段信号的卫星导航系统来说,最主要的误差来自电离层引起的载波相位的超前和伪距的延迟引起的测距误差。这一附加延迟项 I_g 依赖于电离层 TEC 值和信号频率,即

$$I_g = \frac{40.3}{f^2} \times \text{TEC} \tag{10-3}$$

式中:TEC 为沿信号传播路径的倾斜 TEC 值(TECU),1 TECU = 10^{16}el/m^2; f 为信号频率。

在求解导航定位方程(式(10-2))前,GNSS 单频接收机需要获得电离层 TEC 值,其通常由电离层模型来提供。迄今为止,卫星导航系统电离层延迟修正算法主要包括 GPS 系统电离层延迟修正算法和 Galileo 系统电离层延迟修正算法。

GPS 系统电离层延迟修正算法由 Klobuchar 提出,它在 Bent 模型的基础上进行了简化。Klobuchar 模型采用单层模型假定,认为电离层电子密度都集中分布在 350km 高度的薄层上。这样,电离层 TEC 值可以表示为垂直 TEC (VTEC) 和倾斜因子 (SF) 的乘积,即

$$\text{TEC} = \text{VTEC} \times \text{SF} \tag{10-4}$$

式中:SF 为观测仰角 ε 的函数,即

$$\text{SF} = 1 + 16 \times \left(0.53 - \frac{\varepsilon}{180}\right)^3 \tag{10-5}$$

电离层 VTEC 按周日变化特征分为白天和夜间两部分,可由下式计算,即

$$\text{VTEC} = \begin{cases} A_1 + A_2\cos(2\pi(t - A_3)/P), & \text{白天} \\ A_1, & \text{夜间} \end{cases} \tag{10-6}$$

其中,t 为信号传播路径与 350km 电离层薄壳的交点(称为电离层穿透点)的地方时;A_1 为夜间的电离层延迟值,固定为 5ns;A_3 为余弦曲线取得最大值时的相位,对应于地方时 14:00;A_2 和 P 分别为余弦曲线的振幅和周期,它们分别用穿透点地磁纬度的 3 次多项式描述。

现有研究结果表明,Klobuchar 可以提供 50%~60% 的电离层延迟修正。

Galileo 系统电离层延迟修正算法基于 NeQuick 模型,它是一个针对穿越电离层的传播应用而进行了相应改进的电离层电子密度模型[78]。该模型将整个电离层分为底部电离层和顶部电离层两部分。底部电离层是指地面 60km 以上至 F_2 层峰值高度的整个区域,由 5 个 semi-Epstein 层的加和来描述;顶部电离层是指 F_2 层峰值高度以上的整个区域,用 1 个 semi-Epstein 层来描述。每一个 Epstein 层的电子密度依赖于厚度因子 B、峰值密度 $N_{\max}$ 和峰值高度 $h_{\max}$,即

$$N(h, h_{\max}, N_{\max}, B) = \frac{4N_{\max}}{\left(1 + \exp\left(\frac{h - h_{\max}}{B}\right)\right)^2} \exp\left(\frac{h - h_{\max}}{B}\right) \quad (10\text{-}7)$$

Epstein 层厚度因子、峰值密度和峰值高度的计算依赖于测高仪特征参数 f_oE、f_oF_1、f_oF_2 和 $M(3000)F_2$。随着可用数据的逐步积累，这些模型参数的计算公式也在不断地改进和更新。最新版本的模型——NeQuick 2[81]，已经正式成为国际无线电联盟建议（International Telecommunications Union-Radiocommunications，ITU-R）P.532-12 的一部分。在 NeQuick 2 模型中，顶部电离层和底部电离层电子密度的计算公式分别由 Coisson 等和 Leitinger 提出[82-83]。

给定位置（经度、纬度和高度）、时间（世界时和季节）和太阳活动水平（$F_{10.7}$ 或 R12 指数），NeQuick 模型输出电离层电子密度和 TEC。为进一步提高模型的预测能力，Galileo 电离层延迟修正算法采用数据吸收技术，它将原来的标准输入——太阳活动水平替换为一个有效电离参数（A_z），使得模型的输出结果与给定的数据组能较好吻合[57,219]。在预报过程中考虑了 A_z 指数随空间位置的变化，并认为提前一天预报时 A_z 指数保持不变。

Galileo 系统电离层延迟修正算法描述如下。

（1）每个地面参考站收集双频观测数据，计算得到电离层 TEC 值。调整 NeQuick 模型的太阳活动指数输入参量，使得前一天观测到的 TEC 值与 NeQuick 模型输出的 TEC 值的误差均方差达到最小，将此时的太阳活动指数定义为 A_z 指数。

（2）收集所有参考站计算得到的 A_z 指数值，将它们表征为修正的磁倾角（Modip，μ）的二阶多项式（$A_z = \alpha_0 + \alpha_1\mu + \alpha_2\mu^2$）。通过最小二乘拟合，获得 3 个系数 α_0、α_1 和 α_2 值，通过导航电文进行播发。

（3）用户端接收卫星导航电文播发的系数，计算得到用户位置处的 A_z 指数，用来驱动 NeQuick 模型，得到电离层 TEC 值。代入电离层 TEC 值，计算得到电离层引起的附加延迟，进行电离层误差修正[84,86]。一些研究结果表明，类 Galileo 模型可以较好地修正观测到的电离层延迟[84-86]。

本章选用我国地壳形变监测网中的 5 个台站（北京、泰山、郑州、厦门和广州）在 2004 年 11 月的 GPS 实测数据进行分析。GPS 系统电离层修正模型的模型系数由 CODE 提供。由于 Galileo 系统尚未投入运营，因此选用 CODE 发布的 GIM 中的 TEC 数据作为地面监测站网的监测数据。参照 Galileo 模型算法，首先利用前一天的 TEC 观测数据计算得到 A_z 指数，经拟合得到导航电文的播发系数 α_0、α_1 和 α_2；然后计算出观测站位置的 A_z 指数，用来驱动 NeQuick 模型，得到台站上空的 TEC 值；最后，将模型的 TEC 计算结果与不

第 10 章 电离层对信息系统的影响及应用研究

同台站的 GPS TEC 观测值进行比较。选用误差（$\Delta \text{TEC} = \text{TEC}_{\text{NeQuick}} - \text{TEC}_{\text{GPS}}$）的偏差（BIAS）、均方差（RMS）以及模型的平均修正精度（Acc）3 个参数来进行评估，分别定义为

$$\text{BIAS} = \frac{1}{n}\sum_{i=1}^{n} |\text{TEC}_{\text{NeQuick},i} - \text{TEC}_{\text{GPS},i}| \qquad (10\text{-}8)$$

$$\text{RMS} = \sqrt{\frac{1}{n}\sum_{i=1}^{n} |\text{TEC}_{\text{NeQuick},i} - \text{TEC}_{\text{GPS},i}|^2} \qquad (10\text{-}9)$$

$$\text{Acc} = \frac{1}{n}\sum_{i=1}^{n}\left(1 - \frac{|\text{TEC}_{\text{NeQuick},i} - \text{TEC}_{\text{GPS},i}|}{\text{TEC}_{\text{GPS},i}}\right) \qquad (10\text{-}10)$$

图 10-7 给出了 2004 年 11 月 15 日，北京站 TEC 观测数据误差的统计分布。由图 10-7 可见，在北京站当天共计 23060 组数据中，GPS 系统电离层修正模型（Klobuchar）误差的平均值和均方差分别为 9.4 TECU 和 11.4 TECU，模型修正精度为 52% 左右；Galileo 系统电离层修正模型（NeQuick）误差的平均值与均方差分别为 5.1 TECU 和 6.4 TECU，模型修正精度约 68%。

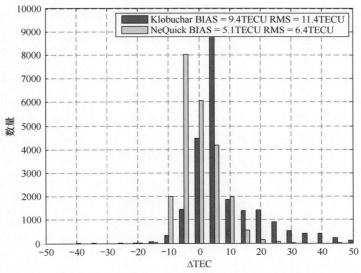

图 10-7 2004 年 11 月 15 日，北京站 TEC 观测数据误差的统计分布

表 10-2 给出了 5 个台站在一个月内所有观测数据分析的统计结果。平均来说，Galileo 系统电离层修正模型的精度要高于 GPS 系统，前者误差的平均值、误差的均方差和模型平均修正精度分别为 8.9 TECU、11.3 TECU 和 66.9%，后者误差的平均值、误差的均方差和模型平均修正精度分别为 12.1 TECU、14.8 TECU 和 55.1%。国内外不少学者都计算或比较过 GPS 系

统和 Galileo 系统电离层修正模型的精度。这些研究结果表明，与 GPS 系统电离层修正模型相比，Galileo 系统电离层修正模型的误差较小且分布变化较为平缓。

表 10-2　5 个台站在一个月内所有观测数据分析的统计结果

参数 站名	误差的平均值 /TECU		误差的均方差 /TECU		模型平均修正精度/%	
	GPS	Galileo 系统	GPS	Galileo 系统	GPS	Galileo 系统
北京	10.8	6.7	13.8	8.4	51.5	65.8
泰山	13.1	8.4	15.7	11.1	45.7	64.9
郑州	13.7	10.5	16.5	11.9	46.1	60.0
厦门	12.1	9.8	14.7	13.1	64.9	71.0
广州	10.9	9.0	13.6	12.3	67.1	73.1
平均值	**12.1**	**8.9**	**14.8**	**11.3**	**55.1**	**66.9**

为分析 Galileo 系统电离层修正算法的精度，选用了 1998 年至 2011 年 JPL 和 CODE 发布的 GIMs 数据作为观测值。GIMs 数据的时间分辨率为 2h。每幅 GIMs 数据给出了纬度为 87.5°N~87.5°S，间距为 2.5°；经度为 180°E~180°W，间距为 5°网格点的垂直 TEC 值。JPL 的垂直 TEC 计算采用太阳-地磁参考坐标系和三次样条插值，卡尔曼滤波技术用来同时求解仪器的测量误差和网格点 TEC。CODE 的垂直 TEC 计算采用太阳-地磁参考坐标系和球谐函数展开，所有卫星和地面接收站的仪器测量误差同时估算，并且认为在一天内不变。

首先，计算出每一天所有网格点处的 TEC 残差（误差的均方差）和有效电离因子 A_z 的全球分布，结果分别如第 3 章的图 3-4 和图 3-3 所示。由图 3-3 和图 3-4 可见，电离层 TEC 残差在磁低纬地区较大，最大值甚至超过 15TECU。这可能是由于：①低纬电离层复杂的动力学和电动力学过程；②GIM 和 NeQuick 建模所用数据在低纬地区的覆盖不足；③低纬地区 TEC 实验数据的精度较差。A_z 指数的极大值出现在南北两极，并且远大于当天的 $F_{10.7}$ 观测值。这可能是由于 NeQuick 模型本身没有考虑极区高能粒子沉降在大约 120km 高度处产生的电离密度增强。

然后，将所有网格点前一天的 A_z 指数计算结果进行修正倾角纬度的二次多项式拟合，得到 3 个系数 α_0、α_1 和 α_2。计算出所有的 A_z 指数，用来驱动 NeQuick 模型，得到 Galileo 系统电离层修正模型的 TEC 预测结果，并与当天的 GIMs 数据进行比较，统计电离层 TEC 残差的绝对值不超过 10 TECU 的累积概率（zi_{10}）。图10-8给出了测量数据来自CODE GIMs时，zi_{10}随时间的变化序列。当测量数据来自JPL时，zi_{10}随时间的变化趋势与它基本相似，只是幅值略小。zi_{10}的时序变化包含多种时间尺度，如年变化、半年变化和太阳活动周变化。由图10-8可以发现：①总体说来，Galileo系统电离层修正模型能较好地提供全球TEC的预测。zi_{10}通常不小于60%，平均值接近85%。② Galileo系统电离层修正模型的精度也随太阳活动而变化，在太阳活动低年较好。在2007年至2010年，90%左右的TEC误差绝对值均小于10 TECU。

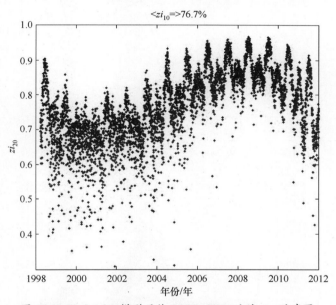

图10-8 NeQuick2模型吸收CODE GIMs后的zi_{10}时序图

Galileo系统电离层修正模型的精度分析计算结果也表明，在我国卫星导航系统的开发设计中需要考虑如下问题。

（1）对电离层经验模型本身的改进，尤其是在赤道和高纬地区。例如，我们考虑了NeQuick模型吸收某些电离层特征参数的实测值，如F_2层的临界频率f_oF_2和传播因子M3000，然后与采用标准输入$F_{10.7}$的结果进行了对比。图10-9给出了NeQuick模型采用太阳活动输入以及吸收测高仪数据后的百分比误差。由图10-9可见，吸收测高仪数据后，NeQuick模型的计算结果更接近真实值：偏差在零上下的波动更小，误差均方差和百分比误差都更接近于0。

（2）对A_z指数建模过程的改进。由于Galileo系统电离层修正模型A_z指数的建模过程采用修正的磁倾角参数，由它的定义可知它仅随磁倾角和地理纬度而变化，而它随地理经度的变化被忽略。图10-10给出了2003年4月12日，所有

网格点处 A_z 指数随修正的地磁倾角的变化，其中圆点为计算得到的 A_z 指数值。

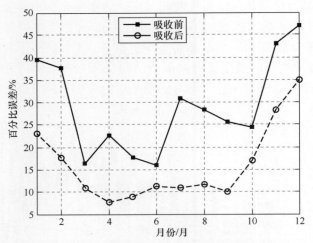

图 10-9　北京站 2002 年，TEC 百分比误差随月份的变化

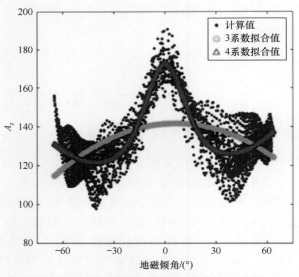

图 10-10　A_z 指数随修正的地磁倾角的变化（见彩插）

可见，对于某一个固定的地磁倾角来说，A_z 指数也有一定的变化范围。例如，在 40°N 附近时 A_z 变化范围可以达到 50，而经过拟合后仅用一个固定的 A_z 指数（圆点）表征它势必会引入较大误差。另外，采用二次多项式拟合 A_z

指数（绿色曲线）随修正磁倾角的变化，在磁赤道附近的误差较大。事实上，A_z 指数随修正磁倾角的变化更多地呈现出类 W 形曲线。尝试在 A_z 指数建模过程中增加一项，即

$$A_z = \alpha_0 + \alpha_1 \mu + \alpha_2 \mu^2 + \alpha_3 \mu^{-2} \tag{10-11}$$

在图 10-10 中，采用四系数的拟合结果用红色曲线给出，可见，它能更好地呈现 A_z 的变化趋势，尤其是赤道异常区的峰值更加显著。表 10-3 给出了 zi_{10} 均值以及对应的改进。

表 10-3　zi_{10} 均值以及对应的改进

zi_{10} 均值	3 系数拟合/%	4 系数拟合/%	改进/%
当天	87.56	89.03	1.47
提前 1 天	86.46	87.80	1.34
提前 1~3 天	86.08	87.42	1.34
提前 1~5 天	85.66	86.98	1.32

可见，在增加第 4 个系数后，模型预测全球 TEC 的能力得到进一步提高，平均改进约为 1.37%。改进并不显著的原因可能是 NeQuick 模型本身不能准确地描述赤道电离层的周日变化，导致 Galileo 系统电离层修正模型的精度也有一个周日变化。因此，在驱动因子 A_z 的建模过程中，需要考虑采用新的多项式函数来包含这种周日变化的影响。

（3）一些其他考虑。例如，实际应用中某些观测站的数据可能会缺失，导致可用的观测数据在全球范围内覆盖不均匀等问题。当某一观测站数据缺失时，通常采用更早时间的历史数据来代替。因此，对 1998 年至 2012 年的观测数据分别用过去 1~3 天、1~5 天的数据来进行 TEC 预测，并和利用前 1 天数据的计算结果进行对比。研究结果发现，提前 1 天、1~3 天和 1~5 天预报的结果中，有近 13.5%、13.9% 和 14.3% 的垂直 TEC 误差超过了 10TECU。如果单独采用提前 3 天或提前 5 天的历史数据来进行预测，模型的精度可能会进一步降低。因此，在电离层修正模型中如果需要采用历史数据，提前的时间不宜超过 5 天。

10.3.2.2　小尺度电离层不规则体的影响

当电离层中存在小尺度电离层不规则体时，穿越它传播的导航卫星信号的传播路径和时间均发生变化。在接收机处发生干涉，其接收到的信号幅度和相位等会产生快速、随机起伏，这种现象称为电离层闪烁。理论研究表明，极端情况下，这种误差接近折射效应误差。电离层闪烁对导航卫星信号的影响如下。

（1）电离层闪烁对接收信号强度的影响。电离层闪烁将引起穿越其中的卫星导航接收信号的快速起伏，使信号载噪比快速抖动，幅值下降，产生深度衰落与畸变。例如，振幅闪烁会导致 GPS 接收信号强度从 50dB/Hz 下降到 40dB/Hz，甚至更低，信号幅度衰落可达 13~20dB，严重情况下还会发生卫星导航信号跟踪的中断。电离层闪烁造成的信号中断持续时间较长，达 5min 左右。

（2）电离层闪烁对测量精度的影响。卫星导航接收机伪距测量精度与接收信号的载噪比密切相关：随闪烁强度的增加，信号载噪比起伏变大，接收机环路跟踪误差增大。无电离层闪烁时，GPS 接收机接收的信号载噪比一般为 45~50dB/Hz。对于高精度测量接收机而言，码伪距测量精度可优于 20cm。强闪烁情况下，接收机接收的卫星信号载噪比将下降到 30~35dB/Hz，接收机的伪距测量精度将降至米级。当闪烁进一步增强，接收信号的载噪比降至更低值时，接收机处于失锁的临界状态，其输出的伪距具有很大的不确定性，单频用户定位误差可达到几百米甚至上千米的量级，定位结果已不可信。

（3）电离层闪烁对载波周跳的影响。电离层闪烁造成卫星导航信号载噪比降低，必然影响载波环路的测量精度。发生闪烁期间，载波周跳的发生次数也大幅增加。2001 年春季，我国南方区域 GPS 观测数据的统计分析表明，电离层闪烁发生时，1h 内 GPS 接收机周跳次数最多可达 230 次左右，远大于电离层平静时（1h 内不超过 15 次）。

（4）电离层闪烁对电离层时间延迟修正的影响。与闪烁相关的电离层不规则体可造成局域电离层电子密度梯度，卫星信号经过不规则体所在区域时，增强的电子密度使得电离层斜延迟随观测仰角的升高没有减小，反而增大，造成电离层模型不能准确描述电离层斜延迟的变化，从而影响接收机硬件延迟的估计精度，进一步影响电离层网格模型的实现精度。

（5）电离层闪烁对 DOP 的影响。电离层闪烁可造成卫星跟踪中断，从而影响用户定位时可用的卫星数及可视卫星的空间分布。尤其是仰角较低的卫星，由于其载噪比较低，更容易受到电离层闪烁的影响。卫星跟踪中断往往引起较大的 DOP 突变，严重影响接收机的定位精度。

（6）电离层闪烁对用户定位性能的影响。电离层闪烁对卫星导航系统定位性能的上述影响是互相联系的，这些影响效应共同作用，造成了用户最终定位精度的降低。美国在《GPS 风险性评估》中将电离层闪烁和无线电干扰作为 GPS 系统完好性的两个主要威胁。

电离层闪烁对卫星导航系统的影响比较复杂，这种复杂性一方面表现在电离层闪烁造成卫星信号的衰减，影响接收机接收信号的强度，因此，将引起测量精度降低、空中可视卫星数减少等一系列影响，并最终影响用户定位精度；

另一方面,造成闪烁的电离层不规则结构将引起局域性的电子密度梯度变化,这种变化难以用电离层修正模型实现补偿,造成用户定位精度降低。针对电离层闪烁影响效应,国际上很多机构建立了区域或全球电离层闪烁经验模式,用于电离层闪烁的预报。NWRA(Northwest Research Associates, Inc.)根据全球电离层等离子体密度不规则结构的气候学特征以及穿越电离层的电波传播效应,提出了一种电离层闪烁模型 WBMOD(Wide Band Model)。通过结合实时电子密度不规则结构和电离层闪烁探测资料,可以比较准确地反映当前的电离层闪烁情况。文献[27]将此模型应用在 SCINDA(Scintillation Network Decision Aid)系统上,向通信和导航用户提供实时区域性电离层闪烁状况预报。基于多相屏理论(Mulitple Phase Screen)和 NeQuick 电子浓度经验模型,Béniguel 提出了一种全球电离层闪烁模式,即 GISM(Global Ionospheric Scintillation Model)电离层闪烁模式[229],并已经被 ITU-R 采用。目前,不少学者利用这些模式结果与区域电离层闪烁观测结果进行了对比分析,并对其提出了修正[230-231]。

10.4 电离层对雷达系统的影响

电离层对雷达信号的影响程度取决于电离层的结构与变化、地磁场特性、信号特性以及相对关系。美国核防部门(Defense Nuclear Agency)1976 年发射的卫星 P76-5 所做的宽带实验为此提供了大量数据,众多研究者对之进行了有效分析,获得了一些初步结论。基于弱散射的传播理论不再适用,电离层导致的信号闪烁主要取决于大尺度结构,可以用等效相屏(Phase Screen)建模。在 P 波段信号的相关带宽只有 11.5MHz 左右。电波穿透电离层的过程中发生色散效应,同时受到电离层内不规则体导致的随机散射的影响,电波的描述参数发生变化,如电波路径偏移、波形展宽、幅度衰减、极化面旋转、频率分量间相关性减弱。

电离层对雷达的影响主要体现在以下几个方面。

10.4.1 路径偏移

电离层对雷达脉冲的影响之一是路径偏移。电离层折射系数为

$$n = \sqrt{1 - \frac{\omega_p^2}{\omega^2}} = \sqrt{1 - 80.56\frac{N}{f^2}} \qquad (10\text{-}12)$$

式中:$\omega_p = \sqrt{\frac{Ne^2}{\varepsilon_0 m}}$ 为等离子体频率,e 为电子电荷,m 为电子质量,ε_0 为真空

电介常数，N 为电子密度。

考虑球面分层大气结构，则电波在穿过电离层后，到达地面时的路径偏移量为

$$\Delta r = \frac{80.56 \text{TEC}}{f^2} \quad (10\text{-}13)$$

式中：TEC 为全路径中单位面积内电子总数；f 为信号频率。

取 $\text{TEC} = 10^{17}/\text{m}^2$，$f = 200\text{MHz}$，则偏移约为 200m。图 10-11 所示为雷达电离层路径延迟随入射角的变化，其中实线为 TEC = 70 TECU 时的情况，细虚线为 TEC = 20 TECU 时的情况，粗虚线为两者差值。由于电离层的状态变化和卫星的运动，TEC 的变化可能导致偏移量的较大幅度变化。

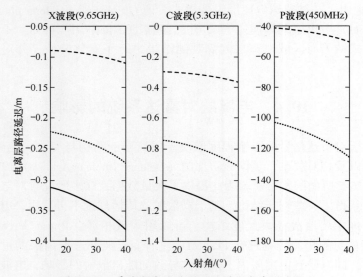

图 10-11 雷达电离层路径延迟随入射角的变化

10.4.2 波束展宽

由于电离层的影响，信号中高频分量的路径偏移量小于低频分量，则点目标的空间扩展量为

$$\Delta \rho = \Delta r_c \left[\frac{1}{(1 - B/2F_c)^2} - \frac{1}{(1 + B/2f_c)^2} \right] \quad (10\text{-}14)$$

式中：Δr_c 为中心频率 f_c 的路径偏移。

取 $\text{TEC} = 10^{17}/\text{m}^2$，$f_c = 200\text{MHz}$，$B = 30\text{MHz}$，则空间扩展量约为 60m，显然对星载雷达的距离向分辨力造成严重的破坏。

考虑球状大气分层结构，设雷达波束宽度为 β，则经电离层折射后，信号单频分量的波束角将减小，电离层起到聚焦作用。其减小量为

$$\frac{\Delta\beta}{\beta} \approx 80.56\frac{\text{TEC}}{f_c^2}\frac{1}{\cos(\alpha+\gamma)} \qquad (10\text{-}15)$$

式中：H 为电离层中心的高度；α 为目标与雷达对地心的夹角；γ 为雷达视角，则 $\alpha+\gamma$ 为波束进入电离层时的入射角。

电离层对单频波束的聚焦作用微弱，可以忽略不计。考虑带宽为 B 的信号，则因色散造成波束展宽，当 $2Bf_c>\beta\tan(\alpha+\gamma)$ 时，色散波束的展宽作用超过了电离层折射对单频波束聚焦的作用。这一条件一般情况下总能被满足，从而整个波束角在经过电离层后总是增大，如图 10-12 所示。

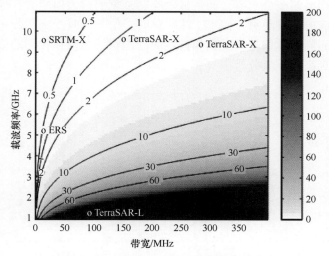

图 10-12　电离层引起的波束展宽效应

10.4.3　脉冲展宽

由于高频分量传播速度大于低频分量的传播速度，信号的脉冲宽度增大，当电波为窄带信号时，其平均到达时间取决于载波的群速度，而高阶色散项和随机散射的作用将影响雷达的距离向分辨率。研究表明，调频信号对色散效应有一定的抑制作用，但当色散与散射并存时会对雷达的分辨力产生影响。

10.4.4　法拉第旋转效应

在地磁场的作用下，电离层表现为各向异性的媒质，具有本征极化模式。进入电离层后，非本征极化的信号发生磁离子分裂，也称双折射现象，分裂为两

个本征极化分量。由于各本征极化间的相位关系变化,合成信号的极化状态不断变化。当电波传播方向与地磁场方向夹角不同时,具有不同的本征极化模式。

(1) 电波传播方向与地磁场方向平行时,线极化波将分解为等幅、反向旋转的圆极化波。因其相速不同,造成极化面在电离层内以传播方向为轴旋转,称为极化旋转现象或法拉第效应。

(2) 电波传播方向与地磁场方向垂直时,线极化波分裂为两个线极化波,其中之一的传播与地磁场不存在时的情况完全相同,称为寻常波;另一路与地磁场有关,称为非常波。

(3) 当传播方向与地磁场为任意夹角时,一般情况下,寻常波与非常波为椭圆极化,因折射率不同,在电离层内以不同相速沿着各自路径前进。大信号带宽可以得到高距离分辨率,而色散效应随带宽的增大而增强,因而,存在最佳带宽和相应的最佳距离分辨率。线极化时,信号同时受到相位色散和极化色散的影响,而圆极化信号只受到相位色散的影响,所以在相同的带宽下,圆极化可以实现更高的距离分辨率(图10-13)。

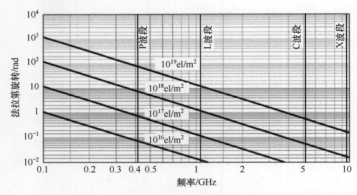

图 10-13 不同频率下的电离层法拉第旋转效应

表 10-4 给出了 100MHz~30GHz 的 6 个不同载频上的最佳带宽,以及线极化和圆极化下对应的最佳距离分辨率。

表 10-4 色散效应下的最佳带宽和最佳距离分辨率

载频/MHz	100	300	1000	3000	10000	30000
最佳带宽/MHz	3	15	95	500	3000	15000
最佳距离分辨率(线极化)	270	30	4.2	0.75	0.13	0.03
最佳距离分辨率(圆极化)	120	25.5	4.0	0.75	0.13	0.03

第10章 电离层对信息系统的影响及应用研究   271

由表10-4可知，星载P波段雷达应采用本征极化模式。否则，极化SAR在其影响下难以准确测量目标的极化散射矩阵，而在非极化SAR中会造成分辨率和接收功率的降低。计算表明，对线极化信号，法拉第旋转效应在波长大于30cm时作用显著，即在P波段法拉第效应将十分明显，采用圆极化和较小的视角可以减小法拉第旋转的影响。

10.4.5 电离层闪烁效应

电离层闪烁指当电磁波在电离层内传播中，因电离层内电子密度的不规则而引发的快速变化，包括相位、幅度、极化、到达时间、到达角度的变化。闪烁的起因非常复杂，包括湍流运动、电离动态平衡以及辐射源的随机变化。电离层闪烁在从10MHz到6GHz的频段上都有发生，多在P波段，在赤道区域可能发生L波段的闪烁，特殊情况下有C波段的闪烁发生。引发闪烁的电离层不规则体尺度从几米到几百千米不等，起主要作用的是F层，厚度为100~500km，所在高度为200~700km。一般情况下，电离层TEC的相对变化在10%之内，变化剧烈时可能达到70%。研究认为，可以将电离层等效为厚200km，底层面距地300km的层面。电离层闪烁对星载雷达的性能会造成严重破坏，工作在P波段的星载雷达必须考虑电离层的影响。

合成孔径处理的基础是脉冲间良好的相干性，而星载雷达由于受到电离层闪烁的影响，L波段的最大相关脉冲序列宽度为1~2s，在P波段可能小到0.15s，这对雷达的参数设计与数据处理提出了进一步的要求。

10.5 电离层对星载合成孔径雷达的影响

10.5.1 星载合成孔径雷达简介

星载合成孔径雷达（SAR）具有全天候、全天时、高分辨率成像的能力，已发展成为一种重要的对地观测手段。特别是工作在L、C和X波段的星载SAR系统，已经获得了较高的经济和社会效益。不同波段的无线电信号对于不同的目标有不同的散射特性，星载SAR的波段选择应与地物目标的特征和尺度相匹配，P波段（400~900MHz）的无线电信号对植被和土壤有很强的穿透能力。因此，无论在军事侦察领域还是在民用的资源勘查、环境测量和自然灾害监测等领域中，P波段星载SAR系统都具有广泛的应用前景，多个国家都在实施星载P波段SAR的研制计划。例如，欧盟正在实施名为BIOMASS的星载SAR卫星研制计划。

10.5.2 电离层对星载合成孔径雷达的影响分析

早在 20 世纪五六十年代，电离层对星载 SAR 性能的影响问题已经引起人们关注。一些早期的星载 SAR 计划中（如 NASA、欧空局等）都包含了电离层对星载 SAR 性能影响的研究项目。随着星载 SAR 技术的发展，特别是各种新体制的出现，电离层对星载 SAR 的影响研究不断升温，设计工作频段向低频段（VHF、UHF）发展。电离层对星载 SAR 的影响效应主要分为两类，一类是背景电离层造成的折射、色散和法拉第旋转等效应；另一类是电离层中的小尺度不规则结构（电离层电子密度的随机波动或扰动）引起的信号强度、相位和到达角的随机起伏，即电离层闪烁效应。背景电离层的影响效应与信号路径上的 TEC 相关，TEC 可以通过星载 SAR 信号直接测量，或利用外部系统数据获得（如利用 GPS-TEC 测量），也可以利用电离层模型计算得到。

在 VHF 和 UHF 频段，当信号穿越电离层时，经常会发生闪烁现象。从对太平洋测试场内的 ALTAIR 雷达（工作频率为 156MHz 和 415MHz）的测量中就发现有严重的闪烁产生。甚至当频率高到 C 波段时，偶尔也能观察到强闪烁事件。因为即使接收信号的微小起伏变化也会降低雷达系统的性能，所以对于 P 波段星载 SAR 系统而言，必须考虑电离层闪烁的影响。

对于 P 波段星载 SAR 来说，小尺度的电离层不规则结构（电离层闪烁）将在方位向造成随机的相位误差，从而使得合成孔径内的相位相干性减弱，使方位向点扩展函数的主瓣宽度增大，从而降低方位向分辨率。

仿真不同强度的电离层闪烁指数对 P 波段星载 SAR 的成像影响，选取的系统参数和电离层参数如表 10-5 所列。

表 10-5 系统参数和电离层参数

卫星高度/km	600
系统频率/MHz	500
星载 SAR 视角/（°）	25
IRF 采样间隔/m	0.5
电离层等效高度/km	350
TEC/TECU	20

图 10-14 所示为理想情况下方位向合成增益仿真结果。由仿真结果可知，当无电离层影响时，星载 SAR 的方位向分辨率为天线在方位向上尺度的一半，为 6 米（天线的方位向尺度取 12m）。

第 10 章 电离层对信息系统的影响及应用研究 273

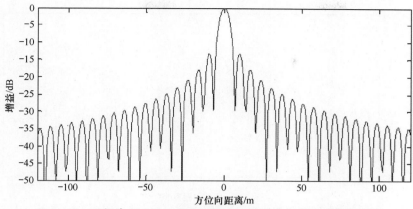

图 10-14 理想情况下（无电离层影响）方位向合成增益仿真结果

图 10-15 所示为无电离层闪烁情况下（S_4 取 0.03）方位向合成增益仿真结果。由仿真结果可知，当无闪烁影响时，冲激响应函数的形状与理想情况下相似，方位向分辨率仍为 6m。

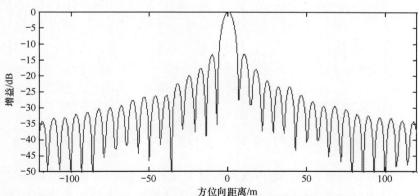

图 10-15 无电离层闪烁情况下（S_4 取 0.03）方位向合成增益仿真结果

图 10-16 所示为弱电离层闪烁情况下（S_4 取 0.1）方位向合成增益仿真结果。与理想情况相比，冲激响应函数出现明显扰动，主瓣宽度变大，副瓣增益增大，此时的方位向分辨率约为 8m。

图 10-17 所示为中等强度电离层闪烁情况下（S_4 取 0.3）方位向合成增益仿真结果。由仿真结果可知，当发生中等强度的电离层闪烁时，冲激响应函数出现严重扰动，主瓣发生移动，且增益降低；副瓣增益增大至主瓣增益水平。

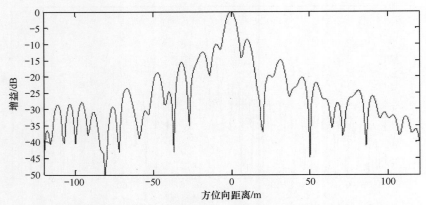

图 10-16 弱电离层闪烁情况下（S_4 取 0.1）方位向合成增益仿真结果

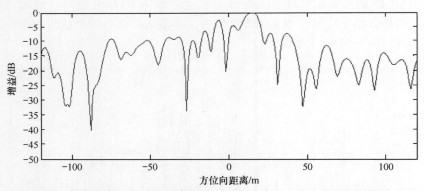

图 10-17 中等强度电离层闪烁情况下（S_4 取 0.3）方位向合成增益仿真结果

大量的仿真结果表明，电离层闪烁对 P 波段星载 SAR 系统的影响较为严重，当 S_4 大于 0.1 时便会使方位向分辨率、峰值旁瓣比和积分旁瓣比等指标下降，影响系统工作；当 S_4 大于 0.3 时，冲激响应函数出现严重扰动，可能使得系统无法直接成像。

10.5.3 电离层对星载合成孔径雷达干涉测量的影响

1. 合成孔径雷达干涉测量原理

合成孔径雷达干涉测量（Interferometric Synthetic Aperture Radar，InSAR）是一种新型的遥感技术，在地形测绘、地表形变研究等领域得到了十分广泛的应用。与传统技术相比，该技术具有空间分辨率高、全天时、全天候、低成本等优势。

InSAR 测量模式主要有两种：一种是双天线单轨（Singl Pass）模式，主要用来生成数字高程模型，一般用于机载 SAR；另一种是重复轨道干涉（Repeat Pass）模式，主要用于获取地表变形，一般用于星载 SAR。重复轨道干涉既可以用来测量地面高程，又可以监测地表形变。监测形变需要卫星飞行多次采集数据，所采用的技术称为差分干涉测量。

1) InSAR 测高原理

InSAR 成像几何图如图 10-18 所示。假设卫星以一定的时间间隔和轨道偏离（通常为几十米到 1km 左右）重复对某一区域成像，并在两次飞行过程中处于不同的空间位置 S_1 和 S_2，则空间干涉基线向量为 **B**，长度为 B；基线向量 **B** 与水平方向的夹角为基线倾角 α，S_1 和 S_2 至地面点 P 的斜距分别为 R 和 $R+\Delta R$；将基线沿视线方向分解，得到与视线方向平行和垂直的分量 $\boldsymbol{B}_{/\!/}$ 和 $\boldsymbol{B}_\perp$；H 为 S_1 到参考面的高度。

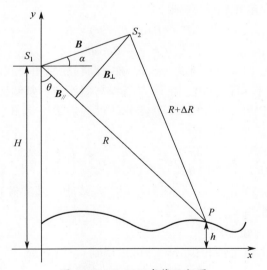

图 10-18　InSAR 成像几何图

从 S_1 发射波长为 λ 的信号经目标点 P 反射后，被 S_1 接收，得到测量相位 φ_1，即

$$\varphi_1 = \frac{4\pi R}{\lambda} + n_1 \tag{10-16}$$

而从另一点 S_2 上测量到的相位 φ_2 为

$$\varphi_2 = \frac{4\pi}{\lambda}(R + \Delta R) + n_2 \tag{10-17}$$

式中：n_1 和 n_2 为随机相位。

S_1 和 S_2 关于目标 P 点的相位差为

$$\varphi = \varphi_1 - \varphi_2 = -\frac{4\pi}{\lambda}\Delta R + (n_1 - n_2) \tag{10-18}$$

假设两幅图中随机相位相等，则相位差为

$$\varphi = \varphi_1 - \varphi_2 = -\frac{4\pi}{\lambda}\Delta R \tag{10-19}$$

式中：φ 为干涉相位。

根据图 10-18 中的几何关系，可得

$$\cos[(90° - \theta) + \alpha] = \frac{(R + \Delta R)^2 - R^2 - B^2}{2RB} \tag{10-20}$$

忽略 $(\Delta R)^2$ 和 $R \gg B$，得到

$$\Delta R \approx B\sin(\theta - \alpha) = B_{//} \tag{10-21}$$
$$h = H - R\cos\theta \tag{10-22}$$

式（10-21）和式（10-22）即为 InSAR 确定高程的原理公式。

从式（10-22）可以看出，目标点高程与斜距 R、基线距 B、基线倾角 α、参考点的高程 H 以及干涉相 φ 位等参数的误差有关，因此，高程测量的精度可以表示为

$$\sigma_h^2 = \left(\frac{\partial h}{\partial R}\right)^2\sigma_R^2 + \left(\frac{\partial h}{\partial B}\right)^2\sigma_B^2 + \left(\frac{\partial h}{\partial \alpha}\right)^2\sigma_\alpha^2 + \left(\frac{\partial h}{\partial H}\right)^2\sigma_H^2 + \left(\frac{\partial h}{\partial \varphi}\right)^2\sigma_\varphi^2 \tag{10-23}$$

式中：σ_R、σ_B、σ_α、σ_H、σ_φ 分别为斜距、基线距、基线倾角、参考点高程和干涉相位的测量精度。

2）D-InSAR 测量原理

从物理角度上将干涉相位分解，可以得到

$$\varphi = (\varphi_{\text{flat}} + \varphi_{\text{topo}} + \varphi_{\text{def}}) + (\varphi_{\text{orb}} + \varphi_{\text{atm}} + \varphi_{\text{noi}}) \tag{10-24}$$

式中：φ_{flat} 为平地效应引起的相位；φ_{topo} 为地形引起的相位；φ_{orb} 为轨道引起的相位；φ_{atm} 为对流层和电离层引起的相位；φ_{noi} 为噪声引起的相位；φ_{def} 为需要得到的形变信息。

根据地形相位 φ_{topo} 的消除方式，差分干涉分为二轨法、三轨法和四轨法。二轨法使用两幅 SAR 图像以及外部 DEM 数据来消除地形相位。与重复轨道干涉测量不同的是，二轨法干涉相位包含的地形相位是要消除的，消除的过程即是差分的过程；而重复轨道干涉测量的地形相位作为有用信息保留了下来。三

轨法使用三幅 SAR 图像，一主两副。图像 1 和图像 2 一般时间间隔较短，以保证两次成像期间地表几乎没有变化，形成的第一幅干涉图可认为只含有地形产生的干涉相位，可用来消除地形信息。然后对图像 1 和图像 3 进行干涉处理，生成包含地形相位以及形变信息的第二幅干涉图，后者与前者的差分即为形变信息。四轨法使用四幅 SAR 图像，两主两副。第一幅干涉图与三轨法相同，由图像 1 和图像 2 生成，不同的是第二幅干涉图用图像 3 和图像 4 生成，与第一幅干涉图差分处理即可得到形变信息。

下面以二轨差分干涉法为例，从几何角度解释差分干涉的原理。如图 10-19 所示，假设地面点目标两次成像期间位置由 P 点运动到了 P' 点。

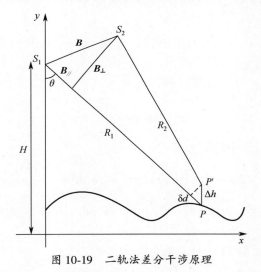

图 10-19 二轨法差分干涉原理

如果地面点未发生变化，由式（10-19）可知，S_1 和 S_2 关于目标 P 点的相位差 φ_0 可以表示为

$$\varphi_0 = -\frac{4\pi}{\lambda}\Delta R_0 = -\frac{4\pi}{\lambda}B_{//} \tag{10-25}$$

当 P 点位置发生变化时，斜距之差为

$$\Delta R = \Delta R_0 + \delta d = B_{//} + \delta d \tag{10-26}$$

实际的干涉相位为

$$\varphi = -\frac{4\pi}{\lambda}\Delta R = -\frac{4\pi}{\lambda}(B_{//} + \delta d) \tag{10-27}$$

为了得到形变信息，需要去除平地效应，根据数字高程模型、轨道数据和雷达系统参数得到地形相位 φ_0，然后可以得到形变相位 $\Delta\varphi$，即

$$\Delta\varphi = \varphi - \varphi_0 = -\frac{4\pi}{\lambda}\delta d \qquad (10\text{-}28)$$

而形变量为

$$\Delta h = \frac{\delta d}{\cos\theta} = -\frac{\lambda \Delta\varphi}{4\pi\cos\theta} \qquad (10\text{-}29)$$

2. 电离层对干涉测量的影响

根据磁粒子理论，在考虑碰撞和地磁场的情况下，电离层中的折射指数由 Appleton-Hartree 公式给出，即

$$n = \sqrt{1 - \frac{e^2}{4\pi^2 m \varepsilon_0}\frac{n_e}{f^2}} = \sqrt{1 - \frac{f_c^2}{f^2}} \qquad (10\text{-}30)$$

式中：e 为电子电量；m 为电子质量；ε_0 为自由空间介电常数；n_e 为电子密度；f 为载波频率；f_c 为截止频率。

由式（10-30）可以得到群速度，为

$$v_g = cn = c\sqrt{1 - \frac{f_c^2}{f^2}} \qquad (10\text{-}31)$$

所以，电离层带来的附加延迟为

$$\Delta R = \int_s (n-1)\mathrm{d}l \approx \frac{A}{f^2}\int_s n_e \mathrm{d}l = \frac{A \cdot \mathrm{TEC}_s}{f^2} \qquad (10\text{-}32)$$

式中：s 为传播路径；A 为常数，等于 40.28 m³/s²；TEC_s 为传播路径上的电子总含量。

垂直 TEC 与倾斜 TEC 的关系为

$$\mathrm{TEC}_S = \mathrm{TEC}_V \cdot \mathrm{SF} \qquad (10\text{-}33)$$

$$\mathrm{SF} = \left[1 - \left(\frac{R_E \sin\theta}{R_E + H_m}\right)^2\right]^{-\frac{1}{2}} \qquad (10\text{-}34)$$

式中：R_E 为地球半径；H_m 为电离层高度；θ 为信号入射角。

电离层的折射使电磁波相位传播速度（相速度）加快，产生相位超前。考虑到 SAR 信号的双程传播，电离层造成的相位变化为

$$\Delta\varphi = -\frac{4\pi}{\lambda}\Delta R = -\frac{4\pi}{c}\frac{A}{f}\mathrm{TEC}_S \qquad (10\text{-}35)$$

由式（10-35）可知，相位超前量与 TEC 成正比，与载波频率成反比。图 10-20 给出了工作频率分别为 P、L、C 和 X 波段的几种典型系统（BIO-MASS，435MHz；ALOS-PALSAR，1.27GHz；Sentinel-1，5.405GHz；Terra-SAR-X，9.65GHz）信号相位受电离层影响的结果。

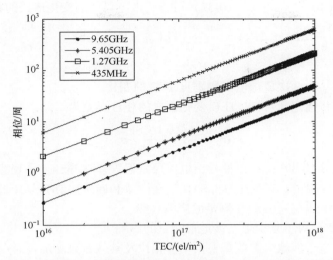

图 10-20 4 个频率 1TECU 变化引起的电离层相位延迟（1 TECU 引起的总延迟在 P 频段（435 MHz）为 6.18 周期，L 频段（1.27 GHz）为 2.12 周期，C 频段（5.405 GHz）为 0.50 周期，X 频段（9.65 GHz）为 0.28 周期）

由结果可知，1 TECU 造成的相位变化 $\Delta\varphi$ 分别为 $6.18 \cdot 2\pi$、$2.12 \cdot 2\pi$、$0.5 \cdot 2\pi$ 和 $0.28 \cdot 2\pi$。

1）电离层对干涉相位的影响

考虑到电离层的影响，SAR 的回波信号相位可以表示为

$$\begin{cases} \varphi_1 = \dfrac{4\pi}{\lambda}(R_1 + \Delta R_1) \\ \varphi_2 = \dfrac{4\pi}{\lambda}(R_2 + \Delta R_2) \end{cases} \tag{10-36}$$

式中：R_1 和 R_2 为 SAR 到地面的距离；ΔR_1 和 ΔR_2 为电离层附加延迟；λ 为波长。

由 InSAR 测量原理可知，干涉相位可以表示为

$$\varphi = \varphi_1 - \varphi_2 = \frac{4\pi}{\lambda}(R_1 - R_2) + \frac{4\pi}{\lambda}(\Delta R_1 - \Delta R_2) \tag{10-37}$$

式中：右边第一项为卫星至地面目标之间的几何距离差引起的相位项；第二项为电离层对雷达波传播造成的延迟差引起的相位项。

如果电离层状态在两次成像时完全一致，则电离层延迟项为零，干涉相位仅包含表面地形与形变信息；而事实上，电离层是时时刻刻变化的。所以，我们必须深入研究它们对干涉测量的影响。

由式（10-32）和式（10-37）可得，由电离层的变化造成的相位差为

$$\Delta\varphi = \frac{4\pi}{\lambda}(\Delta R_1 - \Delta R_2) = \frac{4\pi}{\lambda}\frac{A}{f^2}(\text{TEC}_{V1} - \text{TEC}_{V2})\text{SF} = \frac{4\pi A \cdot \text{SF}}{cf}\Delta\text{TEC}_V$$

(10-38)

式中：ΔTEC_V 为两次成像电离层垂直 TEC 的变化。

由误差传播定律可知，TEC 变化造成的相位误差为

$$\sigma_\varphi = \frac{4\sqrt{2}\pi A \cdot \text{SF}}{cf}\sigma_{\text{TEC}_V}$$

(10-39)

利用式（10-39），可以推导出电离层延迟误差对 InSAR 高程测量、二轨法 D-InSAR 形变测量、三轨法 D-InSAR 形变测量和四轨法 D-InSAR 形变测量的关系式，讨论电离层对 InSAR 测量的影响规律。

2）电离层对重复轨道干涉地形测量的影响

重复轨道干涉地形测绘是根据干涉相位及其他参数确定表面点的高程。根据 SAR 干涉原理，高程与干涉相位的关系可以表达为

$$h = \frac{\lambda R \sin\theta}{4\pi B_\perp}\varphi_{\text{topo}}$$

(10-40)

式中，$B_\perp$ 为基线 B 在视线方向的垂直分量，也称为有效基线。

由式（10-39）和式（10-40）可以得到电离层延迟产生的高程误差为

$$\sigma_h = \frac{\sqrt{2}AR \cdot \text{SF} \cdot \sin\theta}{f^2 B_\perp}\sigma_{\text{TEC}_V}$$

(10-41)

典型系统中，电离层延迟产生的高程误差结果如图 10-21 所示。

3）电离层对二轨法测量形变的影响

二轨法测量形变中，视线向形变为

$$\Delta d = \frac{\lambda}{4\pi}(\varphi - \varphi_{\text{DEM}})$$

(10-42)

式中：Δd 为视线向形变；φ 为干涉相位；φ_{DEM} 为由 DEM 生成的相位。

假设 DEM 没有误差，利用式（10-39）和式（10-42）可以得到电离层延迟对二轨法 D-InSAR 形变测量的影响，即

$$\sigma_{\Delta d} = \frac{\sqrt{2}A \cdot \text{SF}}{f^2}\sigma_{\text{TEC}_V}$$

(10-43)

图 10-22 给出了典型系统中电离层造成的形变测量误差，其中垂直基线为 200m。

第10章 电离层对信息系统的影响及应用研究

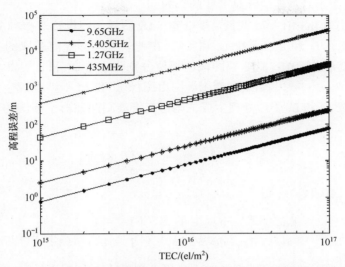

图 10-21 电离层延迟产生的高程误差结果 [由 1 TECU 引起的高度误差在 P 波段（435MHz）上为 3800.89m，在 L 波段（1.27GHz）上为 445.92m，在 C 波段（5.405GHz）上为 24.62m，在 X 波段（9.65GHz）上为 7.72m。这些值假定垂直基线长度为 200m]

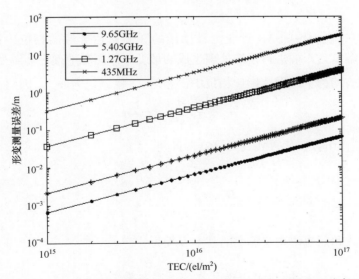

图 10-22 电离层造成的形变测量误差 [1 TECU 引起的形变误差在 P 波段（435MHz）为 3.24m，在 L 波段（1.27 GHz）为 0.38m，在 C 波段（5.405GHz）为 0.02 m，在 X 波段（9.65GHz）为 0.007m。这些值假定垂直基线长度为 200m]

4）电离层对三轨法测量形变的影响

三轨法 D-InSAR 形变测量需要 3 幅 SAR 图像。假设这 3 幅独立的 SAR 图像分别为 L_0、L_1 和 L_2，其中 L_0 和 L_2 是在地表发生形变前获取的，L_1 是在地表发生形变后获取的。这 3 幅图像的相位分别为 φ_0、φ_1 和 φ_2，相位测量误差分别为 σ_0、σ_1 和 σ_2。如果形变干涉图由图像 L_0 和 L_1 干涉处理生成，地形干涉图由图像 L_0 和 L_2 干涉处理生成，则形变干涉图和地形干涉图的相位可以表示为

$$\begin{cases} \varphi'_{\text{flat}} = \varphi_0 - \varphi_1 \\ \varphi_{\text{flat}} = \varphi_0 - \varphi_2 \end{cases} \tag{10-44}$$

由式（10-44）得到

$$\mathrm{d}\boldsymbol{\varphi} = \begin{bmatrix} \mathrm{d}\varphi'_{\text{flat}} \\ \mathrm{d}\varphi_{\text{flat}} \end{bmatrix} = \begin{bmatrix} \mathrm{d}\varphi_0 - \mathrm{d}\varphi_1 \\ \mathrm{d}\varphi_0 - \mathrm{d}\varphi_2 \end{bmatrix} = \begin{bmatrix} 1 & -1 & 0 \\ 1 & 0 & -1 \end{bmatrix} \begin{bmatrix} \mathrm{d}\varphi_0 \\ \mathrm{d}\varphi_1 \\ \mathrm{d}\varphi_2 \end{bmatrix} \tag{10-45}$$

由式（10-45）可以推出三轨法差分干涉测量相位的协方差矩阵，即

$$\boldsymbol{D}_{\varphi\varphi} = \begin{bmatrix} 1 & -1 & 0 \\ 1 & 0 & -1 \end{bmatrix} \begin{bmatrix} \sigma_0^2 & 0 & 0 \\ 0 & \sigma_1^2 & 0 \\ 0 & 0 & \sigma_2^2 \end{bmatrix} \begin{bmatrix} 1 & 1 \\ -1 & 0 \\ 1 & -1 \end{bmatrix} = \begin{bmatrix} \sigma_0^2 + \sigma_1^2 & \sigma_0^2 \\ \sigma_0^2 & \sigma_0^2 + \sigma_2^2 \end{bmatrix} \tag{10-46}$$

假设三轨法 D-InSAR 形变测量使用的 3 幅雷达影像的相位中误差相同，则由这 3 幅雷达影像进行干涉处理生成的形变干涉图和地形干涉图的相位中误差也相同，均为单幅雷达影像相位中误差的 $\sqrt{2}$ 倍，记为 σ_φ。因此，有

$$\sigma_0 = \sigma_1 = \sigma_2 = \frac{1}{\sqrt{2}} \sigma_\varphi \tag{10-47}$$

将式（10-47）代入式（10-46），得到

$$\boldsymbol{D}_{\varphi\varphi} = \begin{bmatrix} \sigma_\varphi^2 & \frac{1}{2}\sigma_\varphi^2 \\ \frac{1}{2}\sigma_\varphi^2 & \sigma_\varphi^2 \end{bmatrix} \tag{10-48}$$

三轨法和四轨法测量形变的基本方程为

$$\Delta d = \frac{\lambda}{4\pi} (\varphi_1 - \frac{B_\perp^1}{B_\perp^2} \varphi_2) \tag{10-49}$$

式中：Δd 为形变量；φ_1 为去平地效应后含有形变和地形信息的干涉相位；φ_2 为去平地效应后含有地形信息的干涉相位；$B_\perp^1$ 和 $B_\perp^2$ 分别为地形干涉对和形变

干涉对的有效基线。

由式（10-49）和协方差传播定律得到

$$\sigma^2_{\Delta d} = \frac{\lambda}{4\pi}\left[1 - \frac{B'_\perp}{B_\perp}\right] D_{\varphi\varphi} \frac{\lambda}{4\pi}\left[1 - \frac{B'_\perp}{B_\perp}\right]^T \quad (10\text{-}50)$$

将式（10-48）代入式（10-49），可得如下相位误差对三轨法形变测量影响的近似关系式：

$$\sigma_{\Delta d} = \frac{\lambda}{4\pi}\sqrt{1 - \frac{B^1_\perp}{B^2_\perp} + \left(\frac{B^1_\perp}{B^2_\perp}\right)^2}\, \sigma_\varphi \quad (10\text{-}51)$$

由式（10-39）和式（10-51），可以得到电离层对三轨法形变测量的误差公式，即

$$\sigma_{\Delta d} = \frac{\sqrt{2} A \cdot \mathrm{SF} \cdot \sqrt{1 - \frac{B^1_\perp}{B^2_\perp} + \left(\frac{B^1_\perp}{B^2_\perp}\right)^2}}{f^2}\sigma_{\mathrm{TEC_V}} \quad (10\text{-}52)$$

图 10-23 给出了典型系统中电离层造成的三轨法形变测量误差，其中垂直基线为 200m。

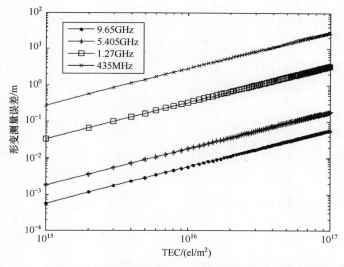

图 10-23　电离层造成的三轨法形变测量误差［1 TECU 引起的变形误差在 P 波段（435MHz）为 2.81m，在 L 波段（1.27GHz）为 0.33m，在 C 波段（5.405GHz）为 0.02m，在 X 波段（9.65GHz）为 0.006m。这些值假设垂直基线长度为 200m］

5）电离层对四轨法测量形变的影响

对于四轨法 D-InSAR 形变测量来说,需要对形变前两幅图像进行干涉处理,生成仅含有地形信息的地形干涉图;对形变发生前和发生后的两幅图像进行干涉处理,生成含有地形和形变信息的形变干涉图。假设发生形变前获得的 3 幅独立图像分别为 L_1、L_2 和 L_3,地表发生形变后独立获取的图像为 L_4,其相位分别为 φ_1、φ_2、φ_3 和 φ_4,相位测量误差分别为 σ_1、σ_2、σ_3 和 σ_4。如果形变干涉图由图像 L_1 和 L_4 干涉处理生成,地形干涉图由图像 L_2 和 L_3 干涉处理生成,则形变干涉图和地形干涉图的相位可以表示为

$$\begin{cases} \varphi'_{\text{flat}} = \varphi_1 - \varphi_4 \\ \varphi_{\text{flat}} = \varphi_2 - \varphi_3 \end{cases} \tag{10-53}$$

由式(10-53)可得到

$$\mathrm{d}\boldsymbol{\varphi} = \begin{bmatrix} \mathrm{d}\varphi'_{\text{flat}} \\ \mathrm{d}\varphi_{\text{flat}} \end{bmatrix} = \begin{bmatrix} \mathrm{d}\varphi_1 - \mathrm{d}\varphi_4 \\ \mathrm{d}\varphi_2 - \mathrm{d}\varphi_3 \end{bmatrix} = \begin{bmatrix} 1 & 0 & 0 & -1 \\ 0 & 1 & -1 & 0 \end{bmatrix} \begin{bmatrix} \mathrm{d}\varphi_1 \\ \mathrm{d}\varphi_2 \\ \mathrm{d}\varphi_3 \\ \mathrm{d}\varphi_4 \end{bmatrix} \tag{10-54}$$

由式(10-54)可以得到四轨法差分干涉测量的相位协方差矩阵,即

$$\boldsymbol{D}_{\varphi\varphi} = \begin{bmatrix} 1 & 0 & 0 & -1 \\ 0 & 1 & -1 & 0 \end{bmatrix} \begin{bmatrix} \sigma_0^2 & 0 & 0 & 0 \\ 0 & \sigma_1^2 & 0 & 0 \\ 0 & 0 & \sigma_2^2 & 0 \\ 0 & 0 & 0 & \sigma_2^2 \end{bmatrix} \begin{bmatrix} 1 & 0 \\ 0 & 1 \\ 0 & -1 \\ -1 & 0 \end{bmatrix} = \begin{bmatrix} \sigma_1^2 + \sigma_4^2 & 0 \\ 0 & \sigma_2^2 + \sigma_3^2 \end{bmatrix}$$

$$\tag{10-55}$$

假设四轨法 D-InSAR 形变测量使用的 4 幅影像的相位误差相同,则由这 4 幅雷达影像进行干涉处理生成的形变干涉图和地形干涉图的相位中误差也相同,均为单幅雷达影像相位中误差的 $\sqrt{2}$ 倍,记为 σ_φ。因此,有

$$\sigma_1 = \sigma_2 = \sigma_3 = \sigma_4 = \frac{1}{\sqrt{2}} \sigma_\varphi \tag{10-56}$$

将式(10-56)代入式(10-55),得到

$$\boldsymbol{D}_{\varphi\varphi} = \begin{bmatrix} \sigma_\varphi^2 & 0 \\ 0 & \sigma_\varphi^2 \end{bmatrix} \tag{10-57}$$

由式(10-49)和式(10-57),可得

$$\sigma_{\Delta d} = \frac{\lambda}{4\pi} \sqrt{1 + \left[\left(\frac{B_\perp^1}{B_\perp^2}\right)\right]^2} \sigma_\varphi \quad (10\text{-}58)$$

由式（10-39）和式（10-58）得到

$$\sigma_{\Delta d} = \frac{\sqrt{2} A \cdot \text{SF} \cdot \sqrt{1 + \left[\left(\frac{B_\perp'}{B_\perp}\right)\right]^2}}{f^2} \sigma_{\text{TEC}_V} \quad (10\text{-}59)$$

图 10-24 给出了典型系统中电离层造成的四轨法形变测量误差，其中垂直基线为 200m。

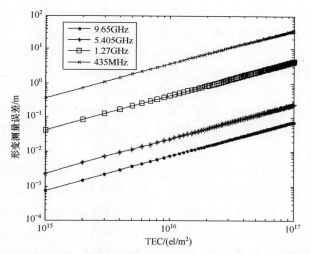

图 10-24 电离层造成的四轨法变形测量误差 [1 TECU 引起的变形误差在 P 波段（435MHz）为 3.63m，在 L 波段（1.27GHz）为 0.43m，在 C 波段（5.405GHz）为 0.02m，在 X 波段（9.65GHz）为 0.007m。这些值假设垂直基线长度为 200m]

本 章 小 结

本章介绍了电离层对信息系统的影响效应，包括电离层对卫星通信系统、卫星导航系统、雷达系统与星载 SAR 的影响。

对于通常采用 VHF 频段或以上频率信号的卫星通信系统来说，电离层的主要影响来自引起信号快速随机起伏的电离层闪烁效应。电离层闪烁会导致信道的信噪比下降，误码率上升，严重时使卫星通信中断。卫星通信链路发生电离层闪烁的概率和强度与卫星通信链路位置、工作频率、时间、太阳活动水平、季节等有关。

电离层对卫星导航系统的影响主要来自大尺度背景电离层结构和小尺度电离层扰动。前者引起卫星导航信号传播时间延迟，其大小与信号频率和信号传播路径电子密度的积分（电离层 TEC）有关。后者引起信号的幅度、相位等产生快速、随机起伏，即电离层闪烁。电离层引起的信号传播时间延迟一般可采用广播电离层延迟修正算法来解算，所需参数由卫星导航电文给出。电离层闪烁一方面造成卫星导航信号幅度的衰落，可影响接收机接收信号的强度，造成测量精度降低、空中可视卫星数减少等，并最终影响用户定位精度；另一方面造成闪烁的电离层不规则体将引起局域性的电子密度梯度变化，这种变化难以用电离层延迟修正模型实现补偿，造成用户定位精度降低。

电离层对雷达信号的影响程度取决于电离层的结构与变化、地磁场特性、信号特性以及相对关系。雷达信号穿透电离层的过程中，发生色散效应，同时受到电离层内不规则体导致的随机散射的影响，电波的描述参数发生变化，如电波路径偏移、波形展宽、幅度衰减、极化面旋转、频率分量间相关性减弱。电离层对雷达的影响主要体现在路径偏移、波束展宽、脉冲展宽、法拉第旋转效应和闪烁效应等。

电离层对星载 SAR 的影响效应主要分为两类：一类是背景电离层造成的折射、色散和法拉第旋转等效应；另一类是电离层中的小尺度不规则体引起的信号强度、相位和到达角的随机起伏，即电离层闪烁效应。背景电离层的影响效应与信号路径上的 TEC 相关，而 TEC 可以通过 SAR 信号直接测量，或利用外部系统数据获得（如利用 GPS-TEC 测量），也可以利用电离层模型计算得到。小尺度的电离层不规则体（电离层闪烁）将在方位向造成随机的相位误差，从而使得合成孔径内的相位相干性减弱，使方位向点扩展函数的主瓣宽度增大，从而降低了 SAR 的方位向分辨率。

参 考 文 献

[1] Afraimovich E L, Astafyeva E I, Oinats A V. Global electron content: A new conception to track solar activity [J]. Annales Geophysicae, 2008, 26 (2): 763-769.
[2] 熊年禄, 唐存琛, 李行健. 电离层物理概论 [M]. 武汉: 武汉大学出版社, 1997.
[3] Hobiger T. VLBI as a tool to probe the ionosphere [D]. Vienna: Vienna University of Technology, 2005.
[4] Davies K. Ionospheric radio [M]. London: Peter Peregrinus, 1990.
[5] Kelley M C. The earth's ionosphere: Plasma physics & electrodynamics [M]. San Diego: Academic Press Inc., 1989.
[6] 邹玉华. GPS 地面台网和掩星观测结合的时变三维电离层层析 [D]. 武汉: 武汉大学, 2004.
[7] 肖锐. 两次超级磁暴期间电离层响应的时变 3-D 电离层层析研究 [D]. 武汉: 武汉大学, 2013.
[8] 霍星亮. 基于 GNSS 的电离层形态监测与延迟模型研究 [J]. 武汉: 中国科学院测量与地球物理研究所, 2008.
[9] 赵必强. 中低纬电离层年度异常与暴时特性研究 [D]. 武汉: 中国科学院研究生院 (武汉物理与数学研究所), 2006.
[10] Tyagi T R. Determination of total electron content from differential Doppler records [J]. Atmos. Sol. -Terr. Phys., 1974 (36): 1157-1164.
[11] Leitinger R, Schmidt G, Tauriainen A. An evaluation method combining the differential Doppler measurements from two stations that enables the calculation of the electron content of the ionosphere [J]. Geophys., 1975 (41): 201-213.
[12] Schaer S. Mapping and predicting the earth's ionosphere using the global positioning system [J]. Geod. -Geophys. Arb. Schweiz, 1999 (59): 59.
[13] Limberger M. Ionosphere modeling from GPS radio occultations and complementary data based on B-splines [D]. Germany: Technische University München, 2015.
[14] Alizadeh M M. Multi-dimensional modeling of the ionospheric parameters using space geodetic techniques [D]. Austria: Vienna University of Technology, 2013.
[15] Booker H G. Turbulence in the ionosphere with applications to meteor-trails, radio-star scintillation, auroral radar echoes and other phenomena [J], Geophys. Res., 1956 (61): 673-705.
[16] 王国军. 低纬 (海南) 地区电离层不规则体观测特性研究 [D]. 北京: 中国科学院空间科学与应用研究中心, 2007.
[17] 王铮. 低纬度地区电离层结构和不规则体特性研究 [D]. 北京: 中国科学院空间科学与应用研究中心, 2015.
[18] Zhu Z, Lan J, Luo W, et al. Statistical characteristics of ionogram spread-F and satellite traces over a Chinese low-latitude station Sanya [J]. Advances in Space Research, 2015, 56 (9): 1911-1921.
[19] Huang C Y, Burke W J, Machuzak J S, et al. Equatorial plasma bubbles observed by DMSP satellites dur-

ing a full solar cycle: Toward a global climatology [J]. Geophys. Res., 2002, 107 (A12): 1434.

[20] Burke W J, Gentile L C, Huang C Y, et al. Longitudinal variability of equatorial plasma bubbles observed by DMSP and ROCSAT-1 [J]. Geophys. Res., 2004, 109 (A12) 301, doi: 10.1029/2004JA010583.

[21] Fremouw E J, Leadabrand R L, Livingston R C, et al. Early results from the DNA wideband satellite experiment-complex signal scintillation [J]. Radio Science, 1978, 13 (1): 167-187.

[22] Banerjee P K, Dabas R S, Reddy B M. C and L band transionospheric scintillation experiment: Some results for applications to satellite radio systems [J]. Radio Science, 1992, 27 (6): 955-969, DOI: 10.1029/92RS01307.

[23] Aarons J. Global morphology of ionospheric scintillation [J]. Proc. IEEE, 1982, 70: 360-378.

[24] Yeh K C, Liu C H. Radio wave scintillations in the ionosphere [J]. Proceedings of the IEEE, 1982, 70 (4): 324-360.

[25] Booker H G, Ferguson J A, Vats H O. Comparison between the extended-medium and the phase-screen scintillation theories [J]. Journal of Atmospheric Terrestrial Physics, 1985, 47 (4): 381-399.

[26] Caton R G, McNeil W J, Groves K M, et al. GPS proxy model for real-time UHF satellite communications scintillation maps from the Scintillation Network Decision Aid (SCINDA) [J]. Radio Science, 2004, 39, RS1S22, doi: 10.1029/ 2002RS002821.

[27] Groves K M, Basu S, Weber E J, et al. Equatorial scintillation and systems support [J]. Radio Science, 1997, 32 (5): 2047-2064.

[28] Yue X, Pedatella N, Schreiner W S, et al. Characterizing GPS radio occultation loss of lock due to ionospheric weather [J]. Space Weather, 2016, 14: 285-299, doi: 10.1002/2015SW001340.

[29] Van Dierendonck, et al. Ionospheric scintillation monitoring using commercial single frequency C/A code receivers [J]. Proceedings of the 6th International Technical Meeting of the Satellite Division of The Institute of Navigation (ION GPS 1993), Salt Lake City, UT, September 1993: 1333-1342.

[30] Pi X, Mannucci A J, Lindqwister U J, et al. Monitoring of global ionospheric irregularities using the worldwide GPS network [J]. Geophysical Research Letters, 1997, 24 (18): 2283-2286.

[31] Brahmanandam P S, Uma G, Liu J Y, et al. Global S4 index variations observed using FORMOSAT-3/COSMIC GPS RO technique during a solar minimum year [J]. Journal of Geophysical Research, 2012, 117, A09322, DOI: 10.1029/ 2012JA017966.

[32] Dymond K F. Global observations of L band scintillation at solar minimum made by COSMIC [J]. Radio Science, 2012, 47, RS0L18: doi: 10.1029/2011RS004931.

[33] Carter B A, Zhang K, Norman R, et al. On the occurrence of equatorial F-region irregularities during solar minimum using radio occultation measurements [J]. Journal of Geophysical Research: Space Physics, 2013, 118: 892-904, doi: 10.1002/jgra.50089.

[34] Arras C, Jacobi C, Wickert J. Semidiurnal tidal signature in sporadic E occurrence rates derived from GPS radio occultation measurements at higher midlatitudes [J]. Annales Geophysicae, 2009, 27: 2555-2563.

[35] Fytterer T, Arras C, Jacobi C. Terdiurnal signatures in sporadic E layers at midlatitudes [J]. Advances in Radio Science, 2013, 11: 333-339, doi: 10.5194/ars-11-333-2013.

[36] Chu Y H, Wang C Y, Wu K H, et al. Morphology of sporadic E layer retrieved from COSMIC GPS radio occultation measurements: Wind shear theory examination [J]. Geophys. Res. Space Physics, 2014, 119: 2117-2136, doi: 10.1002/ 2013JA019437.

[37] Austen J R, Franke S J, Liu C H, et al. Application of computerized tomography techniques to ionospheric

research [C]. International Beacon Satellite Symposium on Radio Beacon Contribution to the Study of Ionization and Dynamics of the Ionosphere and to Corrections to Geodesy and Technical Workshop, 1986: 25-35.

[38] Sutton E, Na H. Comparison of geometries for ionospheric tomography [J]. Radio Sci., 1995, 30 (1), 115-125, doi: 10.1029/94RS02314.

[39] 欧明, 张红波, 刘钝, 等. 基于全球卫星导航系统的电离层CT技术及其潜在应用 [C]//第二届中国卫星导航学术年会电子文集, 2011: 1032-1037.

[40] Kunitsyn V E, Tereshchenko E D. Ionospheric tomography [M]. New York: Springer, 2003.

[41] 闻德保. 基于GPS的电离层CT算法及其应用研究 [D]. 武汉: 中科院测量与地球物理研究所, 2007.

[42] Howe B. 4-D simulations of ionospheric tomography [C]//Proceedings of the Institute of Navigation National Technical Meeting, 1997, 1: 269-278.

[43] Liu Z. Ionospheric tomographic modeling and applications using global positioning system (GPS) measurements [D]. Calgary: The University of Calgary, 2004.

[44] Sutton E, Na H. Orthogonal decomposition framework for ionospheric tomography algorithms [J]. Int. J. Imaging Syst. Technol., 1994, 5: 106-111.

[45] 吴雄斌. 低纬电离层CT实验与算法 [D]. 武汉: 武汉大学, 1999.

[46] Na H, Sutton E. Resolution analysis of ionospheric tomography systems [J]. Int. J. Imaging Syst. Technol., 1994, 5: 169-173.

[47] Raymund T D, Austen J R, Franke S J, et al. Application of computerized tomography to the investigation of ionospheric structures [J]. Radio Sci., 1990, 25 (5): 771-789.

[48] Fremouw E J, Secan J A, Howe B M. Application of stochastic inverse theory to ionospheric tomography [J]. Radio Sci., 1992, 27 (5): 721-732.

[49] Nygren T, Markkanen M, Lehtinen M, et al. Stochastic inversion in ionospheric radio tomography [J]. Radio Science, 1997, 32 (6): 2359-2372.

[50] 闻德保. 基于GNSS的电离层层析算法及其应用 [M]. 北京: 测绘出版社, 2013.

[51] 欧明, 甄卫民, 於晓, 等. 一种基于截断奇异值分解正则化的电离层CT算法 [J]. 电波科学学报, 2014, 29 (2): 345-352.

[52] Mitchell C N, Spencer P S. A three-dimensional time-dependent algorithm for ionosphere imaging using GPS [J]. Ann. Geophys., 2003, 46 (4): 687-696.

[53] Buresova D, Nava B, Galkin I, et al. Data ingestion and assimilation in ionospheric models [J]. Annals of Geophysics, 2009, 52 (3-4): 235-253.

[54] 陈宝林. 最优化理论与算法 [M]. 北京: 清华大学出版社, 1989.

[55] Komjathy A, Langley R B, Bilitza D. Ingesting GPS-derived TEC data into the international reference ionosphere for single frequency radar altimeter ionospheric delay corrections [J]. Adv. Space Res., 1998, 22: 793-801.

[56] Nava B, Coisson P, Amarante G M, et al. A model assisted ionospheric electron density reconstruction method based on vertical TEC data ingestion [J]. Ann. Geophys., 2005, 48 (2): 321-326.

[57] Nava B, Radicella S M, Leitinger R, et al. A near-real-time model-assisted ionosphere electron density retrieval method [J]. Radio Sci., 2006, 41, RS6S16, doi: 10.1029/2005RS003386.

[58] Nava B, Radicella S M, Azpilicueta F. Data ingestion into NeQuick 2 [J]. Radio Sci., 2011, 46,

RS0D17, doi: 10.1029/2010RS004635

[59] Olwendo J, Cesaroni C. Validation of NeQuick2 model over the Kenyan region through data ingestion and the model application in ionospheric studies [J]. JASTP, 2016, 145: 143-153.

[60] Klobuchar J A. Ionospheric time-delay algorithm for single frequency GPS users [J]. Aerosp Electron Syst IEEE Trans, 1987, 3: 325-331.

[61] Brunini C, Azpilicueta F, Gende M, Camilion E, et al. Ground- and space-based GPS data ingestion into the NeQuick model [J]. J Geod., 2011, 85: 931-939, doi: 10.1007/s00190-011-0452-4.

[62] Talagrand O. Assimilation of observations, an introduction [J]. Journal of the Meteorological Society of Japan, 1997, 75 (1): 191-209.

[63] 乐新安. 中低纬度电离层模拟与数据同化研究 [D]. 北京: 中国科学院地质与地球物理研究所, 2008.

[64] 黄珹, 郭鹏, 洪振杰, 等. GAIM电离层同化方法进展 [J]. 天文学进展, 2007, 25 (3): 236-248.

[65] 邹晓蕾. 资料同化——理论和应用 [M]. 北京: 气象出版社, 2009.

[66] 王跃山. 数据同化——它的缘起、含义和主要方法 [J]. 海洋预报, 1999, 16 (1): 11-20.

[67] Bust G S, Garner T W, Gaussiran T L. Ionospheric data assimilation three-dimensional (IDA3D): A global, multisensor, electron density specification algorithm [J]. Journal of Geophysical Research Atmospheres, 2004, 109 (A11): 379-401.

[68] Angling M J, Cannon P S. Assimilation of radio occultation measurements into background ionospheric models [J]. Radio Science, 2004, 39 (1): 1-8.

[69] Yue X, William S S, Yu C L, et al. Data assimilation retrieval of electron density profiles from radio occultation measurement [J]. J. Geophys. Res., 2011, 116, A03317, doi: 10.1029/2010JA015980.

[70] Schunk R W, et al. Global assimilation of ionospheric measurements (GAIM) [J]. Radio Sci., 2004, 39, RS1S02, doi: 10.1029/2002RS002794.

[71] 马建文. 数据同化算法研究与实验 [M]. 北京: 科学出版社, 2013.

[72] 秦思娴. 陆面数据同化中的智能算法研发与实验 [D]. 北京: 中国科学院大学, 2013.

[73] Talagrand O, Courtier P. Variational assimilation of meteorological observations with the adjoint vorticity equation. I: theory [J]. Quarterly Journal of the Royal Meteorological Society, 1987, 113 (478): 1311-1328.

[74] 丁金才. GPS气象学及其应用 [M]. 北京: 气象出版社, 2009.

[75] Evensen G. Data assimilation: The ensemble Kalman filter [M], New York: Springer-Verlag, 2009.

[76] 章红平. 基于地基GPS的中国区域电离层监测与延迟改正研究 [D]. 上海: 中国科学院上海天文台, 2006.

[77] 章红平, 平劲松, 朱文耀, 等. 电离层延迟改正模型综述 [J]. 天文学进展, 2006, 24 (1): 16-26.

[78] Radicella S M, Leitinger R. The evolution of the DGR approach to model electron density profiles [J]. Advances in Space Research, 2001, 27 (1): 35-40.

[79] Giovanni G, et al. An analytical model of the electron density profile in the ionosphere [J]. Advances in Space Research, 1990, 10 (11): 27-30.

[80] Radicella S M, Zhang M L. The improved DGR analytical model of electron density height profile and total electron content in the ionosphere [J]. Annals of Geophysics, 1995, 38 (1): 35-41.

[81] Nava B, Coisson P, Radicella S M. A new version of the NeQuick ionosphere electron density model [J].

Journal of Atmospheric and Solar-Terrestrial Physics, 2008, 70 (15): 1856-1862.

[82] Coisson P, Radicella S M, Leitinger R, et al. Topside electron density in IRI and NeQuick: Features and limitations [J]. Advances in Space Research, 2006, 37 (5): 937-942.

[83] Leitinger R, Zhang M L, Radicella S M. An improved bottomside for the ionospheric electron density model NeQuick [J]. Annals of Geophysics, 2005, 48 (3): 525-534.

[84] Arbesser-Rastburg B. The Galileo single frequency ionospheric correction algorithm [C]. Proceedings of the 3rd European Space Weather Week, 2006.

[85] Radicella S M, Nava B, Coisson P. Ionospheric models for GNSS single frequency range delay corrections [J]. Física de la Tierra, 2008, 20: 27-39.

[86] Aragón-ángel A, Orús R, Amarillo F, et al. Preliminary NeQuick assessment for future single frequency users of Galileo [C]. Proceedings of the 6th Geomatic Week, 2005.

[87] Bourdillon A, Zolesi B, Cander L R. COST 296 action results for space weather ionospheric monitoring and modelling [J]. Advances in Space Research, 2010, 45 (9): 1173-1177.

[88] Buresova D, Nava B, Galkin I, et al. Data ingestion and assimilation in ionospheric models [J]. Annals of Geophysics, 2009, 52 (3-4): 235-253.

[89] Bidaine B, Lonchay M, Warnant R. Galileo single frequency ionospheric correction: Performances in terms of position [J]. GPS solutions, 2013.

[90] Schaer S, Beutler G, Rothacher M, et al. Daily global ionosphere maps based on GPS carrier phase date routinely produced by the Code Analysis Center [C]// Proceedings of the IGS AC Workshop, 1996: 181-192.

[91] Iijima B A, Harris I L, Ho C M, et al. Automated daily process for global ionospheric total electron content maps and satellite ocean altimeter ionospheric calibration based on Global Positioning System data [J]. Journal of Atmospheric and Solar-Terrestrial Physics, 1999, 61 (16): 1205-1218.

[92] Mannucci A J, Wilson B D, Yuan D N, et al. A global mapping technique for GPS-derived ionospheric total electron content measurements [J]. Radio Science, 1998, 33 (3): 565-582.

[93] Yue X, Schreiner W S, Kuo Y H, et al. GNSS radio occultation (RO) derived electron density quality in high latitude and polar region: NCAR-TIEGCM simulation and real data evaluation [J]. Journal of Atmospheric and Solar-Terrestrial Physics, 2013, 98: 39-49.

[94] 熊波, 万卫星, 宁百齐, 等. 基于北斗、GLONASS 和 GPS 系统的中低纬电离层特性联合探测 [J]. 地球物理学报, 2014, 57 (11): 3586-3599.

[95] Aarons J, Mendillo M, Yantosca R. GPS phase fluctuations in the equatoriral region during the MISETA 1994 campaign [J]. Geophys Res, 1996, 101: 26851-26862.

[96] Bhattacharyya A, Beach T L, Basu S, et al. Nighttime equatorial ionosphere: GPS scintillations and differential carrier phase fluctuations [J]. Radio Sci., 2000, 35 (1): 209-234.

[97] Nishioka M, Saito A, Tsugawa T. Occurrence characteristics of plasma bubble derived from global ground based GPS receiver networks [J]. Journal of Geophysical Research, 2008, 113: A05301.

[98] Beach T L, Kintner P M. Simultaneous Global Positioning System observation of equatorial scintillation and total electron fluctuations [J]. Geophys Res., 1999, 104 (A10): 22553-22565.

[99] Basu S, Groves K M, Quinn J M, et al. A comparison of TEC fluctuations and scintillations at Ascension Island [J]. Atmos. Sol. Terr. Phys, 1999, 61 (16): 1219-1226.

[100] 徐继生, 朱劼, 程光晖. 2004 年 11 月强磁暴期间武汉电离层 TEC 的响应和振幅闪烁特征的 GPS

观测[J]. 地球物理学报, 2006, 49 (4): 950-956.

[101] 尚社平, 史建魁, 张北辰, 等. 基于全球定位系统的东亚电离层不规则体特性[J] 电波科学学报, 2014, 29 (4): 627-633.

[102] 熊波, 万卫星, 刘立波, 等. 武汉地区电离层 TEC 和 NmF2 及板厚的季节变化[J]. 空间科学学报, 2007, 27 (2): 125-131.

[103] Huang L, Wang J, Jiang Y, et al. A study of GPS ionospheric scintillations observed at Shenzhen [J]. Adv. Space Res., 2014, 54: 2208-2217.

[104] 黄林峰. 东南亚电离层赤道异常半球不对称性及闪烁特征研究[D]. 南京: 南京信息工程大学, 2015.

[105] 胡连欢, 宁百齐, 李国主, 等. 暴时低纬电离层不规则体响应特征的多手段观测[J]. 地球物理学报, 2013, 56 (2): 365-373.

[106] 郦洪柯, 宁百齐, 李国主. 不同尺度低纬电离层不规则体漂移特性的观测研究[J]. 地球物理学进展, 2013, 28 (2), 545-553.

[107] 黄文耿, 陈艳红, 沈华, 等. 用 GPS 观测研究电离层 TEC 水平梯度[J]. 空间科学学报, 2009, 29 (2): 183-187.

[108] Yang S G, Fang H X, Niu J. A case study on effect of the magnetic storm of 20 November 2003 on GPS ionospheric scintillation at Vanimo station [J]. Adv. Space Res., 2015, 56: 1992-2000.

[109] 王国军, 史建魁, 程征伟, 等. 海南地区电离层等离子体泡的多仪器同时观测[J]. 电波科学学报, 2014, 29 (1): 66-71.

[110] Zhang Y, Wan W, Li G, et al. A comparative study of GPS ionospheric scintillations and ionogram spread F over Sanya [J]. Ann. Geophys, 2015, 33: 1421-1430.

[111] Li G, Ning B, Zhao B, et al. Characterizing the 10 November 2004 storm-time middle-latitude plasma bubble event in Southeast Asia using multi-instrument observations [J]. Journal of Geophysical Research, 2009, 114, A07304, doi: 10.1029/2009JA014057.

[112] Ko C P, Yeh, H C. COSMIC/FORMOSAT-3 observations of equatorial F region irregularities in the SAA longitude sector [J]. Journal of Geophysical Research: Space Physics, 2010, 115, A11309, doi: 10.1029/ 2010JA015618.

[113] Costa E, Kelley M C. Ionospheric scintillation calculations based on in situ irregularity spectra [J]. Radio Sci., 1977, 12: 797-809.

[114] Whalen J A. The linear dependence of GHz scintillation on electron density observed in the equatorial anomaly [J]. Ann. Geophys., 2009, 27: 1755-1761.

[115] Straus P R, Anderson P C, Danaher J E. GPS occultation sensor observations of ionospheric scintillation [J]. Geophys. Res. Lett. 2003, 30 (8): 1436.

[116] 王栖溪, 方涵先, 牛俊. 基于 COSMIC 资料分析电离层 F 层不规则体结构[J]. 地球物理学报, 2016, 59 (2): 419-425.

[117] 佴颢, 张东和, 郝永强, 等. 中国低纬度地区电离层闪烁效应模式化研究[J]. 地球物理学报, 2014, 57 (3): 691-702.

[118] 周彩霞, 吴振森, 甄卫民, 等. 昆明站电离层闪烁形态与海口站的对比分析[J]. 电波科学学报, 2009, 24 (5): 832-836.

[119] 尚社平, 史建魁, 甄卫民, 等. 赤道地区 L-波段电离层闪烁的形态特性[J]. 电波科学学报, 2006, 21 (3): 410-415.

[120] 李国主. 中国中低纬电离层闪烁监测、分析与应用研究 [D]. 北京：中国科学院地质与地球物理研究所，2007.

[121] 罗伟华，徐继生. 背景电离层半球不对称特征研究 [J]. 电波科学学报，2013，28（5）：920-925.

[122] 胡连欢，宁百齐，李国主. 海南地区电离层闪烁观测与 GISM 模式预测的比较分析 [J]. 空间科学学报，2007，27（5）：385-390.

[123] Gentile L C, Burke W J, Rich F J. A global climatology for equatorial plasma bubbles in the topside ionosphere [J]. Ann. Geophys., 2006, 24: 163-172.

[124] Kelley M C, Labelle J, Kudeki E, et al. The Condor equatorial spread F campaign: Overview and results of the large scale measurements [J]. Geophys. Res., 1986, 91: 5487-5503.

[125] Woodman R F, LaHoz C L. Radar observations of F region equatorial irregularities [J]. Geophys. Res., 1976, 81: 5447-5466.

[126] 陈仲生，马冠一. 宇宙噪声的电离层闪烁与电离层不规则结构的结构参数 [J]. 空间科学学报，1995，15（3）：196-206.

[127] 张红波，盛冬生，刘玉梅，等. 海口站电离层闪烁强度功率谱分析与建模应用 [J]. 空间科学学报，2016，36（2）：167-174.

[128] Kersley L, Chandra H. Power spectra of VHF intensity scintillation from F2 and E region ionospheric irregularities [J]. Atmos. Terr. Phys., 1984, 46: 667-672.

[129] Basu S, Whitneg H E. The temporal structure of intensity scintillation near the magnetic equator [J]. Radio Sci., 1983, 18: 263-271.

[130] Basu S. Equatorial scintillation: A review [J]. Atmos. Terr. Phys., 1981, 43（5）: 473-489.

[131] 雷源汉，张凌，马淑英，等. 武昌同步卫星振幅闪烁功率谱 [J]. 地球物理学报，1988，31：630-636.

[132] Wiens R H, Ledvina B M, Kintner P M, et al. Equatorial plasma bubbles in the ionosphere over Eritrea occurrence and drift speed [J]. Ann. Geophys., 2006, 24（5）: 1443-1453.

[133] 朱劼，徐继生. 武汉 GPS 台网观测的电离层不规则体结构漂移 [J]. 武汉大学学报，2007，53（5）：361-364.

[134] 陈艳红，黄文耿，龚建村，等. 海南地区电离层不规则体纬向漂移速度的观测和研究 [J]. 空间科学学报，2008，28（4）：295-300.

[135] 刘伟峰，黄江，邓柏昌，等. 基于 GPS 的广州地区电离层不规则体纬向漂移速度计算分析 [J]. 空间科学学报，2012，32（1）：48-54.

[136] 郦洪柯，宁百齐，李国主. 不同尺度低纬电离层不规则体漂移特性的观测研究 [J]. 地球物理学进展，2013，28（2）：545-553.

[137] Liu K, Li G, Ning B, et al. Statistical characteristics of low-latitude ionospheric scintillation over China [J]. Adv. Space Res., 2015, 55: 1356-1365.

[138] 龙其利. 新乡站电离层闪烁谱特征 [J]. 电波科学学报，1994，9（2）：60-64.

[139] Spatz D E, Franke S J, Yeh K C. Analysis and interpretation of spaced receivers scintillation data recordes at an equatorial station [J]. Radio Sci., 1988, 23（3）: 347-361.

[140] Bhattacharyya A, Rastogi R G. Amplitude scintillations during the early and late phase of evolution of irregularities in the nighttime equatorial ionosphere [J]. Radio Sci., 1985, 20（4）: 935-946.

[141] 甄卫民，龙其利，马建敏，等. 磁赤道异常区电离层 F 区不均匀体发展过程中的闪烁谱研究

[J]. 空间科学学报, 1995, 15 (2): 143-147.

[142] Basu S, Basu S, Aarons J, et al. On the co-existence of kilometer and meter-scale irregularities in the nighttime equatorial F-region [J]. Geophys. Res., 1978, 83 (A9): 4219-4226.

[143] 马淑英, 徐继生, 雷源汉, 等. 1986年2月强磁暴对中低纬VHF电波闪烁影响的初步分析 [J]. 地球物理学报, 1988, 31 (3): 241-248.

[144] 周彩霞. 中低纬电离层不规则体及闪烁特性研究 [D]. 西安: 西安电子科技大学, 2014.

[145] 陈仲生, 周勇. 电离层不规则结构的等效厚度和漂移速度对闪烁功率谱的影响 [J]. 空间科学学报, 1994, 14 (2): 109-115.

[146] 陈仲生, 周勇. 电离层不规则结构的等效厚度和漂移速度对闪烁功率谱的影响 [J]. 空间科学学报, 1994 (02): 109-115.

[147] 欧明, 甄卫民, 刘裔文, 等. 一种基于LEO卫星信标的电离层CT新算法 [J]. 地球物理学报, 2015, 58 (10): 3469-3480.

[148] Afraimovich E L, Pirog O M, Terekhov A I. Diagnostics of large-scale structures of the high-latitude ionosphere based on tomographic treatment of navigation- satellite signals and of data from ionospheric stations [J]. J. Atmos. Terr. Phys., 1992, 54 (10): 1265-1273.

[149] Nygren T, Markkanen M, Lehtinen M, et al. Stochastic inversion in ionospheric radio tomography [J]. Radio Science, 1997, 32 (6): 2359-2372.

[150] Ram S T, Yamamoto S M, Tsunoda R T, et al. On the application of differential phase measurements to study the zonal large scale wave structure (LSWS) in the ionospheric electron content [J]. Radio Sci., 2012, 47 (2): RS2001.

[151] 徐继生, 马淑英, 吴雄斌, 等. 一次中强磁暴期间低纬电离层响应的CT成像 [J]. 地球物理学报, 2000, 43 (2): 145-151.

[152] Huang C R, Liu C H, Yeh H C, et al. The low-latitude ionospheric tomography network (LITN)-initial results [J]. J. Atmos. Sol. -Terr. Phys., 1997, 59 (13): 1553-1567.

[153] Watthanasangmechai K, Yamamoto M, Saito A, et al. Latitudinal GRBR-TEC estimation in Southeast Asia region based on the two-station method [J]. Radio Sci., 2014, 49 (10): 910-920.

[154] Al-Fanek O J S. Ionospheric imaging for Canadian polar regions [D]. Calgary: University of Calgary, 2013.

[155] Raymund T D, Pryse S E, Kersley L, Heaton J A T. Tomographic reconstruction of ionospheric electron density with European incoherent scatter radar verification [J]. Radio Sci., 1993, 28: 811-817.

[156] Hernandez-Pajares M, Juan J M, Sanz J, et al. Global observation of the ionospheric electronic response to solar events using ground and LEO GPS data [J]. J. Geophys. Res., 1998, 103: 20−789, 796.

[157] Pryse S E, Kersley L, Mitchell C N, et al. A comparison of reconstruction techniques used in ionospheric tomography, Radio Sci., 1998, 33 (6): 1767-1779.

[158] Wen D B, Yuan Y B, Ou J K. Monitoring the three-dimensional ionospheric electron density distribution using GPS observations over China [J]. J. Earth Syst., 2007, 116 (3): 235-244.

[159] 闻德保, 吕慧珠, 张啸. 电离层层析重构的一种新算法 [J]. 地球物理学报, 2014, 57 (11): 3611-3616.

[160] 姚宜斌, 汤俊, 张良, 等. 电离层三维CT的自适应联合迭代重构算法 [J]. 地球物理学报, 2014, 57 (2): 345-353.

[161] Howe B M, Runciman K, Secan J A. Tomography of ionosphere: Four-dimensional simulations [J]. Ra-

dio Sci., 1998, 33 (1): 109-128.

[162] Mitchell C N, Cannon P S, Spencer P S. Multi-instrument data analysis system imaging of the ionosphere [J]. Report for the United States Air Force European Office of Aerospace Research and Development, 2002: 1-30.

[163] 欧明, 甄卫民, 於晓, 等. 一种基于截断奇异值分解正则化的电离层CT算法 [J]. 电波科学学报, 2014, 29 (2): 345-352.

[164] Hajj G A, Ibanezmeier R, Kursinski E R, et al. Imaging the ionosphere with the global positioning system [J]. Int. J. Imaging Syst. Technol., 1994, 5: 174-184.

[165] Rius A, Ruffini G, Cucurull L. Improving the vertical resolution of ionospheric tomography with GPS occultations [J]. Geophys. Res. Lett., 1997, 14 (18): 2291-2294.

[166] Dear R M, Mitchell C N. Ionospheric imaging at mid-latitudes using both GPS and ionosondes [J]. Journal of Atmospheric and Solar-Terrestrial Physics, 2007, 69 (7): 817-825.

[167] Ma X, Maruyama T, Ma G, et al. Three-dimensional ionospheric tomography using observation data of GPS ground receivers and ionosonde by neural network [J]. J. Geophys. Res., 2005, 110: doi 10.1029/2004JA010797.

[168] Yao Y, Tang J, Kong J, Zhang L, et al. Application of hybrid regularization method for tomographic reconstruction of mid-latitude ionospheric electron density [J]. Advances in Space Research, 2013, 52 (12): 2215-2225.

[169] Hansen P C. Truncated singular value decomposition solutions to discrete ill-posed problems with ill-determined numerical rank [J]. SIAM J. Sci. Stat. Comput., 1990, 11 (3): 503-518.

[170] 赵运超, 桂晓纯, 洪振杰, 等. 电离层TEC卡尔曼滤波成像研究 [C]. 2014年子午工程数据处理与科学分析专题研讨会, 2014.

[171] Zhao H S, Xu Z W, Wu J, et al. Ionospheric tomography by combining vertical and oblique sounding data with TEC retrieved from a tri-band beacon [J]. J. Geophys. Res., 2010, 115: A1303, doi: 10.1029/2010JA015285.

[172] Li H, Yuan Y, Li Z, et al. Ionospheric electron concentration imaging using combination of LEO satellite data with ground-based GPS observations over China [J]. IEEE Transactions on Geoscience and Remote Sensing, 2012, 50 (5): 1728-1734.

[173] Bilitza D. International Reference Ionosphere 2000 [J]. Radio Sci., 2001, 36 (2): 261-275.

[174] Bilitza D, Brown S A, Wang M Y, et al. Measurements and IRI model predictions during the recent solar minimum [J]. J. Atmos. Solar-Terr. Phys., 2012, 86: 99-106.

[175] Shubin V N. Global median model of the F2-layer peak height based on ionospheric radio-occultation and ground-based Digisonde observations [J]. Advances in Space Research, 2015, 56: 916-928.

[176] Zhizhin M, Kihn E, et al. Space physics interactive data resource—SPIDR [J]. Earth Sci Inform, 2008, 1: 79-91.

[177] 甄卫民, 曹冲. GPS广域增强系统的电离层限制 [J]. 电波与天线, 1997 (01): 7-14.

[178] 孙桦, 牛力丕. WAAS电离层延迟误差校正的网格算法 [J]. 弹箭与制导学报, 2001 (01): 63-67.

[179] 毛田, 万卫星, 孙凌峰. 用Kriging方法构建中纬度区域电离层TEC地图 [J]. 空间科学学报, 2007 (04): 279-285.

[180] Feess W A, Stephens S G. Evaluation of GPS ionospheric time delay model [J]. Aerosp Electron Syst

IEEE Trans 1987, 3: 332-338.

[181] Mannucci A J, Wilson B D, Edwards C D. Global maps of ionospheric total electron content using the IGS GPS network [A]. Abstract. EOS Trans., 1992, 73 (43Supp): 127-132.

[182] 万卫星, 宁百齐, 刘立波, 等. 中国电离层 TEC 现报系统 [J]. 地球物理学进展, 2007, 22 (4): 1040-1045.

[183] 欧明, 甄卫民, 徐继生, 等. 利用数据同化技术实现区域电离层 TEC 重构 [J]. 武汉大学学报 (信息科学版), 2017, 42 (8): 1075-1081.

[184] Bidaine B. Ionosphere modelling for Galileo single frequency users [J]. Belgium: University of Liege, 2012.

[185] Jakowski N, Hoque M, Mayer C. A new global TEC model for estimating transionospheric radio wave propagation errors [J]. J. Geod., 2012, 85: 965-974.

[186] Hoque M, Jakowski N. An alternative ionospheric correction model for global navigation satellite systems [J]. Journal of Geodesy, 2015, 89 (4): 391-406.

[187] Zhang X, Ma F, Ren X, et al. Evaluation of NTCM-BC and a proposed modification for single-frequency positioning [J]. GPS Solut., 2017. Doi: 10.1007/s10291-017-0631-8.

[188] Memarzadeh Y. Ionospheric modeling for precise GNSS applications [D]. Delft: Delft University of Technology (TU-Delft), 2009.

[189] 邱娜. 电离层对 CIR 和 CME 响应的统计分析 [D]. 北京: 中国科学院大学, 2015.

[190] Radicella S M. The NeQuick model genesis, uses and evolution [J]. Annals of Geophysics, 2009, 52, N. 3/4.

[191] Cander L J R. Towards forecasting and mapping ionospheric space weather under COST actions [J]. Adv. Space Res., 2003, 31 (4): 957-964.

[192] Buresova D, Nava B, Galkin I, et al. Data ingestion and assimilation in ionospheric models [J]. Annals of Geophysics, 2009, 52 (3-4): 235-253.

[193] Stankov S M, Stegen K, Muhtarov P, et al. Local ionospheric electron density profile reconstruction in real time from simultaneous ground-based GNSS and ionosonde measurements [J]. Advances in Space Research, 2011, 47: 1172-1180.

[194] Galkin I A, Reinisch B W, Huang X, et al. Assimilation of GIRO data into a real-time IRI [J]. Radio Sci., 2012, 47, RS0L07, doi: 10.1029/2011RS004952.

[195] Lee C C, Reinisch B W, Su S Y, et al. Quiet-time variations of F2-layer parameters at Jicamarca and comparison with IRI-2001 during solar minimum [J]. J. Atmos. Sol. Terr. Phys, 2008, 70: 184-192.

[196] Brent R P. Algorithms for minimization without derivatives [M]. NJ: Prentice-Hall, 1973.

[197] 郭兼善, 尚社平, 张满莲, 等. 空间天气探测数据的同化处理 [J]. 中国科学 A 辑, 2000, 30 (S1): 115-118.

[198] 乐新安, 万卫星, 刘立波, 等. 基于 Gauss-Markov 卡尔曼滤波的电离层数值同化现报预报系统的构建——以中国及周边地区为例的观测系统模拟试验 [D]. 地球物理学报, 2010, 53 (4): 787-795.

[199] Chartie A T. Ionospheric specification and forecasting [D]. Bath: University of Bath, 2013.

[200] Richmond A D, Kamide Y. Mapping electrodynamic features of the high-latitude ionosphere from localized observations: Technique [J]. J Geophys Res., 1988, 93: 5741-5759.

[201] Wang C, Hajj G, Pi X, et al. Development of the global assimilative ionospheric model [J]. Radio Sci.,

2004, 39: RS1S06. doi: 10. 1029 /2002RS002854.

[202] Scherliess L, Schunk R W, Sojka J J, et al. Utah state university global assimilation of ionospheric measurements Gauss-Markov Kalman filter model of the ionosphere: Model description and validation [J]. J. Geophys Res. , 2006, 111: A11315. doi: 10. 1029/ 2006JA011712.

[203] 牛俊, 方涵先, 李宁, 等. 电离层掩星反演的变分同化方法 [J]. 地球物理学进展, 2013, 28 (4): 1662-1665.

[204] 余涛. 利用单站电离层测高仪与 GPS 数据的同化反演试验 [J]//第28届中国气象学会年会——S15 电离层与电波相互作用、空间天气事件数值模拟 [C]. 中国气象学会, 2011: 53-60.

[205] 汤军, 姬生云, 王健, 等. 短波通信选频中的电离层同化短期预报方法 [J]. 电波科学学报, 2013, 28 (03): 498-504.

[206] Aa E, Liu S, Huang W, et al. Regional 3-D ionospheric electron density specification on the basis of data assimilation of ground-based GNSS and radio occultation data [J]. Space Weather, 2016, 14: 433-448.

[207] 欧明, 甄卫民, 徐继生, 等. 电离层多源数据同化方法研究 [J]. 电波科学学报, 2015, 30 (1): 147-152.

[208] Reinisch B W, Galkin I A. Global ionospheric radio observatory (GIRO) [J]. Earth Planets & Space, 2011, 63 (4), 377-381.

[209] Galkin I A, Reinisch B W, Huang X. Global ionosphere radio observatory [J]. AGU Fall Meeting. AGU Fall Meeting Abstracts, 2014.

[210] 高琴, 刘立波, 赵必强, 等. 东亚扇区中低纬地区电离层暴的统计分析 [J]. 地球物理学报, 2008 (03): 626-634.

[211] 鲁芳, 徐继生, 邹玉华. 电离层暴和行扰的 GPS 台网观测与分析 [J]. 武汉大学学报 (理学版), 2004, 50 (3), 365-369.

[212] 朱正平, 宁百齐, 万卫星, 等. 2006年4月13~17日西太平洋地区电离层暴时特性研究 [J]. 地球物理学报, 2007 (04): 957-968.

[213] Appleton E V, Ingram L J. Magnetic storm and upper-atmospheric ionization [J]. Nature, 1935, 136: 548-549.

[214] Tanaka, T. Severe ionospheric disturbance caused by the sudden response of evening subequatorial ionosphere to geomagnetic storms [J]. Geophys. Res. , 1981, 86: 11 -335, 349.

[215] Yeh K C, Ma S Y, Lin K H. Global ionospheric effects of the October 1989 geomagnetic storm [J]. Journal of Geophysical Research, 1994, 99 (A4): 6201-6218.

[216] 徐继生, 马淑英, 吴雄斌, 等. 一次中强磁暴期间低纬电离层响应的 CT 成像 [J]. 地球物理学报, 2000, 43 (2): 145-151.

[217] 邓忠新, 刘瑞源, 甄卫民, 等. 中国地区电离层 TEC 暴扰动研究 [J]. 地球物理学报, 2012, 55 (7): 2177-2184.

[218] 孙文杰, 宁百齐, 赵必强, 等. 2015年3月磁暴期间中国中低纬地区电离层变化分析 [J]. 地球物理学报, 2017, 60 (1): 1-10.

[219] Hernández-Pajares M, Juan J M, Sanz J, et al. Combining GPS measurements and IRI model values for space weather specification [J]. Advances in Space Research, 2002, 29 (6): 949-958.

[220] Matsushita S. A study of the morphology of ionospheric storms [J]. Geophys. Res. , 1959, 64: 305-321.

[221] Rush C M, Rush S V, Lyons L R, et al. Equatorial anomaly during a period of declining solar activity [J]. Radio Sci. , 1969, 4: 829-841.

[222] Paul M P, Matsushita S, Richmond A D. Ionospheric storm of 4-5 August 1972 in the Asia-Australia-Pacific sector [J]. Atmos. Terr. Phys., 1977, 39: 43-50.

[223] Azzouzi I, Migoya-Orué Y, Mazaudier C A, et al. Signatures of solar event at middle and low latitudes in the Europe-African sector, during geomagnetic storms, October 2013 [J]. Advances in Space Research, 2015, 56 (9): 2040-2055.

[224] Astafyeva E, Zakharenkova I, Forster M. Ionospheric response to the 2015 St. Patrick's Day storm: A global multi-instrumental overview [J]. Journal of Geophysical Research: Space Physics, 2015, 120 (10): 9023-9037.

[225] Ho C M, Mannucci A J, Lindqwister U J, et al. Global ionospheric TEC variations during January 10, 1997 storm [J]. Radio Sci., 1998, 25: 2589-2592.

[226] Foelsche U, Kirchengast G. A simple "geometric" mapping function for the hydrostatic delay at radio frequencies and assessment of its performance [J]. Geophysical Research Letters, 2002, 29 (10): 1111-1114.

[227] 潘丽静. 基于GNSS数据的极区电离层闪烁监测及建模研究 [D]. 天津: 中国民航大学, 2015.

[228] Santos A M, Abdu M A, Sobral J H A, et al. Strong longitudinal difference in ionospheric responses over Fortaleza (Brazil) and Jicamarca (Peru) during the January 2005 magnetic storm, dominated by northward IMF [J]. Journal of Geophysical Research Space Physics, 2012, 117 (A8): 101-110.

[229] Béniguel Y. Global Ionospheric Propagation Model (GIM): A propagation model for scintillations of transmitted signals [J]. Radio Sci., 2002, 37 (3): 1032-1044.

[230] Secan J A, Bussey R M, Fremouw E J, et al. High-latitude upgrade to the wideband ionospheric scintillation model [J]. Radio Sci., 1997, 32: 1567-1574.

[231] Cervera M A, Thomas R M, Groves K M, et al. Validation of WBMOD in the souteast asian region [J]. Radio Science, 2001, 36 (6): 1559-1572.

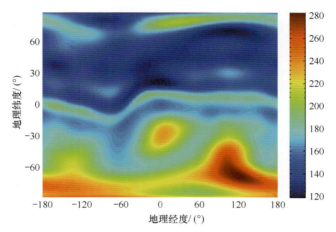

图 3-3　2000 年 1 月 10 日，有效电离参数 A_z 的全球分布

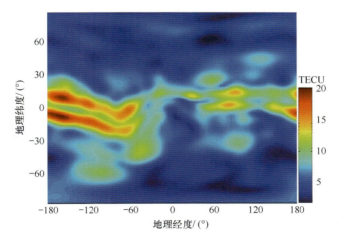

图 3-4　2000 年 1 月 10 日，A_z 值作为输入，NeQuick 2 模型的 TEC 残差的全球分布

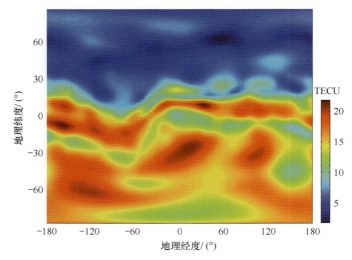

图 3-5　2000 年 1 月 10 日，$F_{10.7}$ 作为输入，NeQuick 2 模型的 ΔTEC 分布

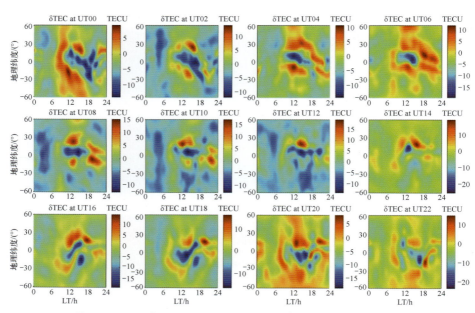

图 3-13　2006 年 3 月 15 日，JPL GIM 提前 1 天预报的 TEC 误差

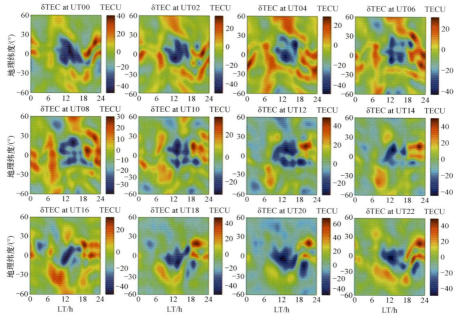

图 3-17　2002 年 4 月 15 日，提前 1 天预测的 TEC 绝对误差分布

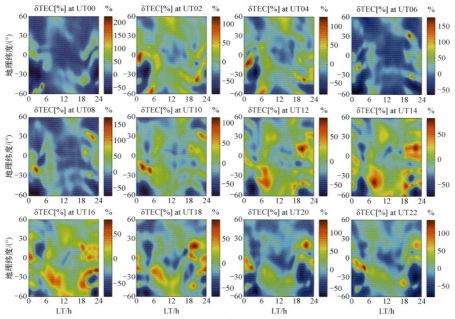

图 3-18　2002 年 4 月 15 日，提前 1 天预测的 TEC 相对误差分布

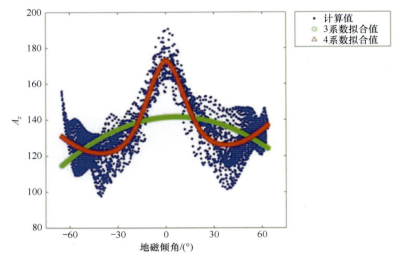

图 3-22　2003 年 4 月 12 日，GIM 网格点上的 A_2 值随修正倾角纬度的变化

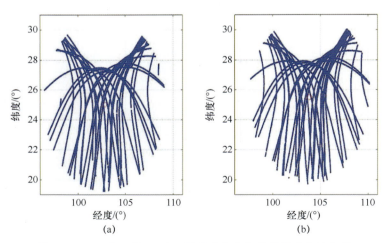

图 4-1　2012 年 3 月 13 日，昆明站上空电离层穿透点的分布
（a）IGS 网昆明站；（b）中国电波传播研究所昆明站。

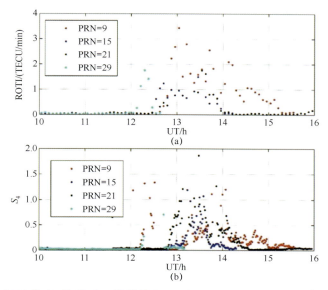

图 4-6 2012 年 10 月 18 日，昆明站 PRN=9、PRN=15、PRN=21 和 PRN=29 卫星 ROTI 与 S_4 随时间的变化

（a）ROTI；（b）S_4。

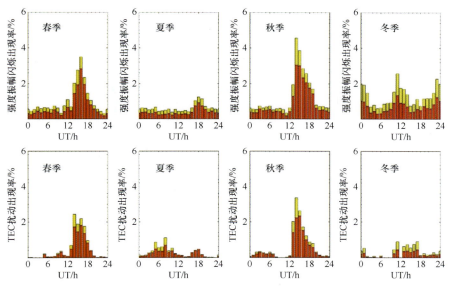

图 4-12 2012 年昆明站不同季节 $S_4>0.1$（黄色，上图）、$S_4>0.3$（红色，上图）、ROTI>0.5 TECU/min（黄色，下图）、ROTI>1.5 TECU/min（红色，下图）的 TEC 扰动出现率随时间的变化

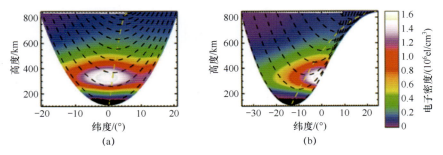

图 4-14 将遮掩点作为引起掩星闪烁的电离层不规则体位置造成的定位误差

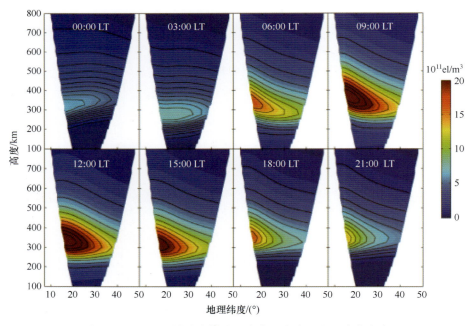

图 5-3 IRI-2012 模型计算的"真实"电离层电子密度分布

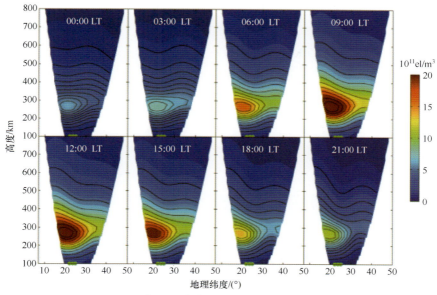

图 5-4 电离层 CT 的反演结果

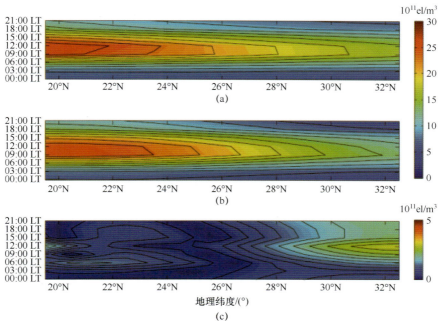

图 5-5 真实的电离层 N_mF_2 与电离层 CT 反演结果比较

(a) 真实的 N_mF_2 分布；(b) 电离层 CT 反演结果；(c) 电离层 CT 反演相比真实值的绝对误差。

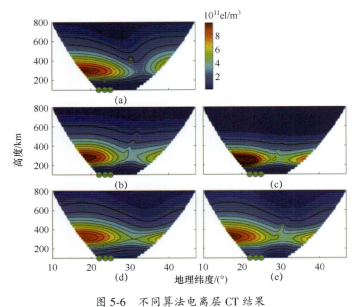

图 5-6 不同算法电离层 CT 结果

(a) 真实电离层电子密度分布;(b) 像素基算法 CIT-1 结果;(c) 像素基算法 CIT-2 结果
(d) 函数基算法 CIT-3 结果;(e) 本章算法 CIT-4 结果。

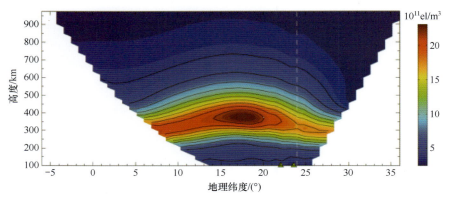

图 5-7 2012 年 5 月 9 日 08∶27 UT(16∶27 LT)的电离层 CT 结果

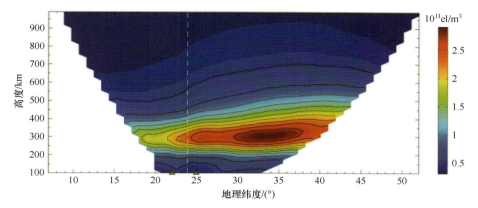

图 5-8　2012 年 5 月 9 日 20∶02UT（04∶02LT）的电离层 CT 结果

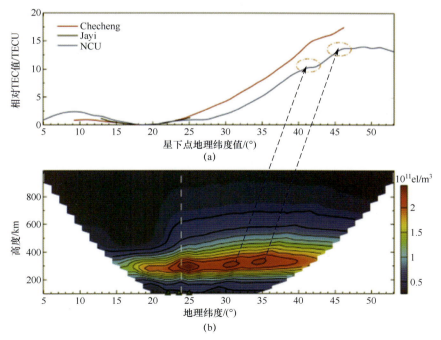

图 5-9　2012 年 5 月 8 日 19∶36 UT（03∶36 LT）卫星信标 TEC 测量值及电离层 CT 结果
（a）LITN 地面卫星信标接收机相对 TEC 测量值；（b）电离层 CT 结果。

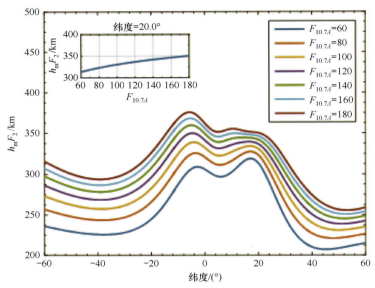

图 5-11 2013 年 3 月，不同地理位置在不同 $F_{10.7A}$ 指数输入条件下 SDMF2 模型输出的 h_mF_2 值比较

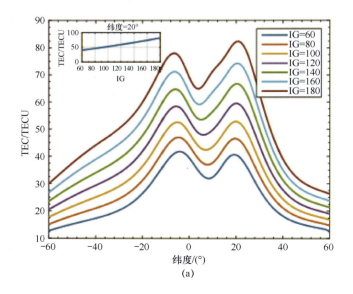

(a)

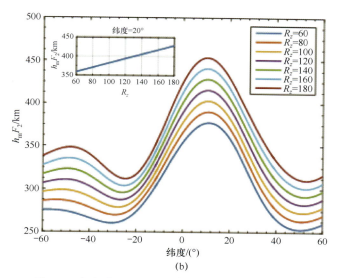

图 7-1 电离层 TEC/h_mF_2 随 IG/R_z 指数的变化关系

(a) IG 指数与 TEC 的变化关系;(b) R_z 指数与 h_mF_2 的变化关系。

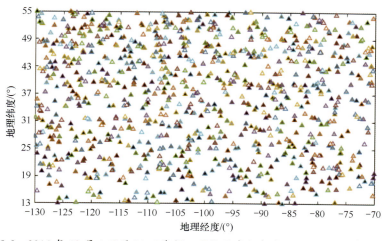

图 8-9 2014 年 12 月 1 日至 31 日期间,同化区域上空的 COSMIC 掩星事件分布

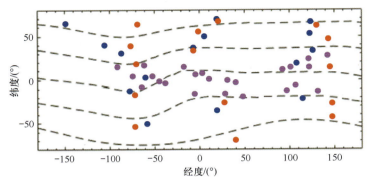

图 9-1　电离层数据来源台站的地理位置分布

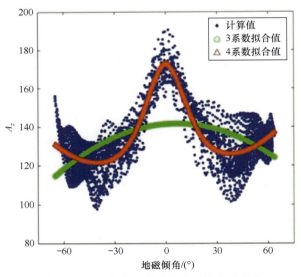

图 10-10　A_z 指数随修正的地磁倾角的变化